牛奶
从地方史走向全球史

Milk: A Local and Global History

[美] 黛博拉·瓦伦兹 Deborah Valenze / 著
陈静 / 译

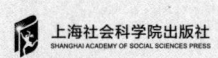

上海社会科学院出版社
SHANGHAI ACADEMY OF SOCIAL SCIENCES PRESS

丛书弁言

人生在世,饮食为大,一日三餐,朝夕是此。

《论语·乡党》篇里,孔子告诫门徒"食不语"。此处"食"作状语,框定礼仪规范。不过,假若"望文生义",视"食不语"的"食"为名词,倏然间一条哲学设问横空出世:饮食可以言说吗?或曰食物会否讲述故事?

毋庸置疑,"食可语"。

是饮食引导我们读懂世界进步:厨房里主妇活动的变迁摹画着全新政治经济系统;是饮食教育我们平视"他者":国家发展固有差异,但全球地域化饮食的开放与坚守充分证明文明无尊卑;也是饮食鼓舞我们朝着美好社会前行:食品安全运动让"人"再次发明,可持续食物关怀催生着绿色明天。

一箪一瓢一世界!

万余年间,饮食跨越山海、联通南北,全人类因此"口口相连,胃胃和鸣"。是饮食缔造并将持续缔造陪伴我们最多、稳定性最强、内涵最丰富的一种人类命运共同体。对今日充满危险孤立因子的世界而言,"人类饮食共同体"绝非"大而空"的理想,它是无处不在、勤勤恳恳的国际互知、互信播种者——北美街角中餐馆,上海巷口星巴克,莫不如此。

饮食文化作者是尤为"耳聪"的人类,他们敏锐捕捉到食物执拗的低音,将之扩放并转译成普通人理解的纸面话语。可惜"巴别塔"未竟而殊方异言,饮食文化作者仅能完成转译却无力"传译"——饮食的文明谈说,尚需翻译"再译"才能吸纳更多对话。只有翻译,"他者"饮食故事方可得到相对"他者"的聆听。唯其如此,语言隔阂造成的文明钝感能被拂去,人与人之间亦会心心相印——饮食文化翻译是文本到文本的"传阅",更是文明到文明的"传信"。从翻译出发我们览观世间百味,身体力行"人类饮食共同体"。

职是之故,我们开辟了"食可语"丛书。本丛书将翻译些许饮食文化作者"代笔"的饮食述说,让汉语母语读者更多听闻"不一样的饮食"与那个"一样的世界"。"食可语"丛书选书不论话题巨细,力求在哲思与轻快间寻找话语平衡,希望呈现"小故事"、演绎"大世界"。愿本丛书得读者欣赏,愿读者能因本丛书更懂饮食,更爱世界。

编　者
2021 年 3 月

序　言

　　研究食品是一件趣事。它是从事食品研究领域的学者和学生们不懈地关注的学术领域，但很快就演变成了学术圈内至关重要的跨学科领域。当然，食品研究还涉及许多学术圈以外的人群，它是一个由作家、厨师、销售者、政策制定者、健康专家、农民和其他被我们统称为"美食家"的各个群体共同形成的巨大网络。这些人群都十分热衷思考和探讨食物。牛奶[①]常常成为他们话题的中心，而讨论最激烈的议题大多是：每个人都应该喝牛奶吗？它真的安全吗？我们应该用牛奶喂养儿童吗？为何与牛奶相关的事件总能在全世界范围内引起人们的普遍参与和全情投入？以历史为依据的视角，可以帮助我们梳理出所有这些问题的答案。

　　现代牛奶的起源十分清晰，就在最近120年间。然而，我必须承认，当我开启这个课题时，我更倾向于描绘一段更加完整的变化发展过程，探究牛奶在当代崛起和取得巨大成功的故事脉络。诚然，牛奶的确是一款相当成熟的生活必需品，如今在超市中拥有当之无愧的"女王"地位。食品加工行业的现代工业化发展帮助牛奶实现了量产，而这种产品本身也释放出明确的革新信号，预示着它已经褪去自然属性，获得了另一种经过灭菌处理的商业化特性。牛奶也是唯一

---

　　① 牛奶（milk），在本书中所讨论的"牛奶"即广义上的动物奶，鉴于中文表述的惯例，译文中将"milk"译为"牛奶"，但并非专指牛这种动物所产的奶。以下如无特别说明，所译的"牛奶"均指动物奶。——译者注

仍然需要人工参与加工生产的食品，这给我们探究它的本质提供了另外一种维度。实际上，无论是未经加工的生牛奶、有机奶或"普通"牛奶，围绕当代牛奶的诸多争议都有一个相同的倾向：希望回到过去那个牛奶还没那么商品化、仍带有一些天然属性的时代。那么，我们是不是非常有必要来探究一下，究竟是什么让牛奶成为"现代牛奶"？

接下来的内容本该围绕这个故事来展开，但当我尝试用历史学家们所说的"长时段"①视角开展研究，纵观过去数百年乃至上千年的掠影时，我似乎对牛奶有了更深刻的发现。牛奶虽然源于自然，但它其实也是文化的产物。过去的人们到底是如何看待牛奶的？我们确实很难简单下定论。它是一种被赋予了某种魔力的液体，或仅仅只是一种动物副产品？它归属于宗教还是世俗范畴？它是具有药用价值，还是潜藏着引起消化不良的风险？它是婴儿的专利还是所有人的营养来源？几乎所有的知识领域都会涉及这种神秘的液体：从神话、宗教、自然哲学到医药学、农学、烹饪艺术、化学，甚至美容整形学科都开始考虑有关牛奶的问题。事实上，相比它在营养领域晋升至霸主地位的公式化发展历程，自古以来牛奶遭遇的各种困境反而更加引人入胜。

这些困境也揭示了本书的主要议题。牛奶从最初正式进入市场那一刻起，演绎的就是明晰而典型的现代化故事。然而，结果证明，当技术设备、运输和商业活动开始扮演关键角色，决定着牛奶在20世纪的发展方向时，现代性的力量却最终面临巨大挑战而并非轻松取胜。即便是在其发展历程中一直确实占据至高地位的营养科学

---

① 长时段（the long durée），法国历史学家费尔南·布罗代尔（Fernand Braudel）提出的"三时段"理论中的"长时段"理论，主张将历史放在长期的时间架构中进行分析、比较和解释。布罗代尔认为，历史学家只有从长时段的角度才能真正认识历史、理解历史。与之对应的还有"中时段""短时段"理论。——译者注

内,牛奶也仍然需要借助其他支持者(比如立场坚定的母亲和战时的政府)的力量才能将其定义为普罗大众的必需品。现在,我们对牛奶的认知是基于多种不断变化的视角相结合的结果。它们当中,有一些源于本土文化的思维方式,或源于某些已经坚持了很长时间的信仰。

不同的文化和地域对牛奶的看法也不尽相同,但一本书能够覆盖的范围有限。除了第一章和最后一章,本书主要考察的是牛奶最早在日常饮食和经济方面变得至关重要的地区,即西欧和美国。我也简单探讨了那些对世界其他地区产生影响的发展历程,目的是让读者感受一下那些具有商业头脑的牛奶生产者是如何将牛奶推广到更广阔的地域的。印度是拥有世界上最古老牛奶文化的国家之一,现在也仍然是世界上最大的牛奶生产国。我想通过简短的叙述来讲解这个国家是如何组织起自己的乳制品力量的。

最后,是来自一名历史学工作者的致歉:我没有创作一本有关当代牛奶的作品。我的专业知识和兴趣都停留在过去,从遥远的古代,跨越2 000年(听上去有些许狂妄和傲慢)的历史长河,直到第二次世界大战(简称"二战")后的余波。最后一章包含了二战以后牛奶历史上的主要事件,例如重组牛生长激素(rBGH)[①]和对生牛奶关注度的持续提升。如果读者对现代牛奶的实用性知识感兴趣,可以将食品百科全书和互联网信息作为补充参考。本书旨在让读者感受到牛奶作为一种强大的力量,在历史上扮演着怎样的角色,如何参与了过去几百年之间食品生产和消费领域的重大变革。牛奶的独特之处在于,它拥有能够激发想象力和行动力的煽动性能量。这种能量能让

---

① rBGH 即 recombinant Bovine Growth Hormone,20 世纪 80 年代,美国开始用生物法合成牛生长激素,用于奶牛的生长和产奶过程,以提高牛奶的产量,其商业化和广泛使用引起了世界上许多国家及消费者对其安全性的关注。我国目前(2022 年)仍然未允许这类激素的使用。——译者注

我们了解人类的欲望如何运作。这种独特性有时是现实可控的,有时又远远超越了其他任何一种日常必需品的能量,深深嵌刻在这个我们每天都在谈论的食物之中。

致 谢

牛奶、乳制品业、食品、饮食、母乳、生牛奶：多年以来，我围绕这些话题与他人展开过无数次的交谈，因此这本书从始至终都是一本众人协同努力的成果。

首先，我想感谢艾玛·帕里（Emma Parry）和乔恩·施内尔（Jon Schneer），在他们的"哄骗"之下，我才开始着手这个课题。还有玛克辛·伯格（Maxine Berg），也许她并不知道，正是因为她多年前鼓励我写关于世界乳制品业历史的内容，这本书才得以问世。特别感谢我的编辑吉恩·汤姆森·布莱克（Jean Thomson Black），不仅在这本书的出版过程中不遗余力，还给予了我极大的灵感来完成这个课题。

我特别感激在巴纳德学院（Barnard College）期间，伊丽莎白·博伊兰（Elizabeth Boylan）院长的支持和帮助。还有我那些最棒的同僚们：赫布·斯隆（Herb Sloan）和丽莎·泰尔斯登（Lisa Tiersten）帮助我整理参考书目（我永远无法像他俩那样博览群书）；感谢萨利·里欧斯（Sully Rios）为我提供了诸多专业性的支持。在巴纳德学院和哥伦比亚大学选修我的食物历史课程的学生们在课程上的努力和创意值得大大的赞赏，与阿尔赫里·阿尔瓦拉多·迪亚兹（Alhelí Alvarado-Diaz）和布莱恩·卡尔（Brian Karl）的讨论带给我很多新思路。许多不同的听众都听到过这本书的部分内容，并给出了非常精彩的反馈建议；我要特别感谢英国研究会东北部地区分会（Northeast Conference on British Studies）和巴纳德校友会波士顿分会。

在大西洋的另一边，艾瑞克·霍布斯鲍姆（Eric Hobsbawm）从很久以前就鼓励我写关于"过去与现在"的文章,并持续不断地让我解答有关牛奶的难题;感谢他和马琳(Marlene)多年来给予我的热情与活力。德瑞克·欧迪(Derek Oddy)给我提供了很多开展欧洲食物历史研究的方法,事实证明这些方法对于该课题的写作和教学都是不可或缺的。吉姆·奥贝尔科维奇(Jim Obelkevich)向我推荐了大量宝贵的资源,并与我分享了他关于20世纪消费者文化方面的专业知识。

许多朋友不惜耗时给我发来文章、信息和建议,这里列举他们当中的一部分:马克·阿布拉罕(Marc Abrahams)、皮特·阿特金斯(Peter Atkins)、弗吉尼亚·贝里奇(Virginia Berridge)、玛丽埃尔·波塞特(Mariel Bossert)、米切尔·查拉普(Mitchell Charap)、南希·科特(Nancy Cott)、托马斯·芬纳(Thomas Fenner)、阿兰·盖比(Alan Gabbey)、欧文·古特弗罗因德(Owen Gutfreund)、蒂姆·希区柯克(Tim Hitchcock)、乔尔·霍普金斯(Joel Hopkins)、卡亚·休斯比(Kaia Huseby)、佩妮·伊斯梅(Penny Ismay)、希拉·约翰斯顿(Shelagh Johnston)、凯思林·凯勒(Kathleen Keller)、瑞秋·曼利(Rachel Manley)、安德鲁·马修斯(Andrew Mathews)、朱迪·莫思金(Judy Motzkin)、凯斯·莫克西(Keith Moxey)、沃尔特·施利克(Walt Schalick)、茱蒂丝·夏皮罗(Judith Shapiro)、帕特·塞恩(Pat Thane)、克丽丝·沃特斯(Chris Waters)、南希·沃洛奇(Nancy Woloch)。

还要感谢瑞士艾美乳制品公司(Emmi AG)的克里斯多夫·格罗让-萨默(Christoph Grosjean-Sommer)和伊思多尔·劳博(Isidor Lauber);还有来自瑞士伯尔尼的马丁·坦纳(Martin Tanner);英格兰白金汉郡布莱德隆(Bledlow)村的绿冬青奶牛场的尼尔·戴森和简·戴森夫妇(Neil and Jane Dyson);佛蒙特州(Vermont)帕特尼(Putney)的菲利普·兰尼和汀·兰尼夫妇(Philip and Teah Ranney)。

我要特别感谢以下这些图书馆:哈佛大学的怀德纳图书馆(Widener Library)和霍顿图书馆(Houghton Library),拉德克利夫学院

(Radcliffe College)的施莱辛格图书馆(Schlesinger Library)，哥伦比亚大学的巴特勒图书馆(Butler Library)，大英图书馆(British Library)，克林德尔报纸图书馆(Colindale Newspaper Library)，韦尔科姆图书馆(Wellcome Library)，珍本书房(Rare Books Room)。

感谢恩布里·欧文(Embry Owen)帮我整理参考书目，梅丽莎·弗拉姆森(Melissa Flamson)协助我拿到图片使用许可，还有我的助理编辑贾亚·查特吉(Jaya Chatterjee)和菲利普·金(Philip King)。谢谢乔安·温德尔(Joan Winder)，乔安·阿德勒(Joan Adler)和施特劳斯历史学会(the Straus Historical Society)，英格兰拉什登(Rushden)的艾瑞克·福韦尔(Eric Fowell)、凯·柯林斯(Kay Collins)和拉什登遗产项目(Rushden Heritage Project)、曼海姆大学图书馆(Mannheim University Library)的杰西卡·凯瑟(Jessica Kaiser)，以及黛比·洛斯(Debby Rose)。

许多朋友在阅读了本书的部分章节或全部手稿以后给予了非常宝贵的建议：非常感激耶鲁大学出版社的三名不具名的随机读者，在阅读我的倒数第二稿时给出了特别优秀的评论和建议；谢谢蒂莫西·阿尔博恩(Timothy Alborn)和玛雅·哈斯拜(Marya Huseby)在我创作早期阶段帮我审稿；南希和查理·卡尼(Nancy and Charlie Carney)读了我的第一稿，并依据他们在美国乳制品方面的经验给予了我很多细节性和概念性的建议；金·海思(Kim Hays)以她的专业眼光自始至终地陪伴我的创作；珍娜·莫拉姆德·史密斯(Janna Malamud Smith)对整个原稿都给出了有用的反馈意见；金还从中协调安排我参观了艾美种植园、坦纳农场，并促成了我与克里斯多夫·格罗让·萨默等瑞士牛奶生产商的会面。我对当代牛奶现状的了解全都得益于这些实地探访。特别感谢我的创作伙伴和食物研究工作的向导梅里·怀特(Merry White)，感谢那些我们伴着咖啡进行的优质交流。她对本书部分章节的看法使我的思维产生了非常重要的转变。

除了以上提到的这些，还有许许多多的朋友给予了我方方面面的支持或带给了我新的创意灵感：劳拉·波塞特（Laura Bossert）、艾琳·布里金（Irene Briggin）、马丁·迪宁（Martin Dineen）、菲利斯·伊姆斯格（Phyllis Emsig）、马克·高柏（Mark Goldberg）、凯蒂·格里菲斯（Kitty Griffith）、约翰·普拉特（John Pratt）、珍娜和大卫·史密斯（Janna and David Smith）、露丝·史密斯（Ruth Smith）、季梅亚·赛尔（Timea Szell）、唐娜·史密斯·温特尔（Donna Smith Vinter）、理查德·温特尔（Richard Vinter）、皮特和凯思林·维乐（Peter and Kathleen Weiler）、卢·伍尔伽夫特（Lew Wurgaft）、卡罗尔·科赛尔（Carole Cosell）。

我要将特别的感谢和爱意献给我的丈夫迈克尔·迪莫·吉尔摩（Michael Timo Gilmore），可以说这个课题是属于我们两个人的，感谢他给予我的包容，忍受我在晚餐桌上反反复复地说着有关牛奶的话题。他是这本书的每一页最珍贵的读者，一字一句都能得到他持续不断的反馈。在我的创作过程中，脑海里总是想起我的两个女儿艾玛（Emma）和罗莎（Rosa）；一言以蔽之，牛奶和母性之间存在着密不可分的关联。她俩也在书本的形式、图像和信息方面给予了我诸多帮助和鼓励。还要感谢女儿的朋友们，他们对这个课题展现出的兴趣激发了我的创作热情。最后，请允许我谨将此书献给我的高中历史老师南希·卡尼（Nancy Carney）女士。是她教会了我如何将历史作为一个充满了人、动物、植物和自然的课题来思考。如果不是她多年前的示范和引导，以及近年来持续给予的帮助，我不可能完成这本书的创作。

目　录

丛书弁言　　　　　　　　　　　　　　　　　　/ 001
序言　　　　　　　　　　　　　　　　　　　　/ 001
致谢　　　　　　　　　　　　　　　　　　　　/ 001

引言　　　　　　　　　　　　　　　　　　　　/ 001

第一部分　关于牛奶的文化

第一章　伟大的母神、丰饶之牛　　　　　　　　/ 013
第二章　非同凡响的中世纪白色液体　　　　　　/ 035
第三章　牛奶的文艺复兴　　　　　　　　　　　/ 061

第二部分　喂养人类

第四章　现金牛与勤勉的荷兰人　　　　　　　　/ 087
第五章　对牛奶的喜爱及其成因　　　　　　　　/ 105
第六章　当牛奶成熟为奶酪　　　　　　　　　　/ 124
第七章　家畜历史上的小插曲　　　　　　　　　/ 146

第三部分　工业、科学和医疗

第八章　牛奶之于育儿，化学之于厨房　　　　　/ 163
第九章　有利可图的牛和牛奶生意　　　　　　　/ 189

第十章　消化不良时代的牛奶　　　　　　　　　　/ 213
第十一章　劣质牛奶　　　　　　　　　　　　　　/ 225

第四部分　现代牛奶

第十二章　关于牛奶的基础知识　　　　　　　　　/ 251
第十三章　人人获益的 20 世纪　　　　　　　　　 / 270
第十四章　牛奶的今天　　　　　　　　　　　　　/ 298

注释　　　　　　　　　　　　　　　　　　　　　/ 313
参考文献　　　　　　　　　　　　　　　　　　　/ 354

引　言

　　有名字的奶牛比没有名字的奶牛产奶量更高。这一发现赢得了 2009 年"搞笑诺贝尔"（Ig Nobel）奖。这个奖每年在马萨诸塞州（Massachusetts）的剑桥市（Cambridge）举办，旨在奖励一些"听上去有点搞笑，但却又值得深思"的发现和创造。不过，我并没有笑，因为关于给奶牛取名字这个问题，我早就跟佛蒙特州、瑞士和英格兰的奶农们讨论过了。某一两个回答者的言语中多少透露出一丝屈尊俯就的意味，但牛奶生产行业的管理者们知道其中的奥妙所在。这是奶牛对细心又个性化的照顾方式的回应；它们对周围的环境因素相当敏感，尤其是在被装上参数不那么适宜的现代化挤奶设备的时候。奶农们表示，他们的奶牛会表现出开心、妒忌、烦闷和恐惧的情绪。和冷漠对待相比，照顾的人对奶牛表现出尊重与关切时，奶牛的年平均产奶量能提高约 68 加仑①。这就是为什么在威斯康星（Wisconsin）州的奶农中会流行这样的格言："用对待一位女士的方式对奶牛讲话。"1997 年，一家大型牛奶企业在与农民签订采购合同时，会追加要求善待奶牛的条款。如果当代世界上仍有一个地方存在骑士精神和款款柔情，那一定是在奶牛场的牛棚里。[1]

　　现如今的奶牛场还负责招待那些希望与牛互动、感受奶牛魅力的访客。这也使奶农们有机会对大众进行反向教育，重新获得民众对这个处境困难的产业的支持，因为大多数的政府机构都认为这个

---

① 加仑（gallon），一种美制容积单位，1 加仑约为 3.79 升。——译者注

2　行业属于不赚钱的公共服务范畴。公众对奶牛的关注往往能起到不小的作用。1939年,纽约世界博览会上展出的那些被安放在"旋转木马"(旋转挤奶台)上洗澡和挤奶的奶牛就是最典型的例子。还有1999年,世界各地城市街头出现了各种实物等比大小的"奶牛出巡"雕塑,他们希望通过各种新奇的花样设计吸引大众的关注,以便将来在慈善拍卖会上能卖出高价。虽然并不是所有与奶牛相关的事物都跟牛奶沾边,但在那些以牛奶产业为支柱的地区确实是如此。穿过瑞士机场的离港通道,必须接受各种奶牛造型背包、奶壶和奶牛印花厨房手套的洗礼。瑞士的民众都十分热爱一只叫作"小可爱"的"真奶牛"卡通形象,它在搞笑牛奶广告中会一边行走一边运球或溜冰。必须承认,我自己也有不少这方面的爱好:我家的车上贴了一张奶牛脸图案贴纸,上面还有一行小字"你懂佛蒙特州吗?"当然,它的幽默来自奶牛在当地的明星地位,这难道不是20世纪最成功的广告宣传案例之一吗?[2]

3　　一直以来,对奶牛的热爱贯穿了整个牛奶的历史。快速浏览全世界所有与动物相关的神话故事,会发现大量奶牛和牛奶海洋的画面。虽然并不是历史上所有的奶都来自奶牛,但我们对奶牛的拥护引起了一个有趣的历史问题:我们是通过什么方式,又是因为什么变得如此依赖奶牛的奶? 我就是带着这个问题开始创作这本书的。作为一名研究英国乳制品历史的学者,我知道这个问题一直以来都没有明确答案:在18世纪那个可消化性不被重视、什么都以量取胜的年代,奶牛已经用其最大的营养产出率证明了自己的价值。与其他食品原料相比,牛奶具有更多样的用途和更广泛的适口性(换言之,有更柔和的口感)。奶牛是典型的温顺动物,适合大规模、系统化的生产方式。另外,可能还有一个最重要的因素,对雄心勃勃、具有商业头脑的西欧人和美国人来说,奶牛是最受欢迎的家养农场动物。主人走到哪里,奶牛们就跟到哪里,几乎寸步不离。所以,我很快意识到，现代牛奶的发展历程就是一个征服空间、能量和饮食偏好的故事。虽然它总是在尝试否定自己的霸主地位，但实际上牛奶作为一种商品，已经成为现代营养的通用标志，取得了巨大成功。

然而，对于这样一个充满了神秘感、神话传说和激烈讨论的征服故事的描述很难做到客观公正。尽管现在牛奶已经给人一种理所当然的感觉，但与其他不透明的白色液体一样，它在历史上也曾遭到过质疑。在好几个世纪的时间里，牛奶都被当作一种危险品，甚至遭到排斥。(需要补充的是，即便是现在，仍然有不少人出于各种各样的原因而排斥牛奶。)人类学家告诉我们，人类对动物奶及其制品的消费是体现动物本性的异常行为，因为动物本性是我们的远古祖先千方百计想从自己的思想中去除的东西。我们取走动物母亲的奶，就等于抢走了动物幼崽的营养来源，将动物的子孙后裔置于危险之中；这个过程中还需要原本不属于这里的人类机制的介入。把牛奶制作成黄油和奶酪又代表了另一种对禁忌的违背；想象一下，如果我们吃用母乳制作的奶酪，势必会产生强烈的反感情绪。在信奉不喝牛奶的文化的人们看来，牛奶是跟动物尿液一样不洁的液体。在 18 世纪佛教盛行的日本社会，牛奶被看作"白色的血液"，如果喝了，会遭到天谴。我们尤其需要知道的是，进化遗传学家认为乳糖耐受反而是一种异常，因为在人群中，特别是西方人中，乳糖不耐受的人比比皆是。在过去数千年中，宗教给牛奶增添了许多附加价值，从而帮助消费者们相信，牛奶除了具有最基本的食物属性，还是正统的营养来源。[3]

牛奶这种饱含温情和爱的液体，在历史上从未远离过矛盾争议。用它喂养人类这一最显著目标的发展之路也充满坎坷。至少对自认为最早进入文明时代的南欧人来说，牛奶这种来源于动物的液体带有天然的野蛮属性。出于希腊传统的饮食戒律，城市居民对这种液体表现出鄙夷，避之不及。从公元 6 世纪起，基督教在斋戒日 (Christian fast day) 是禁止食用牛奶和乳制品的。后来，圣格列高利

(Saint Gregory)则禁止食用任何动物来源的东西。恐怕除了去乡下度假消遣的时候以外,社会精英人士是完全不会想喝牛奶的。早期的医学专家认为,在适当的时间少量饮用牛奶制品是安全的。然而牛奶具有极易腐坏的特性,某些不那么细心的消费者常常因此吃坏肚子,所以在 17 世纪,牛奶在危险食品榜单上名列前茅。

值得庆幸的是,在接下来的人类食物历史上,牛奶开始展现另外一种截然相反的主题。它纯白的色泽和馥郁的香气吟诵出一首纯洁又丰饶的田园牧歌。牛奶用最简洁的音符来反映文明社会的纷繁复杂。我们不可否认,奶酪和黄油的诞生,特别是 15 世纪时奶酪在意大利出现,使牛奶的丰富性得以充分体现出来。1494 年,查理八世(Charles Ⅷ)将一块巨大的奶酪样品作为礼物赠送给法国王后,也许是想要令她铭记于心。在那个时代,"带有破碎色彩"的奶牛已经成了伦巴第(Lombardy)地区和低地国家①最大的奶制品来源。在莱茵兰(Rhineland),荷兰牛奶可以与红酒相提并论,且被认为具有更高的价值。鲁昂大教堂(Rouen Cathedral)用募捐来的善款修建了一座"黄油塔",供市民们在大斋节(Lent)期间食用(也就是天主教教会授予那些前来进行慈善捐献的香客"乳香"的活动)。这座塔是向法国人对乳制品虔诚热爱的大胆致敬。黄油最早是从布鲁日②等地流传出来的,当地的居民几乎每餐都离不开黄油。一位当地居民在给法国朋友写信时还不忘提醒他"务必带上黄油刀"。[4]

像这样的例子让我必须承认牛奶及其制品的特殊属性,将它们作为历史研究的对象。可能所有的作者都认为自己书中研究的对象是有特殊意义的,但这一次,我对这个课题并没有什么把握。来自许多不同知识领域的证据总是一次又一次颠覆我的直觉,只有历史学

---

① 低地国家(the Low Countries),指位于欧洲西北沿海地区,在地理和历史文化上颇有渊源的三个国家。它们是荷兰、比利时、卢森堡。——译者注
② 布鲁日(Bruges),比利时西北部城市,有时译作"布吕赫"。——译者注

科认为牛奶是一种带有独特个性的存在。由此,我有了最初的发现,且一开始看上去相当简单:在历史长河中梳理牛奶的发展历程,它担当了结构性(或者说决定性)的角色。牛奶的每一次出现,不是与当时的社会环境紧密结合,就是被所谓的"文化包袱"重重击倒。社会在与这种产品(牛奶)建立联系时,仿佛总是对它产生了过多的想象,将它与信仰深深结合到一起,牛奶真正的本质反而被其他所有东西掩盖了。

如果没有这些与过往历史背景的交织,牛奶不可能存在:所有的食物制品都或多或少与历史存在这种吸收性的关系,但牛奶身上又多了一份特殊的附加价值,因为它作为一种文化的历史,比其作为食物的历史意义更为重大。作为文化产物,牛奶是一面明镜,反映出主流社会对待自然、人体和科技的态度。从 20 世纪初,牛奶作为在餐饮中大量出现的液体,成为检验财富和对现代食品生产态度的试金石。在历史记录中,牛奶总是反复唤起人们对更大的变革力量的注意。于是,牛奶成为西方饮食文化崛起的象征,并预示着现代的到来。

所谓文化,从其最普遍的意义上来说,指的是某一团体共同的信仰、共享的信息和技术。人类学家和社会学家在对文化的定义上有细微的差别,但我对文化这一概念的使用,与进化遗传学家在宽泛定义上的用法是一致的。皮特·J. 里彻辛(Peter J. Richerson)、罗伯特·博伊德(Robert Boyd)和约瑟夫·亨利奇(Joseph Henrich)已经告诉我们,纵观人类进化的漫长历程,"文化从本质上讲,是一种传承体系",它使人类能够生存并适应自己所处的环境。作为食物,牛奶往往是赖以存活的关键。过去的人们仿佛已经意识到了这一点,所以总是想方设法地建立设施来保障牛奶的生产供应。正如里彻辛和博伊德所说,在这种情况下,文化实际上已经改变了生物进化的路径:人类仍然处于获得乳糖耐受的过程中,那些能从动物奶中获益的人群已经开始享受饮食的红利了。牛奶在历史上取得一席之地所耗费的周折,比我们最初想象的要多得多。[5]

显然,牛奶描绘了历史的另外一幅画面。在世界食品供应方面的专家看来,过去的几百年可以说是一系列全球性"食品制度"确立支配地位的过程:集结了一切农业、科学和工业力量的国际性生产体系,使用一套共同的技术生产一系列具有优势的产品,即为利益驱动的市场准备的特殊食品。[6]牛奶是我们如今赖以生存的现代食品制度的主要组成部分,而关于它的起源,我们显然可以从这本书所追溯的历史轨迹中找到线索。我将关注的重点放在西欧和北美,是经过深思熟虑的:正如阿尔弗雷德·W.克罗斯比(Alfred W. Crosby)所说,尤其是在欧洲西北部,有人发现了"出色的牛奶蒸煮器",使牛奶产量最大化以满足市场需求,甚至将其价值和技术传播到世界其他地方。[7]在对印度牛奶的简要回顾中,我介绍了工业发展的欧洲模式如何在20世纪晚期遭遇阻力。

我并不认为这本书是第一本关于牛奶和乳制品行业的作品。然而长期以来,许多有关这一主题的书籍仍然局限在十分狭隘的范围内进行探讨。例如,G. E. 福赛尔(G. E. Fussell)早期关于英国乳制品行业的书将牛奶看作农业的产物,属于经济史的一个分支,存在于它自己专有的一片智慧领地内。过去确实不乏针对这一主题的零散学术作品:牛奶在宗教信仰中的地位,牛奶作为一种疾病传播工具的角色,牛奶与婴儿喂养,还有牛奶与现代营养等许多的主题都与我的研究存在交集(通常都只是以短篇论文的形式出现)。E. 梅乐妮·杜普伊斯(E. Melanie DuPuis)的《自然界的完美食物:牛奶如何成为美国饮品》(*Nature's Perfect Food: How Milk Became America's Drink*)是为数不多的珍贵例外:将牛奶作为一种美国的商业主体来进行调查研究,十分引人入胜。皮特·J. 阿特金斯(Peter J. Atkins)的《液态物质性:牛奶、科学及相关法律的历史》(*Liquid Materialities: A*

History of Milk, Science, and the Law)一书用许多可以度量的方式来探究牛奶在进化成现代形态的过程中，为英国科学发展和这个国家制造的诸多难题。斯图亚特·巴顿（Stuart Patton）的《牛奶对人类健康和幸福的非凡贡献》(Milk: Its Remarkable Contribution to Human Health and Well-Being)是一位农业科学家有关这一物质的经验主义论述，十分有用。在学术科研机构之外，烹饪历史学家也对牛奶表现出了极大的关注。最近，在《有关牛奶的惊人历史故事》(Milk: The Surprising Story of Milk Through the Ages)一书中，作者安妮·门德尔松（Anne Mendelson）研究了多种文化背景下不同的牛奶制品的多样用法，并重点关注它的风味、口感及其典型的奶制品特性。这四本书从不同的角度阐述了牛奶的力量：经济生活的组成部分、城市现代性的代表、生活进化的体现、充满风味且特点鲜明的食物。[8] 列举了这一系列图书后，这幅全景图还缺少什么呢？

我对牛奶历史的研究，旨在为感兴趣的读者讲述一个更宏大但经过严格筛选的故事。接下来的章节会讲述，伴随关于食物的现代西方思维方式的出现，牛奶表现出的文化延展性。依我看来，这些发展变化没有哪一个是完全可预见的。牛奶已经名副其实地拥有了自己的生命，作为丰富的有机物，戏弄甚至毒害人类，因为这种蛋白质、糖类和水的混合物比其他食物原料更容易滋生微生物。它也通过其营养能量来犒赏消费者，使之成为热情导向研究的主要对象，试图将它变成婴儿母乳的替代品。在19世纪，婴儿的喂养问题（特别是在城市中）使药品和食品供应商面临巨大的挑战。女性改革家、富裕的慈善家、支持社会主义的合作社社员、实验室科学家、人口工作者、儿科医生都对此有话要说，而他们的声音都是关于牛奶历史的广泛讨论中的一部分。

基础食品、健康体魄、人口增长——这些事件帮助牛奶在现代西方社会中保持着优秀和纯净的光环。牛奶的历史表明了受到第一次世界大战重创的欧洲和北美政府意识到，确保充足且实惠的牛奶供应是一种政治需求。如果不通过新发现（或被重新发现）的必需元素，要怎样确保人口繁盛呢？作为科学的强大分支的营养学领域也强调，不仅是青少年，所有人都应该每天饮用牛奶。通过来自学校的拥护者和健康工作者的努力，牛奶的光环成功将它的地位从商业产品提升到了万能商品的高度。

　　商业利益伴随着科技，在牛奶的历史上扮演了重要的角色。市场已经服务和充分利用牛奶的光环长达几个世纪。早在 15 世纪，奶牛就被迫在冬季持续产奶，这一事实已经证明牛奶生产者对市场需求的积极响应。（冬季牛奶的价格是应季牛奶的 5 倍，这也表示对一部分消费者而言，牛奶是多么必不可少。）企业家们在设计牛奶的储存和运输方式时，就已经干扰和塑造了牛奶生产行业的活动模式。随着越来越多的奶牛农场在大城市周边出现，消费者们通过对牛奶产生依赖来做出回应，使之成为一种日常习惯。在欧洲和美国，冰淇淋和糖果又额外增加了原本已经因为奶酪和黄油而大幅提升的液态奶需求量。随着科技的发展，经销商和市场营销者牢牢抓住标准化的玻璃牛奶瓶和冷藏技术，认为它们是将牛奶传递给消费者，甚至配送到他们家门口的必要条件。到 20 世纪中叶，农民们被迫进入规模化经济时代，牛奶生产出现过剩。先进的牲畜喂养技术、新的化学肥料、人工授精技术、生长激素必定会将高产的逻辑带入当今的时代。

　　然而，光环仍然存在。当我在班级里问一群营养学的研究生，说到牛奶，你们通常联想到什么？一个学生回答"一碗谷物麦片"，另一个回答"母亲"。从实验室到工厂，无论牛奶已经经历了多少熟悉的现代力量的洗礼，它仍然带有一种强大的光环，驱动它的历史。因此，关于有名字的奶牛产奶量更高这一发现，其实是历史上长期存在的紧张局势的结果。如今，最先进的奶牛农场依靠的是精细的科学技术，也就是卡尔·马克思认为的冷酷无情的疏离感的代表。在瑞士伯尔尼（Bern）郊外的一个小型奶牛农场，我看见奶牛主动地走进牛棚里一间像衣柜一样的装置中，里面的自动化挤奶设备马上自动与奶牛进行连接。因为奶牛不喜欢带着胀满的乳房活动，所以到了需要卸下负担的时候，芙罗拉、贝亚和其他40头奶牛就会主动到机器面前来耐心地排队等待挤奶。还有一部分奶牛是冲着挤奶结束后那一顿美味的粮草大餐而来。负责监管的农民意识到早起的鸟儿会抢先一步吃掉这些粮草，所以会将它们驱赶一空。

　　除了拥有自己的名字和性格，奶牛们还会被编上与现代医学图表相关的序列号。每头牛的脖子上都挂着一个昂贵的电子识别传感器，即"无线射频识别技术"（RFID），当奶牛走进挤奶间，就会自动触发挤奶设备。紧接着，其他的工序就会开始起效，当牛奶开始流出：自动测量仪器开始记录每个奶头的产奶量，并检测奶头是否出现脓液或感染，传感器也能检测到奶牛乳房是否已经被排空。这样的电子装置已经被强制要求安装，以便能更有效地预防疯牛病（BSE）并监控其他牲畜疾病疫苗的接种情况。对于还在为了削减劳动力成本和应对政府法规而苦苦挣扎的奶农而言，新的电子装置技术意味着令人生畏的高昂开支，并伴随着更多附加的管理任务。主管瑞士一家奶牛场的奶农马丁·坦纳（Martin Tanner）说，他每晚都要花时间检查白天的电脑数据，这又是另外一种更加清晰的乳制品业管理设备，就如同那些家务管理设备一样，只会给负责管理的人带来更多额外的工作。

　　然而，坦纳和妻子还是抽空在他们郊外那间出售生牛奶的农场小屋里建造了一个温馨的家庭避风港。分配器每天都会装满当天早上现产的牛奶，旁边立着一个高大的冷藏售卖机，样子与20世纪60年代的自动贩卖车没什么两样。旋转货架上摆放着一瓶瓶自家制作的腌菜，上面还有咖啡蛋糕和果冻蛋糕卷，馥郁的香气让人不禁联想起复古的厨房和彩色格子花纹的桌布。当我们准备开始坐下来聊聊他的奶牛场生意时,马丁邀请我们进屋,他的妻子为我们端上蛋糕,还配上了印有可爱奶牛图案的餐巾,花边上还有瑞士国旗和高山雪绒花的浮雕。我们原本以为她就是整天在厨房里忙碌的主妇,但当我们开始聊天,这种想法就马上烟消云散了,她作为生意合作伙伴的角色立马显现了出来。尽管现在的牛棚里有了高科技的机械设备参与,但对管理一个奶牛场的头脑需求,与牛奶历史上早前的任何阶段并无二致。

现代乳制品业从历史中获益良多,但关于牛奶的故事中最让人惊讶的莫过于它超强的自我重塑能力。它的历史故事的每一个章节都像是一出充满了魔法或潜力的重要戏剧,迫让这种液态食物成为讨论的焦点。牛奶在它历史的任何阶段,从来都不会代表相同的意义;然而,人们肯定已经充分认识到了它的价值,所以才能引得新闻记者为它撰写激情澎湃的文章、拥护者们集结起来为它辩护,甚至不惜为它触犯法律。我们从这种谦逊又朴实无华的液体中能够收获的东西太多了;我希望,接下来的内容可以涵盖一些。

第一部分

关于牛奶的文化

第一章
伟大的母神、丰饶之牛

　　印度神话中，有个著名的"搅动海洋"的故事，牛奶被誉为简单纯粹的化身，是无限馈赠的源泉。故事从谋求长生不老的灵药仙丹说起，印度天神开始掌管这个混沌无序的世界，并决定"搅动"（字面意义上的）一下世间万物。他们以蛇为绳，将山顶当作搅棍，不断牵拉和扭动，使山上植物的汁液和海水混合在一起。打旋搅动不断进行，海水变成了牛奶，然后再（根据正常的乳制品制作原理）变成黄油。从这块浓郁的凝固物体中，太阳、月亮和繁星，还有丰饶之牛苏拉比（Surabhi）慢慢浮现。后人已经为她设定了一个神圣的形象：拥有完美形态的四足生物，时刻提醒人们联想起这虚幻奢华的起源传说。

　　创世之初，牛奶肯定已经存在了。不只是人类，作为所有哺乳动物最初的食物，乳汁肯定已经存在了相当长的时间，我们把它称作构建文明的重要一环也毫不为过。古老的浮雕中那些对奶牛和哺育婴儿的母亲形象的描绘就是最直观的证明。在古埃及，牛奶被认为是不可或缺的基础必需品，表示牛奶的象形文字与表示动词"制造"（"to make"）的图案十分相似。[1]然而，牛奶的历史玄奥而复杂，绝非只有简单的事实。它既无处不在，又十分稀缺。牛奶虽然显得熟悉又常见，但它又拥有许多不可思议的神秘力量。因为有这样的两个悖论，牛奶的历史注定充满了矛盾和争议，无论是在世俗社会，还是在精神世界，它都具有重大意义。

　　在人类的想象中，牛奶在宇宙诞生之初并不丰富。在大多数关于创世的神话中,其他的元素(首要的是水)都先于牛奶出现,并大量存在于地球之上。在非洲西部富拉尼人(Fulani)的神话传说中,世界是从一滴水中诞生而来。在挪威神话故事中,一头奶牛负责喂养人类的祖先。打破这种稀缺性规律的最主要的例外,就是印度神话传说中搅动海洋的故事:它是唯一最终结束在相对和谐融洽节点的故事,如果我们后面了解了历史上各个阶段全球牛奶分配的状况,会发现这个故事的确是充满了神话色彩。[2]

古代宗教信仰通过他们的故事和标志符号表达了对牛奶的普遍渴望。牛奶意味着生存、补给和繁衍。在古代地中海地区的酒神节(Dionysian)宗教仪式上,牛奶的准确概念属于对弥赛亚时代丰富想象的范畴(有个惯用语叫"牛奶与蜂蜜")。在那个时代,"宇宙之母要将自己最好的果实给予人类",于是"让甜蜜的白色牛奶喷泉开始喷发"。[3]古代近东世界最强大的女神伊希斯(Isis)担当着这种普遍存在的食物最初的盛器。伊希斯的坐像庄严肃穆,胸部袒露,她哺喂法老王的行为通常被认为是"生命给予者"的象征。虽然她的丈夫奥西里斯(Osiris)也拥有生殖器官,但伊希斯活得比他长久,在他死后复制了他失去的生殖器(在他最后的战斗中失去的),并在后来分发以作敬拜之用。她作为母亲、女仆、主妇的首要职责要求她保护年轻的女性,鼓励母亲和助产妇坚持不懈,以维持人类的生命。人们需要她的出现,于是催生了复制她的雕像、护身符、灯具和带有她形象的丧葬用品的家庭手工业。无论伟大的母神拥有多少种不同的装束,她那高耸的双峰总是激励人们祈盼丰饶,且几乎所有的古代女神都普遍拥有这样的形象。[4]

作为拯救的象征,牛奶在大众化的宗教节日上均占有一席之地。在菲莱岛①上,盛满牛奶的罐子环绕在伊希斯的丈夫奥西里斯的墓

---

① 菲莱岛(Philae),埃及尼罗河中的小岛,被称为"古埃及国王宝座上的明珠"的埃及古神庙群就建造在菲莱岛上。这座小岛以辉煌而奇特的建筑、宏伟而生动的石雕和石壁浮雕上的神话故事而闻名。——译者注

冢周围。祭司们聚集在那里唱歌、祈祷,庄重地用牛奶装满祭酒碗,祈祷一年中每一天的富足。对于埃及民众来说,到访这个地点是足以照亮一生的朝圣之旅。另外一个重大的宗教仪式发生在尼罗河畔,那里是女神伊希斯朝圣旅途的起点:祭司和司仪神父会将女神的形象转化为一艘船,在入水前安排信徒们环绕着它,在没有驾驶员的情况下推入海中。希罗多德①注意到,希腊人从埃及借鉴了宗教节日及其庆祝方式,跨越空间和时间,为沾上牛奶气息的宗教仪式另辟蹊径。在阿普列乌斯②的著作《金驴记》(*The Golden Ass*)中,出现过一段漫长的仪式场景描写。书中那些细致的描述,包括盛装打扮的人群、祭司,还有那些为仪式特意装扮过的动物们,都让历史学家们深信不疑。在漫长的仪式过程中,祭司用一把金色的大水壶喷洒牛奶,当众人准备把船推离河岸时,祭司又开始向河水中的波浪里浇灌牛奶。这与故事中的主人公卢修斯(Lucius)变身为驴的情节绝不仅仅是某种巧合。卢修斯变身为驴,然后又在春天这个玫瑰盛放、新鲜牛奶丰饶的季节变回人身。[5]

作为哺育生命的乳汁之源,伊希斯总能激起追随者们深层的情绪和强烈的认同感。对于现代的西方读者而言,可能很难想象如何对一个头上长角的母牛女神产生诚挚的依恋之情,但正是这种生动又务实的形象才使得伊希斯的崇拜者们认为女神是朴素而可以亲近的。20世纪60年代,人们从亚历山大港打捞上来一具18吨重的巨型花岗岩雕像(从胸部,我们可以辨认其身份),我们又要怎么去理解这份如地中海一般深沉的崇拜之情呢?[6]伊希斯的形象吸收了其他许

---

① 希罗多德(Herodotus),公元前5世纪的古希腊历史学家、作家,他将旅行中的所见所闻以及古代波斯帝国的历史记录下来,创作了《历史》一书,被世人称作"历史之父"。——译者注

② 阿普列乌斯(Apuleius),古罗马作家、哲学家,代表作《金驴记》。——译者注

多带有保护属性的女神和动物的属性——包括但不仅限于公牛、母牛、狮鹫（griffon）、斯芬克斯①和蛇。女神形态的设计必定是由大众的需求驱动的，以"农妇"雕像为例，女神伊希斯坐在空地上哺喂婴儿，一条腿随意地弯曲着。作为一个受人喜爱的人类形象，她必须为她的追随者重新演绎一个更为日常的姿势。而在神话光谱的另一端，屹立着以弗所②的阿尔忒弥斯（Artemis of Ephesus）——希腊版的伟大女神，她凭借几十个乳房的形象成功超越了伊希斯。一些艺术史学家认为，她身上那些球状附属物代表的是公牛的睾丸，于古人而言，这是一种类似图腾崇拜的行为，代表着富饶和多产。但自从女神伊希斯第一个获得丰满的胸部，追随者们便已经为他们心目中的女神选择了风情万种的魅力女性形象。当时人们谈起女神，必然会提起她的胸部，后来在复刻她的雕像时甚至为其加上了乳头，使之更加引人注意。几个世纪以后，以女神形象建造的喷泉出现，源源不断的水流从她的身体里喷向空中，人们心中对"美丽的阿尔忒弥斯"的幻想成了现实。[7]

对女神伊希斯的崇拜在地中海地区的广泛流行引起了激烈的竞争，甚至引发过肢体冲突。年轻的女性经常为伊希斯的希腊分身阿尔忒弥斯捐赠斗篷。在希腊的宗教信仰中，为女神供奉新衣裳，特别是在节庆时分，是一种非常普遍的做法，目的是感谢女神对受孕和顺利分娩的庇佑。然而这个活动一时间太过夸张，以至于政府不得不出台禁奢法来遏制不正当竞争，对堆放在她神像脚下的布料数量作出限制。在希腊化时期的城市萨迪斯（Sardis），有一座献给阿尔忒弥

---

① 斯芬克斯（sphinxes），源于埃及神话，也常见于西亚和希腊神话，其形象在各个神话中不尽相同，但大多都是由人和狮、牛及老鹰组成的人兽合体形态。埃及的狮身人面像是其具象化的形象之一。——译者注

② 以弗所（Ephesus），有时译作"艾菲斯"，位于今天的土耳其境内的亚洲西岸，是古代早期最重要的希腊城市之一，是一座富裕精致的海洋文明贸易城市。——译者注

斯的神庙，公元前 4 世纪，大量的女神追随者带着整船的服饰从以弗所赶来进献，刺激了当地人的自尊心，一组捍卫者对外来的朝拜者发动了肢体攻击；我们并不知道参与攻击的是男性还是女性，但看起来肯定有女性被牵涉其中。这场乱斗以 45 个萨迪斯人被判处死刑告终，这说明以弗所中央当局有可能出面调停干预。鉴于这个具有普适性的女神广泛存在，信徒们认为这样的冲突能够唤起强烈的乡土情怀，他们开始自发地组建自己的宗教活动据点，由此证明他们是投入很多的拥护者。[8]

然而，当奶牛女神身上各种各样的特质在其他宗教中反复出现，她的影响力已经跨越了整个近东地区：美索不达米亚（Mesopotamia）的"仁慈的母牛"伊师塔（Ishtar）给王子喂奶；在埃及肖像学中，母牛女神哈索尔（Hathor）频繁出现；甚至从基督教的圣母玛利亚身上，我们也能看到不少借鉴自古希腊神话中伟大母神原型的特质。但是因为基督教有打压异教徒的传统，这个代表全能母亲概念的女神命途多舛。这一广受大众喜爱的特质以质朴的女性形象出现，让宗教权威们无法忍受，甚至感到厌恶。于是犹太人开始颁布法令全面禁止女性喂奶的图像出现。[9] 早期基督教教堂的神父们也开始抵制这种所谓的异教徒形象：他们以真实的动物形态来代表神圣母牛的形象，以此来代替哲学上或概念上的抽象化形象。后来，中世纪的修道士们开始对来自动物世界的粗鲁特质展开猛烈抨击。他们编排了"被巨蛇吞噬的女人"这个带有明显厌恶女性色彩的故事，将这种贴地而生的友好生物变成了面目狰狞的攻击者。所有哺喂动物的女性都将遭遇同样的下场。[10]

但作为救赎品的牛奶，命运又如何呢？盖尔·科林顿（Gail Corrington）告诉我们，在长达几个世纪的宗教历史上，这种充满希望的液体已经被证明是一种十分耐久的消费品。这个话题在后面的章节还会再次出现，但是探究它在古代世界直接的命运是十分有价值的。我们知道，这个概念从对多神论的反抗中留存了下来，但在新的庇护之下：它被转入了男性管辖权的范畴。耶稣基督和教会，而并非圣母玛利亚，成了牛奶的正式授予者。伊希斯的胸脯代表的是丰富的营养；而现在，圣母玛利亚的胸部代表的是天主教的教会机制。早期的教堂神父希望将圣母玛利亚，连同她喂养的行为甚至她的母乳，都提升为一个抽象的概念。作为一种隐喻，这种神圣的液体代表（神的世界的）"理性"，而非所有人的食物。[11]

然而，普罗大众的信仰和肖像学从来都不会听命于中央权威。如果我们研究一下中世纪早期的基督教艺术作品，会发现不少伊希斯的影子留存了下来，婴儿时期的耶稣基督显然非常享受令人愉悦的母乳喂养。婴儿坐在圣母玛利亚的膝盖上，举起手指放在唇边，仿佛正在仔细品鉴来自母亲胸部的救赎之乳的滋味。实际上，将手指含在嘴里的婴儿是伊希斯的儿子荷鲁斯（Horus）的典型形象，在基督教盛行的时代，他在异教徒中仍有不小的声望。[12]艺术家们是否想要通过引用一个受人爱戴的古老形象来提升基督教在民众中的形象？或者，这个姿势是在暗示，无论教堂里的神父怎么刻板和顽固，话语权最终还是掌握在牛奶的消费者手中？

古希腊和古罗马神话中流传下来的牛奶，极少给人亲切和朴实的印象。牛奶是属于天神的；它是喝了就能长生不老的灵药仙丹。只要从天后朱诺①的胸部吸上一小口奶，便可被女神授予神性和长生不老之躯。凡间的人们每当仰望天空，便会想起这个故事。根据神话传说，银河系里的繁星——虽数不胜数但可望而不可及——代表的是女神朱诺的滴滴乳汁。天神朱庇特（Jupiter）趁妻子睡着，偷

---

①　朱诺（Juno），罗马神话里的天后，主神朱庇特之妻，婚姻和母性之神，集美貌、温柔、慈爱于一身，被罗马人称为"带领孩子看到光明的神祇"。——译者注

偷将自己在凡间的私生子赫拉克勒斯（Hercules）凑近朱诺的胸部，让其吸奶。女神被婴儿猛烈的吸吮惊醒并企图抽身离开，但一切都太迟了，一场神界的混乱已不可避免：她的泌乳反射，将乳汁洒向天空，一滴滴乳汁在那里凝结成了繁星，一些飘落到凡间的乳汁则幻化成了朵朵百合花。就是以这样的方式，这场最古老的对母乳的干预，虽然并非自愿，但却产生了如此壮观的结果，遍地开花。

实际上，牛奶在远古世界一直是稀缺的，这在很大程度上是因为它与哺乳动物（包括人类母亲）的妊娠周期密切相关，对气候、地理环境的舒适度要求极高，另外，也是由它极不耐储存的这一简单事实决定的。古人不喝牛奶，至少不会那么频繁地饮用，但他们会怀着各种各样的目的收集牛奶，比如将牛奶加入谷物庄稼中，或从牛奶中分离出乳脂用以制作酥油。将牛奶制成奶酪是他们保存这种营养丰富的液体的唯一方式。牛奶在宗教仪式上的运用就已经表明，它的价值已经远超其他寻常之物。根据菲利斯·普雷·伯贝尔（Phyllis Pray Bober）的研究，基于便利性、日常营养和含热量的考虑，希腊古典中的"人类第一营养源"指的是无花果和橡子，它们"一个代表宙斯，另一个代表德墨忒耳①"。荷马在《奥德赛》中将大麦喻作"人类的精髓"。如果要说有那么一种最普遍的饮品存在，那古人们喝的是啤酒而非牛奶，历史学家们已经将啤酒定义为美索不达米亚"文化的第一发明"。[13]牛奶持续作为一种季节性的消费品存在，并与田园生活和对自然的特殊理解相关联。

对于远古时代的哲学家们来说，牛奶等同于自然；那是因为牛奶及其特性提供了一个见证生命奥秘的实验室。当亚里士多德解释胎儿是如何在子宫中发育成型时，以牛奶凝固成奶酪的过程为例进行

---

① 德墨忒耳（Demeter），古希腊神话中掌管农业、谷物和丰收的女神，她教会人类耕种，给予大地生机，是天神宙斯的姐姐。——译者注

类比，他认为精液与凝乳酶一样，起到了活化剂的作用：

> 当女性子宫中分泌的物质被男性的精液牢牢抓住（这与凝乳酶在牛奶中起作用的方式一致，因为凝乳酶是一种含有生命热量的液体，它可以使物质凝固成块并将同类物质紧密结合……），当中比较固态的部分结合在一起，液态物质从中分离出来。当最为精华的部分凝固成型，它的周围就会逐渐被细胞膜包裹。

亚里士多德的这番类比，在远古世界并不少见。在被专家们认为从长年累月的积淀中诞生的书卷《约伯记》①中，也出现了同样的意象。当主赶来救赎，约伯问主："你不是倒出我来好像奶，使我凝结如同奶饼吗？"②牛奶变成奶酪是创造过程的戏剧性示范，与发酵和腐化不同。这另外两种方式因体现出神秘和潜在可能性而更加令人惊讶。[14]

虽然亚里士多德为了消除其神秘感，曾尝试用家庭烹饪来进行类比，但人类的母乳仍能激发无限想象。根据他有关混合物的理论，牛奶是血液的另一种形态，"经历过两次烹煮"。当被人类强大的热能再次烹煮，血液变成了精液。但牛奶并不只是一种炉具上的食材，我们知道它具有更强的生命力和活性。由于它跟血液的亲密关系，它拥有向喝下它的婴儿传递母体特质（性情和智慧）的能力（因此，罗马人十分重视乳母的选择）。它拥有接近奇迹般的疗愈能力：对不孕症、眼疾、年老体弱等疑难杂症都大有裨益。享用这种强大的液体不只是婴儿的专利，它不应该一点一滴地分配，而是应该以一个公平

---

① 《约伯记》是《圣经·旧约》的一卷书，共42章。——译者注
② 出自《圣经·约伯记》10：10（如无特别说明，本书所引用的经文都出自和合本）。——译者注

的价格进入市场流通。[15]

尽管女性的乳房和乳汁对人类的健康有奇妙的影响,但它仍然未能使女性的定位远离其他兽类。在亚里士多德的著作《动物志》(*Historia animalium*)中,人类女性被与奶牛、绵羊、马和鲸鱼等其他会给幼崽喂奶的胎生动物归为一类。古希腊和罗马神话传说中,许许多多的人类角色都有从野生动物身上获得乳汁的经历:宙斯曾在仙女的帮助下被一只名为奥尔西娅(Althea)的母山羊哺育过,罗马的建造者罗穆卢斯(Romulus)和雷穆斯(Remus)也曾受到过一只奇怪的母狼人的哺喂。古人并不会在兽与人之间做明确的界限划分;与动物发生性行为并不会带给他们过多的情感震荡,在母亲的胸前将动物幼崽和人类婴儿互换也不足为奇。作为与哺乳紧密相关的人类,女性被困在了一个非常有限的小宇宙内,在那里,她们的这种天然属性极易招致野性的攻击。[16]

若想掌握乳汁的属性,必须先认真理解女性的特性。远古社会对女性的普遍看法是由当时社会独有的等级制度决定的。男女性别之间的差异绝不只是因为我们前面提到的那种"身体热量"的差别导致的精液与乳汁之间的地位高低。后来,盖伦①在探讨性别差异和对子宫进行描述时,又引入了"冷"和"热"之外的另一概念:头上的角。这是对伊希斯的间接致敬吗?早期希腊人对女性的印象都是围绕当时掌管世界的第一女性潘朵拉的故事形成的。人们认为,女性都像女神潘朵拉一样性格不羁、潜藏着毁灭性。在生物学方面,根据希波克拉底关于体液的理论,女性比男性更"湿润",因此更接近自然状态。她们反复地出血只能更加强调她们地位低下,让希波克拉底学派的作家们联想到动物献祭时的血腥肉欲。她们柔软又多孔的身

---

① 盖伦(Galen),古罗马时代的医生、解剖学家和哲学家,与古希腊医学家希波克拉底(Hippocratic)齐名。——译者注

体——她们的乳房便是"海绵质多孔属性"最明显的代表——暗示着她们更加"生",缺少加工和完善,与男性相比,更易受到情感和性欲的支配。他们用"罐子"(jar)一词来形容女性(在希腊语中,这个单词是子宫的替代词),想象着女性体内有一根管子一样的通道,从阴道口直连鼻孔。(为了检验一名女性的生殖系统是否畅通,治疗师会将大蒜放在这根"管子"的一端,然后看看从另一端是否能闻到味道。)女性的身体被看作一个彻头彻尾且不加掩饰的生殖器官,两端都有贪婪的孔洞结构。男性作为更加稳定不易变的性别,唯一合理的反应就是对潘朵拉的女儿们(人类女性)提高警觉,严密侦查。

果然,接下来我们发现,大量希波克拉底学派的文章都将重点放在了与体液相关的女性疾病上。公平地说,医务人员的照料肯定表现出了同情和一定程度的焦虑。在那个时代,为生育能力操心是合情合理的(一个母亲必须要生6个孩子,才能确保至少有2个能够存活下来),向医生寻求帮助具有很大的社会意义。历史学家们甚至认为,这种"治疗"是人们共同的社会公共性活动,需要许多很难入手的物资,有时甚至需要在公众的见证下进行。然而,希波克拉底的文章让人惊讶的地方在于它对细节的关注和在追求女性卫生健康方面的努力。古代的官方权威虽表现出强大的力量,但也傲慢自大。他们确信自己知道事情的真相。

是什么构成了女性的健康?在理想的状态下,血液流经女性的中央通道并激活其他的系统运作,比如在需要的时候分泌乳汁。但是由于太过频繁,希波克拉底学派的医生们会被抱怨,说自己血流量太大,也许是因为循环系统不正常。子宫与乳房之间的直接联系为解决这种液压问题提供了一种解决方案。在某些时候,乳汁本身成了一种救治手段。对于正在经历不孕的女性而言,最好的治疗方式就是往阴道里灌乳汁。为了抑制月经量过大,专家们建议女性在乳房上扣一个玻璃碗,好将血液从另外一个器官引出。[17]对于月经周期紊乱或经常流鼻血(它们在本质上被认为是相同)的女性,特别是针对那些还没有生育过的女性,有一系列更为复杂的体液操作能起作用。首先,往嘴里倒甜美的葡萄酒,然后把散发恶臭的东西涂在鼻子上,散发香甜气息的物质靠近子宫;在阴道被灌入芳香物质时,还要喝下一点煮熟的驴子奶来帮助净化。在当时,子宫被认为是一个独立的生命体,拥有自己的意志(且有感知气味的能力),这样一系列的操作也许可以引导它回归正常的功能。[18]

女性、奶和自然在一条分界线的一边,而学术性的文章和对其进行遏制的努力在分界线的另一边:这种至今仍然存在的陈旧过时的二分法,在奶的历史上扮演着重要的角色。对古人而言,二分法的两极以两种截然不同的食物获取方式找到了具象化的体现。在自然界,一边是成群的山羊和绵羊存在的田园生活,虽然不够准确,但经常被认为是无所寄托的流浪生活;另一边,是经过耕作而收获粮食作物的稳定生活,也就是我们所说的"文化"的概念。它的对立面就被贴上了野蛮人的标签,与文明社会的居民比起来,他们显得粗鲁又笨拙。依据这个版本的人类历史,牛奶不只是给无法食用其他任何东西的婴儿准备的食物,也属于那些尚未开化的野蛮人,因为他们缺乏成熟的味觉和辨别事物的能力。

将自然和动物奶置于文化和文明的对立面,并不是希腊人的首创。早在公元前2000年,苏美尔人(Sumerian)用楔形文字镌刻在泥板上的吉尔伽美什(Gilgamesh)史诗,在描述"自然人"和"文明人"的斗争时就提到了动物奶。大草原上的土著居民恩奇都(Enkidu)的毛发浓密凌乱,体现了人类进化前的所有特征,包括对动物奶的依赖。当被猎人发现时,他的样子让所有人都感到惊恐和困惑:头上浓密的毛发让他看上去像女人,显然他不是女性。吉尔伽美什国王身边的智者找了一名娼妓过来引诱他进入文明社会。这名娼妓在引诱他发生关系以后,劝说这个野兽般的生物到乌鲁克城(Uruk)安家。

他的到来要求他从野蛮人变得更加合群友善:他开始穿衣服,更重要的是需要改变饮食习惯。恩奇都的娼妓朋友现在变成了引导他成为文明人的关键,并开始督促他不再饮用野生动物的奶。固体食物(指肉类)很快就能满足他的食欲了。至于饮品,他开始尝试大口饮用更具男子气概的"烈性饮料"。这种饮料让他变得非常"乐观开朗",开始"摩擦整理自己的身体毛发,给皮肤涂油"。这样的装扮转变使他获得了加入吉尔伽美什队伍的特权(虽然只是作为下属),并共同经历了一系列的英勇冒险。从字里行间,我们应该非常明白,吉尔伽美什重用恩奇都,就是为了让他按照自己的命令通过刀耕火种来取得战斗的胜利,包括攻击那些他在野外生活时的伙伴。在临终前,恩奇都意识到自己被这个史诗英雄利用,像卢梭一样发出了忏悔和自责,后悔丢失了自己身上伊甸园般的纯真。读者们被引导着接受来自"胜利者"的宣言:迫使恩奇都改变原本生活方式的文明社会傲慢无比,它证明,即便是在公元前3000年,与动物为伴、饮用动物奶也是更低级的生存方式。[19]

在公元前8世纪创作的史诗《奥德赛》中,荷马也使用相同的方式对原始的游牧民和文明的耕种者之间的差异进行了分类。这种对比,在他对库克罗普斯(Cyclopes)的描述中尤为显著:这些野蛮的独眼牧民主要依靠食用乳制品和野生动物的肉类为生。库克罗普斯部落的代表人物波吕斐摩斯(Polyphemos),也是有名的动物奶饮用者,是个十分虔诚的牧民,他的洞穴周围堆满了制作乳品的工具和大量成熟的奶酪。部队准备带着一批甘美的奶酪和小羊羔在巨人回来之前逃走,但奥德修斯(Odysseus)命令他们再等一等,看看洞穴的主人会不会给他们带回来更大的收获。他跟他的部下们藏在巨人洞穴内的黑暗处默默蹲守,巨人从外面放牧归来,开始干起家务琐事:

> 接着,他开始蹲下来给咩咩叫的绵羊和山羊挤奶,

>一个接一个挤完，又在每只母羊身体下面放一只幼崽。
>他将一半的新鲜白色羊奶快速凝固，
>摆到藤条编织的架子上压制成奶酪，
>剩余的一半羊奶存放在大大小小的桶中，
>放在手边准备随晚餐下肚。[20]

这样一系列的劳作可能预示着热情的款待，但奥德修斯的幻想马上就破灭了。当独眼巨人发现了藏在自己洞穴中的这群人，他马上大展身手，袭击了其中的两个人，并像吃小零食一样将他们吞进肚子里。于此，波吕斐摩斯后来的命运便有了合理的解释。在此之前，他一直给人性格温和的素食者的印象，与周围的环境和平共处。自此以后，他便失去了以制作乳品的手艺和健康的饮食博人喜爱的机会，取而代之的是对其凶残的吃人行径的谴责。

这个大块头的猎人"直接"饮用动物奶，却招架不住奥德修斯喂给他的芬芳美酒，这都给他贴上了异域物种、来自大自然的野蛮怪兽的标签。然而不仅如此，库克罗普斯巨人的田园主义，远不是牧歌式的乌托邦，还因为对岛屿上潜在的生产力的忽视而显现出了致命的缺陷。在奥德修斯看来，耕种者们身上能看到更多的希望，他们当中甚至有人会向西方冒险航行，遭遇食人族。库克罗普斯部落没有通过文明的严格检验，不仅是因为他们吃人，也因为他们的懒惰。把饮用动物奶的牧民当作懒惰又无知的存在，不只是古代作家们文学创作修辞的需要，也是为了将其作为一种必需的陪衬，来显示耕种者的地位，从而将耕种者确立为世界的主宰者。[21]

最后，我们从古人对栖居于古代乌克兰的野生种族塞西亚人（Scythians）的描述中，也能找到将动物奶与未救赎的大自然关联起来的例子。我们当代人对塞西亚人的印象大多是他们有高超的骑术（根据传说，他们是最先完整掌握骑马技术的人群之一），且有一套从母马身上获取马奶的神秘妙招。然而,古人对这个北方的民族并没有表现出多少尊重,在他们的概念中,塞西亚就是野蛮人的代名词。(当日耳曼的匈奴人第一次入侵欧洲南部时,一开始就被误认为是塞西亚人。)希罗多德鉴别了好几个黑海北部地区的流浪民族,实际上他们当中有不少也耕种粮食作物;然而,他仍然将这些民族通通归类为游牧民族,换言之,就是野蛮种族。他将塞西亚人定义为"食肉者"和"饮奶者"——这是没有根基的临时性存在的关键标志。

与恩奇都一样,塞西亚人栖居在贫瘠的大草原,与库克罗普斯巨人一样,他们的生活没有什么章法可言,必要时也会吃人肉。根据传说,他们将战斗中牺牲的同胞的血液与马奶混合,制成了最具标志性的庆祝用酒,任何平民们酿造的美酒都无法与之媲美。大量的马奶需要数量巨大的劳动力支援,据说在将奴隶们征用来从事产奶劳动之前,要先把他们弄瞎。从母马身上取奶是出了名的困难重重,这大概就是塞西亚人这种做法背后的原因所在吧。根据希罗多德描述,塞西亚人为了能让母马产奶,

> 将骨头做成的管子(与我们作为乐器的笛子类似)猛推入母马的阴道,然后……一些人挤奶,另一些人对着管子吹气。他们表示,这样做是因为当母马的血管中充满空气时,乳房就会被压低。他们将获得的马奶倒进深木桶中,那些盲人奴隶的工作就是不停地对马奶进行搅拌。浮到表面上来的部分会作为最好的被取出,而沉在下面的部分会相对较差。[22]

塞西亚人的这一举动,究竟是一种神秘晦涩的兽性的证明,还是一种独创的技艺?或者,这只是希腊人的简单想象,加班加点地赶制出的一幅塞西亚人的图画,赋予他们野蛮和原始的特性?而我们只会好奇,精明能干的大草原居民在眼睛看不见的情况下,究竟是怎样在野

外开展工作的！不管文中的描述真实与否，我们都能从中读出历史学家希罗多德的讽刺意味，他将文章的主题引向动物产科医学和劳动管理等学科分支，甚至乳制品学科的方方面面——对于一个做学问的人来说，这种关注略显粗鲁。

从希波克拉底学派作家们的文章中，我们能看出当时的人们对塞西亚人的着迷：令他们高兴的是，他们提供了一种检验过度冷幽默的副作用的案例。他们以其松弛和慵懒的身体特征来形容这些特殊的野蛮人，具体表现在性能力方面。虽然这些医生并没有对这群有名的骑士做过身体检查或问诊，但依据掌握的乳制品相关知识，他们诊断，塞西亚人由于食用过多乳制品，身体正在遭受"液体过多"带来的问题，且"因为反复骑马导致阳痿日益严重"。根据两性同样适用的体液理论，他们认为，大量饮用马奶和食用马奶制作的奶酪会导致女性肥胖和不孕，也会使男性精神萎靡和懒惰。身体状况孱弱的塞西亚男性有时会因为"无法抑制对女性的冲动"而选择自我阉割。[23]基于一种奇怪的概念扭曲，我们可以说，未开化的自然属性不会导致野蛮力量的增长，反而会导致男子气概的缺失。因此，北方的游牧民族与起早贪黑的动物畜牧业、马乳制品业、母系社会倾向一起，被封锁在了这个固定的闭环之中。

大约5 000年前的苏美尔人的浮雕作品中，就有许多关于古代乳制品的描绘。考古学家们将这种细窄的石碑称作"冻结的乳制品"，上面描绘了许多庄严高贵的奶牛的形象，一笔一画都描绘得栩栩如生。在奶牛身后，是弯腰劳作的人类，他们的头掩映在母牛流苏般优雅的尾巴下面。这幅亲密的挤奶场景提供的关键信息都在每头牛的前部得到了展示，这仿佛是一场关于古代"技艺"的展示。年轻的小牛幼崽用鼻子反复摩擦母亲的脖子，这让母亲的身体格外放松，乳汁也会从母牛的乳房倾泻而出。基于这种比肩莎士比亚的大师级编剧才能,苏美尔人成功诱导动物们反复产奶。[24]

我们习惯性地把动物奶当作一种家养牲畜自愿提供的天然产品,这往往会导致我们无法意识到,在历史进程中的每一个阶段,乳制品业都代表着独创性的巨大胜利。根据其天然属性,动物奶来源于母体和后代之间的紧密且明确的关系,任何企图从中介入并获取这种液体的尝试,都需要巨大的决心和专业知识。这两个方面——意向性和专业技术——都具有相当高的偶然性:具体到时间、场所和任何可以改变可能性的条件,稍有差池,给动物挤奶和饮用动物奶的活动都不可能实现。

碰巧,了解人类对待山羊、绵羊和牛等牲畜的方式是帮助我们理解农业的最初形成这一问题的关键所在。直到过去这几十年,考古学家们才开始坚持用"宇宙大爆炸"理论来解释农业的产生。大约在一万年前的新石器时代,一场意义重大、影响深远的变革在美索不达米亚发生。在连小学生都熟知的"人类文明的摇篮"新月沃土①,人类放弃了没有计划的打猎和具有偶然性的食物收集方式,开始选择一种目的性更强的生存方式:他们从种子开始种植黑麦、大麦等粮食作物;开始驯养牛、山羊、绵羊等牲畜,将动物从野外捕获回来圈养,并系统性地利用它们的力量、肉类、皮毛和奶。这种确定性的生存方式开始在乡村和新月沃土的"中心城市"兴起,后又逐步向欧洲南部和北部传播开来。我们知道,这场重大变革创造了文明开化:稳定的生活可以带来日常生活必需品生产制造的持续进步,继而又催生了买卖交易和向外扩张的出现。因此,我们可以说,农业的变化

---

① 新月沃土(Fertile Crescent),有时译作"新月沃地"或"肥沃月湾",是指西亚、北非地区在历史上曾有的一连串肥沃的土地,包括黎凡特、美索不达米亚和古埃及,位于今日的以色列、约旦河西岸、黎巴嫩、叙利亚以及伊拉克、土耳其等地。从地图上看其整体好似一弯新月,考古学家把这一大片肥美土地称为"新月沃土"。——译者注

奠定了历史转折的基础,这个理论甚至可以帮助我们理解全世界所有文明的出现。

英国学术界的巨匠戈登·柴尔德(Gordon Childe)将这一简单的理论进一步展开诠释,考古学便开始萌芽。在很大程度上基于西欧人的普遍文化观,他倾向于认为,在那些农业迅速发展的地区,人们反而没有足够的能力完全从没有计划进化到有条理、系统性的生存方式。由于深受传统文化价值观的熏陶,柴尔德和他同时代的人们与早前的荷马、希波克拉底学派看问题的视角并没有什么不同:安定的农业生产比田园游牧生活档次更高,粮食作物种植以及它的产品,包括谷物、面包和啤酒,具有更高的价值。借用一位当代考古学家的话来说,整个人类事业的驱动力是寻找"像我们这样的农民"。(我们还得加上寻找"像吉尔伽美什这样的人类"。)[25]

奶和乳制品的历史给这样的预期增添了一个特殊的新问题。柴尔德提出,稳定的牧场在美索不达米亚出现第一个村庄时就同步出现了。然而,这样文明程度颇高的畜牧业意味着一系列更先进的实践活动,这绝不是以单一方式利用动物的肉、皮毛和奶来生存的田园游牧民族可以发展起来的。事实上,现代的考古学家怀疑,系统性的动物养殖业是伴随着稳定的农业种植生产活动而同时出现的。他们发现,在近东和欧洲东南部的农业栖息地,诸如酸奶、奶酪、黄油之类的"副产品"的制造活动是在农业出现了最少 2 000 年之后才产生的。但这种顺序并不适用于所有地区。在英国,这两种生产系统几乎同时出现,且乳制品在日常饮食中的重要性远高于粮食谷物。而在某些地区的发现则让情况变得更为复杂难懂:远在开始建立稳定的村庄之前,"狩猎者和采摘者"已经拥有耕种黑麦的能力。还有一些地方,早在居民开始耕种农作物之前就形成了村庄。关于农业变革的旧模型已经无法解释如此多种多样的情形,所有这些发现也没有任何一种能够在一个明确的文明发展阶段之内为乳制品的发展提供合理的解释。[26]

事实上,"乳制品业的起源"如今也仍然是考古学家们的未解谜题之一。多亏了稳定碳同位素分析技术的革新性使用,他们从考古现场发掘的陶器残片得知,乳脂开始在烹饪中被频繁使用的时间应该远远早于我们过去的推测。有一种假设认为,最早的"文明"人类并不是采取完全安定下来的生活方式,而是某种混合型的经济模式。他们既依靠一些田园游牧民式的活动,同时也种植农作物。考古学家们还承认,他们的假设缺乏对其他种类世界观的敏感性,毕竟在一部分人的认知中,奶牛这样的动物是亲人般的知心伴侣,而不仅仅是可被利用的产奶机器。比如,破碎的陶器碎片上普遍存在乳脂,也可能意味着牛奶当时被广泛运用在宗教仪式,而非日常烹饪中。就拿我们了解的对女神伊希斯和奥西里斯的崇拜而言,这种推测就非常合理。就连"牛奶"这个词汇,也值得重新推敲。根据古埃及的记录,他们惯用的"牛奶和蜂蜜"这个表达中的牛奶(milk),准确地说应该指的是从动物奶中提取的乳脂(fat)。就修辞的优雅程度上来说,这是个坏消息,但欣慰的是,我们对埃及正统的物质生活的描述更加精准了。在古代英国,也就是20世纪牛津剑桥文明进化理论的故乡,考古学家们已经发现,在某些地域,虽然饲养动物的畜牧活动是人们赖以生存的主要方式,但谷类农作物已经作为贡品在宗教献祭中出现。这种古代世界的生产方式无疑是本末倒置的。[27]

那些有关古代近东地区居民的最早文字记录不仅为我们提供了足够的专业词汇和"管理清单"(有关农作物生产的记录),有关牛奶的"史前"奥秘也变得更加引人入胜。这些资料包括拼凑出来的乌鲁克三世(Uruk Ⅲ)时期(约公元前3100年—公元前3000年)的楔形文字泥板碎片,还结合了部分来自早期苏美尔、巴比伦、希伯来的信息。首先,鲜奶十分罕见,一般只在提到婴儿"吸吮"、新生动物幼崽和对神的供奉时出现。一般的牛奶都是先让其变酸(文字描述为让奶"稍坐"片刻），然后再制成黄油（一般是通过沉淀和煮沸来制作酥油）和奶酪。另外，他们还会将酸奶搅打后产生的残余物摆放在高处（可能是屋顶），使其自然干燥，做成干的白脱乳酪球或"奶饼"。（在这些文本中，表示牛奶的楔形文字符号是位置上略高于其他符号的母牛的头部图案。）这些像白粉笔一样的硬块的主要功能，大概是作为一种储存蛋白质的速食奶制品以供全年食用。考古学家们从地下挖掘出许多已经僵化的硬块，一部分中间还带有孔洞，看上去像是被串在一起悬挂起来晾干的。在幼发拉底河沿岸地区和科威特，现代人们管这种奶酪叫"百吉饼"（bagel），而在中东大部分地区，它的现代名称是"吉斯卡"（kisk）。[28] 显然，擅长从长期的反复试错中积累经验的早期乳制品劳动者，展现出了十分具有独创性的智慧。得益于他们的成功（也得益于当地的狩猎者），古代美索不达米亚的蛋白质消耗达到了历史上的新高度。

　　相关的文献记录虽然十分稀少，但仍然难免受到我们读过的那些古代史诗的概念性偏见的困扰：牛奶的野性一面被贬低，或者全然被排斥在画面之外。比如，以楔形文字创作文本的作家们就完全没有提到过凝乳酶。作为小羊羔的胃的一部分，这种物质可能已经被归属为游牧民的范畴，因而不得不遭受与内陆地区的生活捆绑在一起的命运。（楔形文字泥板的作者们都是古巴比伦的"城市人"，与现如今这个地方的人们一样，十分瞧不起大山里出来的人。）制作真正的奶酪自然少不了凝乳物质的参与，但也许苏美尔人和后来的希腊人一样，选择用无花果汁来代替。作家们避免描写凝乳酶的另外一个原因，是这东西会让他们联想到牧羊人，因为有些牧羊人会将一小块凝乳酶挂在腰带上，而牧羊人在他们眼中是讨厌的局外人。在现存的苏美尔-巴比伦词典中，代表粪便的词汇"kaku"在以联想性的方式使用时，可作"凝乳酶"之意。另外一个意思为"难闻的奶酪"的词汇"nagahu"也可以用来暗指"不文明、未开化的人"。[29]

关于气候变化和饮食健康的现代刊物也有不少关于早期牛奶历史的讨论。关于东非的研究结果表明，畜牧农业对所有的气候变化十分敏感，如果没有充足的降雨量，动物的产奶表现也会较差。在主要的气候学说传入东非和近东，帮助乳制品业扩大发展之前，当地的居民将重心放在动物肉类而非乳制品上，是非常明智的选择。这种应对方式一时间变成了一种演化模型，曾在这个领域成为主宰。现代研究对乳糖不耐受的发现，又让人们对乳制品产生了新的疑问。消化牛奶的能力已经被证实与距离赤道的远近相关，所以对近东和地中海地区的人们来说，饮用生牛奶应该算不上什么愉快的体验。但也许食用酸奶和其他奶制品会好很多，因为它们当中的乳糖含量比生牛奶低不少。新鲜牛奶享有润肠通便的名声，也许正是源于这种乳糖不耐受反应吧。同时，北方人口能够变成乳糖耐受人群，原因也显而易见。在高纬度地区，由于冬季没有充足的阳光照射而无法获取足够的维生素 D（人体皮肤在接受阳光照射时会合成这种元素），人们很容易患上佝偻病。食用钙和维生素 D 含量丰富的乳制品可以弥补这种不足，因此，有能力消化牛奶和奶酪的人群具有先天性的优势，更容易存活下来。幸运的是，受北方气候的影响，在早期的历史记载中，斯堪的纳维亚（Scandinavia）、低地国家、大不列颠群岛的乳制品业就已经取得了决定性的进展。[30]

鉴于乳制品业面临的障碍（文化、气候、消化问题），我们不禁要问：又是什么样的因素在引导着人类与牛奶产生越来越深的羁绊？最初是什么样的机缘巧合让人们想要（准确地说，是有这个勇气）去品尝奶和奶制品的味道？可能有人会说，婴儿时期吃母乳的经历必然会导致我们不可避免地开始制作奶酪和饮用酸奶，但事实上大量的医嘱都不建议我们这样做。比如，奶酪实际上是一种对消化系统有副作用的食物，它会阻碍和减缓人类器官的正常运作。专家建议我们在每餐结束时食用奶酪，实际上是将它作为一个休止符，避免在面对一顿丰盛的美餐时吃得过多。我们从最早的农业论著之一，加图(Cato)的《农业志》(*De agricultura*)中可知，奶酪在宴会菜肴中十分常见。显然，面对这道特殊佳肴的诱惑，人们顾不上担忧便秘问题和身体的损耗了。在过去，人们食用奶制品究竟是一种怎样的体验呢？

正如加图在论著中描述的一样，在公元前2世纪的古罗马，奶酪蛋糕是作为餐后甜点来食用的。这位老政治家的著作一直被奉为古典拉丁语最早的杰作之一，书中有关于"羊胎蛋糕"(placenta，一种将羊奶酪和蜂蜜混合制成的带有多层酥皮的奶酪蛋糕)的做法的完整介绍。("placenta"一词的字面意思是"蛋糕"，出自希腊语中表示"布满片状物"的形容词"plakoies"和法语中表示"千层"的词语"millefoie"。由于子宫内膜十分平滑，希腊语中常用表示"平板"的单词"plak"来暗指它。)加图表明，奶酪蛋糕是向天神献祭的最佳选择，但擅长复刻古典菜肴的烹饪历史学家们对这个说法持怀疑态度。他们认为罗马人用来供奉神灵的更可能是一种叫作"libum"的更简单的糕点，有时候甚至就是在第二天早上直接把自己头一天晚上没吃完的冷糕点带到庙里。加图说的这种糕点由于太过挑逗味蕾，大家不可能放过这道人类大餐真正的压轴菜。

当代烹饪历史学家通过耗费大量的时间复刻古代食谱来完善自己的知识体系，这对于研究乳制品的历史学家们来说是值得庆幸的，因为他们有现成的模板可以使用。加图的介绍也给我们提供了不少精妙的信息——必须用干净的双手、干净的大碗，还需要一种类似面粉筛的工具，一切都透露出某种精致。羊奶酪的推荐使用量——14磅——确实是相当大。酥皮一层一层堆叠，证明它的制作过程需要相当长的时间和巨大的耐心。为了让蛋糕一点点变高，每叠上一层酥皮，就要在两层酥皮间涂抹上一层奶酪和蜂蜜的混合物，这简直称得上是展现出华丽建筑艺术的甜品。最后的烘焙步骤必须在一个加热过的"瓦罐"中进行,历史学家已经证实,它是一种叫"testum"或"clibanus"的烘焙用具,一般当主菜做好端走后,会将这种罐子埋在剩下的炭火中进行加热使用。(细心的博物馆达人应该能通过外形辨认出这个陶器。)烘焙羊胎蛋糕大约需要 30—60 分钟——加图的意见是"仔细地慢慢烘烤"。蛋糕一从烤炉中取出,就要立即在表面淋满蜂蜜。这种对甜蜜的渴望实在是让人难以抗拒。关于动物奶是如何进入人类食品历史的,这可能算得上是一个小小的提示。[31]

第二章
非同凡响的中世纪白色液体

在1413年,一位英国贵妇会为自己的跨年庆祝宴会准备什么特殊的食物呢?答案应该不会是啤酒。在这种重要时刻,的确需要比水更加可靠的酒精饮品,但彼时,啤酒绝对算不上什么特殊食品。当时,仅仅是在寻常日子里作为解渴之用,平均每人每天也要消耗约3.5品脱①麦芽啤酒。人们希望节日菜单能够略微奢华一些,包含品种多样的肉类和野味,但对爱丽丝·德·布莱尼(Alice de Bryene)来说,这样的配置却司空见惯。这位生活在萨福克郡(Suffolk)的富裕寡妇常常需要大量的鹅肉、兔肉、牛肉和羊肉(在斋戒日则换成鱼肉)来款待络绎不绝的晚宴来宾。由于她地位显赫,地方长官和能工巧匠都是她的座上客,单单午餐时间过来拜访的宾客每天就有约20人。爱丽丝知道,为了满足英国人的好胃口,餐餐都离不开肉食。所以,列入她的新年宴会采购清单中的特殊项目是牛奶:由于其季节特性,在寒冷的冬季牛奶短缺的情况下,要一下子弄到12加仑并非易事。她的这种假日挥霍值得思考。这种珍贵的液体后来怎么样了?我们从中又能知道一些什么关于中世纪晚期牛奶历史的信息呢?[1]

我们能找到的那些现存的中世纪宴会菜单的食谱,或许能帮助

---

① 品脱(pint),液体容积单位,主要在英国、美国和爱尔兰使用。1品脱在美国和英国代表的是不同的容量,1英制品脱约等于568.26毫升,而1美制品脱液体约等于473.18毫升。8品脱等于1加仑。——译者注

我们解答这 12 加仑牛奶的谜题。牛奶中加入小麦后进行熬煮，最后熬到如布丁一般浓稠，这种叫牛奶小麦粥（frumenty）的食物颇有嫌疑。这道菜在民俗学研究者和中世纪烹饪历史学家当中相当有声望，大约是因为它满足了他们对于传统香料使用方式的所有想象。谁能拒绝这道使用了迷人又昂贵的藏红花和肉桂来调味的佳肴呢？（调味品中还结合了洋葱和砂糖的风味，仿佛让人置身另外一个美食世界。）然而，要一下子做出 20 多份这样的粥，也并不那么容易吧？难道爱丽丝家中的橱柜里储存着大量的肉桂？如果是这样，那么她信赖的管家就不会再另外采购，所以我们在她的账目上也就看不到相关的记录了。

牛奶小麦粥也许是爱丽丝那 12 加仑牛奶的最终归宿之一，但如果我们仔细研究一下嘉宾名单，就难免会产生一丝怀疑。虽然根据管家的记录，来赴爱丽丝的宴会的有 30 多个朋友以及他们的子女和仆人，但实际参加宴会的人数比这要多得多。有一个邻居就带来了差不多"300 个房客和其他陌生人"——这就解释了为什么宴会需要 572 条长面包，还有数量相当多的啤酒。也许厨子还用牛奶做了另外一种不那么特殊的酒汤粥（caudle）。这种粥的档次虽然比不上牛奶小麦粥，但是比中世纪最典型日常的"牛奶面粉糊"要高档许多。酒汤粥不需要添加昂贵的香料，也不大值得拥有专门的食谱记录：它就是将厨房里现有的鸡蛋、黄油、谷物（燕麦或小麦均可）和牛奶等材料简单地混合在一起而成的。它简单方便，非常能满足邻里间大型聚会的需求。回想一下彼得·勃鲁盖尔（Pieter Bruegel）在 1568 年前后创作的名画《婚宴》（*The Wedding Banquet*）中呈现的场景：恭顺本分的新郎给充满期待的宾客们分发的只是简简单单的装在大碗里的菜品。我们从其他日子的简朴菜单中也能看到，爱丽丝也是会提供简单饭菜的，所以我们也不能期待新年宴会太过奢华。她可以供应大量的粥，但并不想在原料上耗费太多资金。

实际上，于北欧人而言，冬季里的节日是与自然力量和解的环节。匮乏仿佛已经刻在了日历上，引导着人们调整饮食习惯，更多地食用炖肉、咸鱼等腌制或文火慢烹的食物。动物界的繁殖循环周期决定了鲜奶的使用。不论是奶牛、绵羊还是山羊，都是在早春时节产仔，所以挤奶一般从5月初持续到9月底。过了这段时间，农民们就开始注意不给自己的牲畜增加过重的身体负担，以便它们能顺利面对寒冬时节的挑战。然而，早在11世纪，英国奶牛场就已经在想尽办法违背这种自然规律了。来自城镇的需求和被这些需求带动起来的活跃市场，注定了至少有一部分牛奶需要保证全年供应。奶农们为了售卖鲜奶、奶酪和黄油赚取现金，想方设法来折腾产奶的动物。他们将小牛犊从母牛妈妈们身边骗走，进行人工喂养，而母牛们的奶都用来制作奶酪或拿到市场上去售卖。甚至一直以羊毛为贵的绵羊，最终也难逃相同的命运，狡猾的主人会通过这样一系列的人工操作来支配它们产羊奶。[2]

反季节鲜奶的例子反映出一个充满活力、精于算计的中世纪商业社会。当代的烹饪书籍虽然用量标注并不总是准确，但能看出有20%—25%的菜谱都需要用到牛奶。这表明富裕的英国家庭已经开始从繁荣和敏锐的零售业中获益，这是他们历史上这一特定阶段的两个相互依赖的主要特征。那时的牲畜其实并不多产：在14世纪的英格兰，平均一头奶牛的年产奶量（140—170加仑之间）还不到过去被精心饲养时产量的一半（到16世纪70年代，这种现象也开始在荷兰出现）。但由于出得起高价钱的买家并不多，所以这些产量已经足够满足市场需求。爱丽丝的管家购买这12加仑牛奶的价格是18便士，几乎是夏季牛奶价格的3倍。但对于贵妇人家庭的节日宴会而言，这种程度的奢侈还是允许的（换算成现在的标准，大约是35英镑或51美元）。与当天必要的食品储备开销比起来，这甚至都不到总开销的1/10。我们看到的关于这次集体庆祝的简要说明，预示着这个岛国的精英阶层会有一个富足的未来。[3]

然而,在中世纪,牛奶还不属于日常消费品的范畴,并没有进入现代它所归属的这个类别。对其进行分类的标准,并不是它的季节性,而是它身上那些众所周知的特性。医学上将它作为一种身体的产物,与血液归为一类。由于它的天然有机物属性,中世纪的宗教禁止人们食用:牛奶、奶酪和黄油作为动物制品,都被禁止在基督教斋戒日食用。到公元7世纪,这种现象都是普遍存在的:在整个欧洲的天主教徒中,每周三天(周三、周五和周六),宗教节日的前夜,以及复活节前的整整40天,都必须遵守这样的戒律。孜孜以求的厨师可能用杏仁奶来代替,但这种替代品包含一系列对坚果进行研磨、加热水、搅拌至浓稠的密集型劳动,更加耗时费力。许多的菜肴其实只需要添加少量的牛奶,一次不会超过半杯。在西方世界,它作为饮品的角色也并不多见:除了体弱多病或非常年幼的人以外,几乎没有人会直接用杯子饮用鲜奶。从我们所处的有利角度来看,这些习惯上的禁忌让我们注意到某些中世纪的牛奶观中更加重要的内容:它与一个宗教和自然世界重叠的有限范围存在紧密的关联。关于它在东方世界的地位的故事只是更加强调了牛奶是英雄领袖和天神的专属。

13世纪的欧洲列强似乎已经开始模糊地意识到来自东方的潜在威胁。有关蒙古人惊人军事活动的消息已经传入了王室和教皇的耳朵里。成吉思汗的铁骑统一了蒙古,又征服了今中国的满洲里地区,如今又准备横扫西方,摧毁俄罗斯、加利西亚(Galicia)、西里西亚(Silesia),甚至是附近的匈牙利。历来纷争不断的西方各国决定将彼此之间的仇怨先放一放,一致联合对外。虽然当时的人们还没有意识到它的重要意义,但用历史学家的话来说,"这是世界历史上最重大的灾难之一"。[4]

在令人不安的警报的驱使下，两名严肃的修道士英勇无畏地只身前去与敌人碰面。众所周知的卡尔皮尼（Carpini）[全名为乔万尼·达·皮昂·德尔·加宾尼（Giovanni da Pian del Carpine）]就是他们其中之一，他被任命为教皇外交官，并被委以打开东西方交流通道的重任。1247年，他结束这趟旅程，返回后将自己一路上的见闻写成了一本回忆录。另一位是卢布鲁克的威廉（William of Rubruck），1253年作为基督教传教士启程，并于1255年返回，成了一名编年史家：他向法国国王承诺，"会将在鞑靼人（蒙古人）中的所有见闻全部记录下来"，并做到"事无巨细，全部详实记录"，最终完成了一部有关东方世界的意义重大的巨著。与20年后游历过不少相同地点的更加夸夸其谈的马可·波罗相比，威廉的名字更应该被世人铭记。[5]

在这两位方济各会会士（Franciscans）的报告中，读者会被一种反复出现的迷恋触动：两个人都同时提到，与他们不同，蒙古人都十分热衷喝奶。通过家家户户门口展示的线索，修道士们很快领会了牛奶在当地的重要性：在毛毡制成的人形拟像下面，两边都悬挂着动物乳房的毛毡仿制品，一边是奶牛的（代表女性），另一边是马的（暗指男性）。蒙古人对这种饮品的喜爱经常能识别出来。在每一个重要家宅的门口，都立着盛装马奶的容器，由一个背着吉他的吟游乐手在旁守护。只要喝上一杯，就会引发主人一连串的礼赞：在附近值守的管家大喊一声"哈！"，吟游乐手应声便开始弹奏他的乐器。每逢特殊的节日，这样的门口道路上的二重奏在庆典活动结束时反复上演，为庆祝的欢歌笑语画上圆满的句号。卡尔皮尼和卢布鲁克一样特别提到，王公贵族们总是伴随着喧嚣声喝下奶：喝奶就是为这种吵吵嚷嚷的快乐准备的。[6]

在早期文化碰撞中的这些神秘时刻，奶展现出了能量和价值。卡尔皮尼和卢布鲁克无论走到哪里，都发现蒙古人在忙着洒马奶。他们被迫扮演起人类学家的角色，必须认真细致地叙述令人迷惑的各种宗教仪式。卡尔皮尼对那些似乎可以判处死刑的没完没了的禁令没有什么耐心("他们有好多类似这样的冗长的内容不值得赘述"),但他却将对奶的不尊重列在了罪行清单上。比起用刀具接触火、用鞭子接触弓箭,用一根骨头敲碎另外一根骨头,法律对把牛奶倒在地上这一举动的惩罚似乎更严格。缺乏共鸣并不妨碍耐心细致的观察。透过基督教的滤镜来观察他们的这些仪式,卡尔皮尼认为蒙古人并没有什么专门的祷告和仪式来祭拜他们"唯一的神",但是他们会向那些毛毡做的人偶供奉"每一头奶牛和母马的初乳"。这项活动在每年春天都会为这些坚忍的微缩模型带来幸运,而它们的职责就是保佑制造它们的人们生活顺遂,这也的确不是件容易的事。现代历史学家们证实,这些偏远地区的部落实际上生活极度贫困,但他们"从不缺少动物":"他们拥有数量巨大的马匹",按照卡尔皮尼恰如其分的夸张说法是,"我感觉世界上其他地方的马匹数量全部加起来也不一定能有这里的多。"[7]

卢布鲁克细心地观察到,"每天有来自3 000匹母马的奶"被作为至高无上的贡品进献给领袖成吉思汗的孙子巴图(Baatu)。20年后,到忽必烈汗时代,马可·波罗又更加大手笔地(甚至让人怀疑其真实性)提出是一万匹母马。像这样的数字其实是毫无意义的。东方人对待马匹的态度是实用主义的还是出于情感本能的,取决于每个人看问题的角度。母马为蒙古人提供了他们唯一真正中意的食物:发酵马奶(qumiz/comos)。"在夏季,"卢布鲁克记载到,"只要还有发酵马奶可以喝,他们甚至都不需要其他任何食物。"发酵马奶的档次高于羊奶和牛奶,卢布鲁克和同行的伙伴在旅途中大量获得的都是羊奶和牛奶;蒙古人深知,不应该给予来宾过多的发酵马奶。关于牛奶,卢布鲁克差点没有认出来,与他在法国接触的牛奶区别相当大:"实在是太酸了",奶中的黄油全部被提取出来了,与他知道的一种白脱牛奶接近,但味道更重。蒙古人通常会将其进行熬煮,煮干以后将剩下的奶块装袋储存,到了冬季,再将这种凝乳块取出,兑水调制成淡淡的饮品。但在马奶正当季的时候,蒙古人甚至都不想吃鲜肉。夏季也能稳定供应的马奶,是这些令人敬畏的族人最引以为傲,且最钟爱的食物。[8]

实际上,马奶是一种非常特殊的饮品:卢布鲁克详细说明了所有的细节,(只能由男性挤奶工)挤奶、装起来、搅打到嘶嘶冒气泡,这个胖胖的修道士第一次尝试这种发酵的饮品时,不禁"惊得一身冷汗"。"如果第一次喝,你会感觉像烈性葡萄酒一样辣舌头,"他仔细解释道,"但喝完之后,会在你的舌头上留下杏仁奶一般的回甘。它能带给人一种十分舒适的精神愉悦感,酒量不好的人甚至会感觉有些微醺;它的利尿效果也非常明显。"比普通发酵马奶再高一档的是"黑马奶",它是马奶经过进一步蒸馏、过滤掉固体颗粒以后得到的。只有"高贵的皇族"有资格消费这种奶,卢布鲁克认为它"的确是一种令人愉悦的饮品且功效显著"。[9]

为了履行自己在蒙古作为传教士的职责,卢布鲁克不得不参加许多社会和宗教性的典礼仪式,且多数都离不开饮品。有人认为,即便是再嗜酒的修道士,都会被蒙古人推杯换盏的社交活动折腾得筋疲力尽。卢布鲁克的外交手腕可能已经让他在蒙古可汗身边赢得了特权席位,能够与东道主和各路嘉宾同席交流对神的存在的看法和交谈其他有关神学的话题。在这些社交场合,卢布鲁克见识了更多奶的喝法,但到了第二轮,我们的修道士已经对围绕着自己的神秘马奶兴趣大减,转而将注意力集中到传道的事情上,期望将中世纪罗马天主教思想传递给还未开化的蒙古人。比起这个,卢布鲁克似乎更像是在告诉我们,在一棵大银树下面,有4只银狮子喷出4种不同的饮品,其中就包括精炼过的马奶。可汗每喝一次马奶,他周围的人就会迅速做出反应,朝他们的毛毡人偶上洒几滴相同的马奶,对此我们也不必太过惊讶。当修道士面对他的最后一名听众时,众侍从一定相当活跃,因为蒙古领袖要对自己的宗教信仰原则表态了:在他独自展开介绍性发言期间,蒙古可汗最少喝了 4 次东西。卢布鲁克的翻译已经事先提醒过他,这可能是他最后的机会了,事实也确实如此。可汗把话题从宗教信仰转向了对未来的规划。"你在我们这里待了很长一段时间了,"可汗对卢布鲁克说,"我认为你是时候回去了。"当卢布鲁克最后启程时,他记录下了一些令人沮丧的数字:"我们在那里总共只为 6 个灵魂施行了洗礼。"还有一个他没有计入在内,因为这个人本身就是来自西欧的俘虏的后代。[10]

当修道士被打发走,他的记录便带上了另外一番不同的更加沉默的色彩;在文章中,不难看出卢布鲁克的幡然醒悟。就奶而言,这不是件幸事,关于其中最常研究的活动,疲惫的作者只用草草两行带过:5 月 9 日,举行关于白色母马的庆典活动(julay)。现代人类学家将这项活动理解为多宗教信仰的天堂庆典,供奉的神明也在代代相传的过程中发生了多种演变。从更加冷静客观的 20 世纪的眼光来看,这个活动具有"中亚地区牧马和牧牛民族的典型特征"。[11]然而,有趣的地方在于就古代起源而言,它早于佛教和喇嘛教。在卢布鲁克亲眼看到这些庆典仪式之前,它们就已经处在一个融合实验室了,这证明那些看似无法相容的信仰和实践可以成功融合到一个仪式之中。卢布鲁克看到蒙古基督教派分支,也就是聂斯托利派(Nestorians)的祭司聚集在可汗的宫殿;他们的职责是将第一滴马奶洒向地面,以庆祝新季节的到来。卢布鲁克认为它与圣巴塞洛缪(Saint Bartholomew)在宴会上散发葡萄酒的活动类似,虽然把一个春季节日与 8 月底的节日进行类比有些不太恰当。(很可能是出于相同的关联性,马可·波罗记录的活动进行时间是 8 月 28 日。)当时的修道士是否已经知道,马奶就是蒙古人的圣水?或者,他与蒙古可汗身边的那群被称作"占卜者"的特殊祭司之间的麻烦事令他烦恼,让他失去了一贯的敏锐洞察力?

20年后，马可·波罗领会了白色母马庆典的意义，以独特的修辞对其进行了巧妙叙述：

> 占星家和皈依者告诉伟大的可汗，在每年8月的第28天，必须向空中泼洒一些白色母马的奶，让其落在地上，如此一来，所有生活在这片天空和大地之间的生灵都能愉快地品尝到一些马奶……由于这样的善举，天地间所有的这些生灵都会保佑可汗万事顺遂，这片土地上的一切事物，无论男女、鸟兽还是庄稼，都能兴旺繁荣。[12]

无论是在抽象意义上还是字面意义上，马奶都代表着生存。如果卢布鲁克停下来，仔细审视自己的笔记，那么他可能已经依据自己的经历得出了相同的结论。卢布鲁克的旅行队不止一次遭遇供给不足（当地居民拿出来交换的物件是纺织品，而不是食物），所以他们不得不一连好几天靠喝马奶维生。不管他们走到哪里，好像都逃不开人们对马奶的挚爱。在俄罗斯的领土上，卢布鲁克差一点就说服一个撒拉森人皈依基督教了。但在与妻子商议后，这个人拒绝了接受洗礼，"因为这意味着我以后都不能再喝马奶：这个国家的基督教宣称，没有一个真正的基督徒会喝马奶，然而在这个蛮荒之地，如果不喝马奶，我根本无法生存下去。"卢布鲁克"实在是没有办法解决他的这个困惑"，并且他怀疑，有许多潜在的皈依者都是因为这样的误解而最终没有受洗。马奶和西方基督教被一道出奇坚固的屏障分隔在了两端。[13]

我们从这个西欧人与饮奶文化的碰撞中领悟到了什么？13世纪，卡尔皮尼和卢布鲁克在观点和知识方面的影响力几乎为零，读过他们笔记的人屈指可数。直到16世纪，旅行文学和自然奇观故事才开始为不断增长的读者群体提供娱乐性的行动指导。最初，卡尔皮尼笔记的手抄本还是挺多的，但都被小心翼翼地搁置在了修道院中保存。至于卢布鲁克的非凡著作，作者将自己的论文献给了法国国王路易九世，但这位君主并没有对该文本进行任何的推广或维护，甚至也许根本都没有亲自阅读过。最终，有 4 部手稿流传到英国，我们要感谢著名的英国天主教方济各会修士罗吉尔·培根（Roger Bacon）慧眼识珠，在创作《大著作》(Opus maius)时，他从卢布鲁克手稿中挖掘了不少地理信息。几个世纪以后，著名的游记汇编者理查德·哈克路特（Richard Hakluyt）意识到，卢布鲁克这部荡气回肠的作品有成为畅销书的潜力，在 1598 年以拉丁语和英语将这部作品出版。

然而，这些文本如同极为灵敏的指南针一般，为研究中世纪牛奶的历史提供了指向性的线索，且这枚指南针的两极都确凿无疑地指向了诸神。珍贵、持续存在又难以捉摸的牛奶是与神学力量对话的媒介。在中世纪，只要牛奶出现，我们肯定能看到一场身体与精神的交融。在那个时代，饮用牛奶是伴随着一些仪式感的，必须是在庆典或宴会上才会饮用。它的出现预示着慷慨与馈赠，它的缺席意味着一段时间的饥荒和忍耐。在大自然的韵律被科学和技术颠覆破坏之前，牛奶的情况是一面能够反映生物季节周期的明镜。

西欧人民以他们神圣牛奶的多样性为傲，这其实并不令人意外。在 12 世纪，牛奶被看作基督教最重要的属性之一，并且在接下来的几个世纪中，围绕这种非凡的白色液体的讨论为大部分大众虔诚的行为语言奠定了基调。后来人们发现，卡尔皮尼和卢布鲁克作为方济各会修道士，在东方世界举起盛满马奶的酒杯时，只是从一种乳白色的环境转换到了另外一种而已。

根据传说，克莱尔沃的伯纳德（Bernard of Clairvaux，1090—1153）从圣母玛利亚处寻求帮助，这位神圣的母亲以慈母的营养（即乳汁）作为回应。当这位修道士在她的雕像前背诵《海星圣母颂》

(Ave maris stella)时，圣母在他面前现身，并袒露自己的乳房，向他的口中挤入了三滴幸福的乳汁。这种上天的恩赐赋予了伯纳德巨大的能量，使他后来能够创作出数百篇布道辞和论文来讲述通往神圣的正确道路，定义了他那个时代的中世纪精神。14世纪和15世纪的一些祭坛绘画和祈祷用书的木版画都直入本题地对伯纳德接受乳汁奖赏的场景进行了描绘。（根据最新的统计数据，有119张类似的哺乳画像遍布在欧洲各地，其中大部分在伊比利亚半岛和西北部地区。）这位虔诚的圣人跪在地上，头微微扬起，喝下了拥有奇迹的弧线的乳汁。这种令人吃惊的直白程度激起了现代观众的兴趣，因为我们已经有近700年没有这样直观地感受过中世纪独有的物质性了。这个传说和它的形象充分说明，神圣乳汁对西欧人民的想象力影响深远。

与大多数神话传说一样，这个故事产生于许多自相矛盾的起源。它的血统模棱两可，就是因为它的起源仍是未解之谜。尽管伯纳德在布道和写作的过程中总是反复将（从耶稣基督和圣母玛利亚那里获得的）乳汁看作一种神圣的精神食粮，但对于这段经历，他本人却从来没有进行过详细的描述。进行宗教研究的历史学家一直在争论，在耶稣基督之后，到底谁才是饮用圣母玛利亚乳汁的第一人？大多数起源于伯纳德所生活的12世纪的故事，都是以神学家沙特尔的菲尔贝尔（Fulbert of Chartres，死于1028年）妙手回春的情节开场的。患病的牧师实际上扮演的就是众多"最神圣的乳汁"的接受者的角色，然而问题在于，为什么偏偏伯纳德能够占据首位呢？艺术历史学家提供了进一步的线索：他们发现伯纳德的形象转变要比文本更早地为这段故事提供了依据。后来，教会之所以能够印刷出版这个故事的钦定版本，人们口口相传的传统一定功不可没。在加泰罗尼亚（Catalan）的波布莱特（Poblet）隐修院附近，有两幅分别于1290年和1348年创作的祭坛装饰画，描绘的都是圣母向跪着的伯纳德授乳的场景。这个画面并不是立刻就变成一种虔诚的象征广为流传的，也并不全是因为伯纳德：直到 15 世纪末期，圣母玛利亚在俗世信徒中的崇拜者变得比耶稣基督的还要多的时候，这幅场景的全盛期才真正到来。[14]

一次特殊的牛奶馈赠可以解释为什么这次"哺乳"会落到伯纳德身上。同时，也让我们了解到神圣的乳汁作为一种赖以生存的特殊食物形式，在中世纪基督教思想中是一种怎样的存在。有一本合辑收录了自 13 世纪以来许许多多跟圣母玛利亚有关的神迹故事。其中有这样一个故事，一位"胸无点墨的修道院院长"面对教皇分配的困难任务一筹莫展、焦虑万分，圣母便前来助其一臂之力。1176—1179 年，克莱尔沃的亨利（Henry）接替伯纳德，成为西多会（Cistercian）的领袖，但事实证明，他显然缺乏足够的"思想智慧"来挑战布道授业的活动。当他向圣母寻求帮助，"他看到最美丽的圣母站在祭坛前，用最轻柔的声音呼唤他上前来，并将自己最神圣的乳房伸到他的面前来让其吸吮。修道士带着最大的虔诚来到圣母面前，通过饮用这最神圣的乳汁，获得了极其丰富的学识，最终助他获得了罗马红衣主教的殊荣"。[15]圣母帮助了这个谦卑又无力的修道士，为他的布道演说赐予能量，且增添了头脑智慧。如果说耶稣基督代表的是谦逊，那么圣母玛利亚则通过对谦卑的人给予帮助赢得了更为重要的角色。在探讨基督教如何具有民主精神时，圣母的乳汁占据了非常重要的位置。我们只要认真鉴赏基耶蒂（Chieti）市政会堂内创作于 15 世纪的绘画，就能找到最好的证明。画面中，圣母玛利亚的乳汁倾泻而下，流入炼狱中的众人之口。[16]

依照这个故事，随着时间的推移，圣母奇迹般的哺乳活动与伯纳德结缘，也便能够理解了。伯纳德与弱小无助的亨利不同，他负责发表积极进取的布道演说，为灾难性的第二次十字军东征推波助澜；将这样一个人物作为这场难以抗拒的天降恩赐的接受者，可以确保为子孙后代留下一个完美无瑕的形象。在中世纪的绘画中，也有表现其他不那么知名的修道士吸吮圣母乳汁的场景，但伯纳德还预示了某种圣母玛利亚的自我防御。乳汁的弧线（有时候是一股喷射而出的水流）直接流入了他的口中，这暗示西多会可以用这种食物来大做文章。伯纳德也确实这样做了。他反复将乳汁作为圣灵知识的来源大讲特讲：它代表的是精神上的亲密、智慧和"神的科学奥义"。这种能够引发回忆的设想一次满足了两种听众：青睐朴实直接意象的大众口味和倾向于丰富隐喻的学究嗜好。

授乳活动传递给我们的终极信息是如果中世纪基督徒正在寻找一种通往知晓的捷径，那么让他们喝奶便是。牧师通常以这个词汇的隐喻意义来使用它。我们可以想象，在许多中世纪的文本和讲坛布道活动中，有关食物的想象、身体和乳房等词汇都大量存在。这些对圣母乳汁的颂扬不应该误导我们认为它推进了女权主义思想在中世纪的崛起：男性和女性都是"哺乳"的参与者，众所周知，耶稣基督也用乳汁哺喂过他的追随者。进行中世纪研究的历史学家卡洛琳·沃克·拜纳姆（Caroline Walker Bynum）已经告诉我们，12世纪的神职人员频繁地推波助澜，"一贯地将富有同情心和温柔体贴作为对女性的刻板印象……把母亲和孩子之间的羁绊看作亲密、和谐的象征，甚至是一个自我与另一个自我的融合"。人类的乳房和乳汁是强烈的精神觉醒的载体，预示着与耶稣基督、圣人，当然还有圣母玛利亚的亲密结合。[17]

伯纳德在这些问题上是个善于雄辩的权威人物，尤其是在他关于《雅歌》（Song of Songs）的那些布道辞中。这位能言善辩的牧师（被人们冠以"柔美流畅的语言博士"的美称）将这本以露骨的肉欲感官描述著称的传道书，描绘成圣灵与主之间在语言上的互诉衷肠。关于"你的酥胸胜过所有的美酒，散发出最名贵的药膏一般的甜蜜芳香"，他解释道，"新娘"（代表教会）的这些台词是想表达："哦，我的新郎啊！如果我看起来高尚，那也都是你的功劳。因为你用乳汁的甘甜来滋养我，给予我荣耀。是你的爱，而不是我的鲁莽，使我抛开了所有的恐惧。"

乳房是一个靠近心脏、布满乳腺的部位；这种对性别差异的刻意模糊，使得这种神圣的滋养之液能进行有利的循环。新娘的愿望是得到一个吻，新郎耶稣基督马上满足了她，并赋予她生育能力。她马上构建了自己的信仰，在善良和爱中不断成长。关于对这个词汇的精神觉醒和简单的头脑理解之间的差别，新郎做出了这样的解释："后来，你就会知道自己已经接收到了这个吻，因为你会发现自己怀孕了。这也就解释了为什么你的乳房会变大，当中充盈的乳白色液体远远比代表世俗人情世故的葡萄酒要丰富得多。"在探讨真正的精神的滋养力量时，伯纳德引入了更为实际的解释来说明它到底是如何运作的：

> 有频繁祷告欲望的人应该有过我说的这种经历。当我们刚刚接近圣坛开始祷告时，我们的内心是干涸且冷淡的。但如果我们锲而不舍地坚持祷告，就会感觉好像被注入了某种意想不到的愉悦之感，胸脯开始膨胀饱满，我们的内心仿佛被源源不断的爱填满了；如果有人想要将其压抑下去，这甜蜜丰饶的乳汁就会如泉涌一般喷薄而出。

乳汁最显著的特性就是它的繁殖力，能够使事物成长和繁荣。伯纳德将这种比喻发挥到极致，认为乳汁这样的好物不应该只局限于母亲和婴儿之间。[18]

有关神学的身体隐喻多少都带有一些明确的情色暗示意味，这指向了中世纪世界观的另外一面。我们知道，物质生活是精神世界和天堂世界的一种映射。中世纪的听众不会认为伯纳德通过乳汁来将身体肉欲转化为精神恋爱的做法是矫枉过正的；他们只是马上就掌握了这些理论术语背后所蕴含的实际意义。（慎重声明，伯纳德有关乳汁的隐喻并不总是与人类乳房相关的：在另外一些布道中，他为了表达主的救赎如同牛奶一般甘甜，援用了一些乡村风味的比喻，"如果挤压得更紧实一些，黄油的丰富性就会进一步涌现出来了"。)[19]听众或观众会对故事中成年男女从圣人的胸部饮用乳汁的情节感到不适吗？古典时代已经将这一活动定义为终极的慈善行为，甚至有贤惠的女儿佩罗（Pero）在狱中哺喂遭受饥饿的父亲的情节。[20]在现有的历史记载中，哺乳唯一引起过的争议是，要在多大程度上将圣母玛利亚塑造成一个普通人的形象。如果她也如所有普通的妇女一样，在产后分泌乳汁，那么她是否也应该有普通女性同样的月经周期？那么有关她的圣灵感孕和无染原罪之说就都有待商榷、很难成立了。（这也就是为什么艺术历史学家总告诉我们，有关圣母玛利亚哺乳的画作，有时候并不会那么写实，乳房会从锁骨的位置显露出来。）圣母哺乳的行为蕴意深刻，但也疑云重重。

当宗教权威们称赞神圣乳汁是精神生活的精髓，他们实际上是在促成一种与当代科学观念平行的理论：在这个问题上，中世纪的自然哲学家们沿袭古代先贤的观点，认为乳汁是血液的另外一种形式，而血液是生命的精髓。在婴儿出生以后，曾在子宫中为胎儿供给营养的血液就上行到乳房，演变成完美的白色营养。与血液一样，乳汁在形成的过程中也带有个性特征：它不仅能够传输营养物质，还能够传递制造者的人格品性。因此，孩子会从它所饮用的母乳中获得母体的性格气质和道德品行。[21]伯纳德对自己婴儿时期经历的表述显示，他已经完全掌握了这个生物学的理论。他的母亲以非常仁慈宽厚而闻名当地，他将自己的热情归功于这样的母亲。"她十分细心地亲自为孩子们哺乳，这其实是违背当时她们那个阶层人群的惯常习俗的。她深信母亲的精神能量是可以通过母乳传递给孩子的。"

这位神职人员与母亲之间的羁绊,对他后来维持教会事业的使命至关重要,母乳和母亲的乳房显然功不可没。[22]

伯纳德在提升神圣乳汁在中世纪的地位上的贡献值得称颂。这位热情的牧师引领了一种新的趋势,它是一种虔诚信仰实践的革命,并在12世纪蓬勃兴盛:圣人生平故事的激增泛滥。通过聆听和阅读圣人的经历,信徒们将自己的情感当作通往神圣的有力工具。这些冲动引发了人们对奶,甚至其伴随物血液的追捧热潮,当然这并不仅限于比喻意义。从盖里克(Guerric)的布道辞中,我们了解到,使徒彼得(Apostle Peter)被圣灵"灌入了大量的奶"。当圣保罗(Saint Paul)因为自己的信仰而被斩首时,他流出的是乳汁而不是血液。而圣维克托(Saint Victor)则是血液和乳汁一同流出。[23] 后来,人们根据13世纪后半叶的民间口口相传的这类故事,汇编成了不朽的经典《金色传奇》(*The Golden Legend*)。在这些普遍流行的传奇故事中,总是将乳汁描述为对圣徒的终极试金石。中世纪最有名的女性圣徒之一,亚历山得里亚(Alexandria)的圣凯瑟琳(Saint Catherine),也重复了圣徒保罗的经历:当她被斩首时,她的脖子喷发出泉涌般的乳汁。在圣卡斯伯特(Saint Cuthbert)的传说中,乳汁表现为一种神奇的黏合剂:这位年轻人因为自己对父母出言不逊而懊悔不已,砍断自己的腿,后来以乳汁为原料制作膏药来将其修复。这些中世纪传奇故事的生动描述贴合实际而非抽象隐喻,随着15世纪印刷文化的出现得到了进一步的发展。《金色传奇》成为当时重印次数最多的书籍之一,是伯纳德授乳传说的有力竞争对手。

女性对这些内容反应强烈。对生计的渴望,想要通过乳汁大量获益,这正是中世纪的女性们日常面临最多的挑战。克拉丽莎·阿特金森(Clarissa Atkinson)认为,对那些忙于完成"古老天职"的母亲们而言,基督教的形象为她们提供了书写自己的生物和社会身份以及生养子女过程的素材。[24] 乳汁已经不仅仅是她们乳房的产物,也是幸福安康的终极象征。作为一种食物，乳汁也在宗教体验中承担了重要的角色。女性们往往通过斋戒和喂养等行为来展现自己的虔诚。这样的仪式也有助于她们把握对自身处境的掌控权，让她们从平凡世界飞升到非凡的境界。女性们越来越专注于自己身体的能量，于是数不清的残暴父母和不受欢迎的追求者都被她们藐视唾弃了。她们对于乳汁的所有幻想都可以轻而易举地从圣人的故事中找到模范榜样。

所有这些故事的主题只有一个，乳白色的丰饶和奇迹般的生存。坎特伯雷（Canterbury）的托马斯讲述了"惊人的"克里斯汀（Christine the Astonishing）的神圣拯救：她在穿越沙漠的途中没有了食物，"神就让这位少女的胸部充满乳汁，她靠饮用自己的乳汁生存了9个礼拜"。[25]当卢卡迪斯（Lukardis）决定通过禁食来证明自己的忠诚，不食用任何尘世间的食物时，依靠圣母玛利亚的哺喂维持了好几天。斯希丹的里德维娜（Lidwina of Schiedam）（死于1433年）跌落在冰上，身体瘫痪以后，变成了一盆饱含奶液的具有转化能力的圣水。当她的身体腐烂瓦解成碎片，里德维娜成为当地大众虔诚祈祷的焦点。她的身体碎片散发出香甜的气息，激发出了幻觉、治愈和其他的奇迹力量。在耶稣诞生的那天夜晚，里德维娜"看到圣母玛利亚被一群少女环绕；圣母和所有随行少女的胸部都充满了乳汁，然后从她们敞开的上衣中喷薄而出，洒满天空"。看到这样的幻象，"里德维娜开始揉搓自己的乳房，涌出乳汁让她的守护者畅饮。虽不及圣母玛利亚丰饶，但里德维娜的哺乳行为也为乳汁与超自然力量之间的联系提供了活生生的证明"。[26]

对掌管乳品和牲畜的爱尔兰女圣人布莉姬（Brigid）也同样可以这样说，她出现于最初基督教徒受迫害的时期。（在爱尔兰民众中，她的地位仅次于圣帕特里克。）从公元5世纪中期布莉姬出生的那一吉兆的时刻起，她就与牛奶产生了千丝万缕的联系。她的母亲是一名奴隶,每天黎明就要开始照顾主人家的奶牛,当她提着一桶牛奶准备跨过门槛时,开始阵痛分娩。据说,婴儿布莉姬"头顶上燃烧着火焰光环",这是一系列奇异事件的前兆,其中还包括她非同一般的好胃口:没有食物能满足这个婴儿的胃口,后来,她母亲的主人牵来一头"漂亮的白色奶牛",并由一位基督教女性来挤奶,作为这名婴儿的食物。

布莉姬最早的传奇是关于黄油这种简单但奢华的物品的:她将大部分家产都赠予了乞丐,又为她母亲的东家(正巧是个魔术师)和妻子制造了无数的好东西。在见识了布莉姬的惊人才华之后,魔术师给了她12头奶牛,但布莉姬展表现出了她标志性的勇气,回答道:"我不要奶牛,请将自由还给我的母亲。"她的愿望实现了,两位女性最终幸福团聚。布莉姬成年以后的传奇继续围绕着慈善宽厚的主题,也常常以乳品和奶牛作为传递她善行的媒介。布莉姬最普遍的形象是手中端着一个大碗,一头奶牛的产奶量如果能装满这个容器,堪称奇迹了。1220年,民众对圣人过于狂热的崇拜引起了都柏林的大主教的担忧,于是下令熄灭在她墓地上燃烧着的圣火。追随者们努力将其成功点燃并持续维护,直到亨利八世的改革活动导致对这片墓地和教堂的全面亵渎。[27]

我们可以说,在中世纪的晚期,天主教会开始利用人们对圣母玛利亚的虔诚,乳汁获得了前所未有的关注度。数不清的教堂和神殿开始向她的哺乳能力致敬。在圣埃斯迪夫·德·加纳普斯特(Sant Esteve de Canapost)教堂,展示了一幅名为《我们的圣乳女神》(*Our Lady of the Milk*)的精美祭坛装饰画(摆放在祭坛后面,展示圣徒生活的带有说教意义的图画),描绘的就是伯纳德授乳的场景,时间大约可以追溯到公元15世纪下半叶。[28] 在整个欧洲,我们都能看到私下或公开的对圣母玛利亚的供奉。加尔文在嘲讽16世纪中期人们对虚假圣物的普遍崇拜时,就特别提到了圣母玛利亚的乳汁。"再小的城镇、再小的修道院……都想着要供奉一些圣母的乳汁,"他抱怨道。"如此大的需求量,即便圣母是一头奶牛或一位乳母,恐怕终其一生也产不出这么大量的乳汁吧。"[29]

授乳的圣人们赢得了自己的崇拜者,并将乳汁带入公众的视线。位于诺曼底的圣三一和圣凯瑟琳隐修院(the Abbey of Holy Trinity and Saint Catherine),拥有一系列遗迹的所有权,是凯瑟琳信徒的中心据点。她的名声后来传到了英格兰,在那里,她是公认的几位哺乳母亲守护神之一。另一位广受欢迎的圣人是圣伊莱斯(Saint Giles),他在野外隐居时,曾被一头仁慈的母鹿拯救并哺喂。英格兰沃尔辛厄姆一座供奉圣母玛利亚的神殿会在前来朝圣的路线沿途安放一系列与乳汁相关的圣人形象。在这条被现代历史学家称为"地上银河"(the Milky Way)的道路上,教堂使用连续不断的祭坛十字架屏风,在沿途陈列了圣凯瑟琳、威波加(Withburga)(与伊莱斯一样,曾被母鹿哺喂)、埃塞德丽达(Etheldreda,曾在饥荒年代为伊利村提供两头母鹿的奶)等形象。[30] 在英格兰宗教改革前夕,像亨利八世这样的大人物也曾在沃尔辛厄姆神殿的访客登记簿上留下大名,也许是为了祈求神灵保佑他自己的繁衍能力吧。

对繁荣丰饶的梦想并不是中世纪的专利,它是一种持续存在的文学比喻。然而,中世纪因为存在乳汁丰饶的幻象而显得格外平和安定,因为这个时代同时也遭受着因为奶的匮乏而带来的困窘。尤其是母乳的供应极其不稳定,似乎完全由某种更高层次的超自然力量掌控。但是,奶牛场的能工巧匠至少能满足一部分人们对牛奶及其制品的渴望。即便早在中世纪,田园生活也会凭空设想出自己对这种渴望的回应。

在一个关于查理曼(Charlemagne)的故事中讲述了一段早期法国人的成功典范,故事就发生在一家修道院附属的奶牛场。这位著名的皇帝大概是在从巴黎到亚琛（Aachen）的旅途中，停留在一位主教的宅邸中用餐。在这个特别的周六，主教突然发现自家的厨房中没有现成的鱼肉可用。鉴于斋戒的要求，虽然在这种情况下一般不必严格遵守，但主教还是为客人奉上了一块相当体面的奶酪，并称其为"奶油白身鱼"。为了品尝奶酪里面的部分，查理曼将奶酪的外皮切掉了。"您为什么要这样做？"主教惊呼，"您扔掉的部分才是精华所在呀。"在主教的鼓动下，查理曼鼓起勇气咬了一口切下来的外皮碎屑，果真大为满足。查理曼形容它"像黄油"，这个类比着实能带来不少启发。这位傲慢的访客——众所周知不喜欢任何种类的斋戒食物——遂下令每年往他在亚琛的宫殿运送两车这样的奶酪。这就是布里干酪（Brie cheese，大概率是这个品种）在上层权贵中引发热潮的开始。[31]

这件轶事提醒我们，奶酪和人一样都带有地方属性。在那个道路和交通都不发达的时代，人们往往不会去离家太远的地方旅行。奶酪也跟人一样，从普通到高级，也在一定的范围内有等级之分。但即便是高档次的客人，在第一次碰到某种不熟悉的品种时，也会不知如何应对。在以乳制品为主要收入来源的某些特定地区，经过精巧的手工艺制作出来的高品质乳制品，是可以代代相传的。它们需要相当数量的动物、足够的劳动力、必要的设备和相当重要的专业技术，中世纪的大庄园才刚刚开始掌握这些产品。招待查理曼的主人为他奉上的雪白奶酪并不是一般的品种：它经过多年熟成，带有天然的黄油质地，正处于最佳赏味期。无论是从制作方式还是工艺而言，这种奶酪都代表着烹饪行业的巨大成就。

修道院的大庄园一直处于复杂的奶酪制作和葡萄酒酿造工艺的最前沿，因为他们拥有模拟实验室可供开展各种实验研究和记录自然现象。奶酪是他们饮食养生之道不可或缺的部分。作为蔬菜的补充，他们一周要吃 4 次奶酪。修道士们被允许将鸡蛋或烹饪过的奶酪作为"常规"菜肴来食用。[32]一些层次更高的修道院，比如由本笃会(Benedictines)经营的寺院，对餐桌上的享受有自己的一套独特的偏好，奶酪也是他们的特色菜之一。他们发展出了许多标志性的品种，很多奶酪至今都仍然以他们的名字命名：比如香佩妮亚克(Champaneac)、香巴兰德(Chambarand)、西托(Citeax)、克吕尼(Cluny)、伊尼(Igny)、拉瓦勒(Laval)、蒙斯特(Munster)、圣摩尔(Saint-Maur)。[33]为查理曼供应奶酪的很可能也是一家修道院，因为招待他的那位主教从附近的隐修院获取奶酪最为便利。唉，然而这个故事本身从很大程度上也只是一种推测。[34]

而那些较为低端的奶酪则完全是另外一副光景。因为大多是由山羊奶或绵羊奶制成，所以奶酪可以代替肉类作为蛋白质的主要来源，工人们在午餐时用它配上面包来食用。作为食品，它的声望显然不高。在中世纪时期，几乎每一个普通农民家庭都会自制奶酪：我们可以从地主的财务记录上了解到这一点，根据相关记录，用奶酪来代替支付一部分地租的情况比比皆是。也许地主们除了出租土地，也会将一部分日常事务承包出去，交给他们的临时工和仆人去做。在比较偏远的农村地区，平平无奇但有益健康的乳制品常常被并入主食的行列。根据威廉·卡克斯顿(William Caxton)的描述，15世纪末期威尔士的国民菜肴是一种叫"斗篷"(Cawl)的丰盛炖菜，里面包含谷物、大葱、黄油、牛奶和奶酪：可以明确地看出，威尔士人已经完全忽略了来自罗马的饮食规范。中世纪市场上的奶酪品种多样，完全依赖牲畜谋生的农民是最先将它作为出售的商品来进行专业化生产的人：他们必须转化自己的产品——动物皮、肉类、羊毛、黄油和奶酪——以换取他们无法在自己土地上种植的主要粮食作物。值得庆幸的是，市场的数量和规模都在中世纪晚期不断增加，也没有经历饥荒和疾病造成的干扰破坏。环绕地中海、波罗的海地区和英格兰沿海地区的商队路线意味着早在14世纪，包括奶酪在内的许多农产品就已经销往远方。[35]

如果我们用中世纪奶酪走过的距离来衡量它是否成功,那么一颗闪亮的明星就要在天空中异军突起了:帕玛森干酪,它诞生于意大利北部的波河(Po)南岸地区,也就是我们今天的帕尔马、雷焦艾米利亚、摩德纳、博洛尼亚、曼图亚等城市的所在地。历史学家猜测,托斯卡纳商人将这种大受欢迎的商品吸纳到了他们巨大的贸易网络中,销往四面八方,从比萨到西西里岛、北非以及法国和西班牙的沿海城市。帕玛森奶酪能够传播开来,一部分要归功于它的耐储存性。久经盐渍后变得异常坚硬的车轮状帕玛森奶酪,能够经得起在酷暑高温下装上中世纪的船舶,跨越丘陵地带。这就是一个产品拥有巨大商业潜力的证明。[36]

早早就被记入奶酪史册的帕玛森,很快就建立起了声望极高的纯正血统。根据一本佛罗伦萨市镇(the Commune of Florence)的账簿记载,传道者餐厅(领导者们的食堂)于1344年采购过这种奶酪。然而,在接下来的十年,它迎来了致命一击,佛罗伦萨诗人乔万尼·薄伽丘(Giovanni Boccaccio)在自己的作品《十日谈》(Decameron)中发表了对奶酪的评价。在一个讲述书中容易上当受骗的角色卡兰德里诺(Calandrino)的故事中,我们听到了有关农民乌托邦的描述:"有个叫本高地(Bengodi)的地方,在那里,人们用香肠缠绕葡萄藤,一个但尼尔(denior)就能买到一只大鹅,还附赠一只小鹅;在一座山上,到处都是磨碎的帕玛森奶酪,住在那里的村民整天只做意大利通心粉和小方饺。"[37]

这个夸张的故事伴随着一个地理学知识。讲故事的是个聪明的佛罗伦萨人,人送外号"Maso del Saggio"(大概就是"大把智慧"的意思),他对听故事的人说,这个神奇的地方好像就在"巴斯克(Basques)境内"的某处,可怜的卡兰德里诺问,这个地方是否比阿布鲁齐(Abruzzi)还要遥远?这么一问,我们就知道这个眼睛瞪得老大的农民要让我们看笑话了。于是我们有幸见识了薄伽丘的标志性创意:乡下土包子和时髦城市人之间碰撞出的幽默。要追溯帕玛森的历史,我们还需要理解另外一条地理线索:帕玛森的这次异想天开的客串演出证明,毫无疑问,到14世纪下半叶,它已经跨越了它的生产区域的边界,在"美食烹饪文化领域"稳居一席之地。薄伽丘或许已经假定,他那超越佛罗伦萨本土人以外的庞大读者群体,都对帕玛森奶酪有所了解,否则就无法欣赏他创造的这种意象了。[38]

但是,书中提到的奶酪山丘到底应该作何理解呢?烹饪学的文化不仅仅从食物中提炼要素,也研究梦想的食物。我们必须要问:在那个时代,究竟是什么人在吃帕玛森奶酪?我们关于这种奶酪的许多信息都是通过推测而来的,但我们可以大胆肯定,只有富人才能负担得起这种特殊的食物。帕玛森奶酪的价格相对较高,是有原因的:它不是由羊奶,而是由牛奶制成的。而在当时,制作一份44磅的帕玛森干酪大约需要80—90头奶牛(最少也需要55头)的奶。另外,它的制作过程也十分费工费时。牛奶要熬煮两次(中世纪的修道士是否在模拟人体经过两次变化,将血液变成乳汁的过程?)凝乳过程还需要大量盐分的参与,制作过程中会有一个在盐水中浸润的程序。这些技术和物料似乎都不是普通的意大利农民可以掌握的。此外,奶酪也并不总是"直接吃",显然是经过研磨以后加入汤和通心粉等菜肴当中使用的。和其他为菜肴增色的东西(比如盐)一样,添加帕玛森奶酪是为了锦上添花,而不是喧宾夺主。这一系列的线索都表明,拥有一定品鉴能力的人才能欣赏这种商品。[39]

精品奶酪、奶油和黄油最终帮助牛奶在贯穿整个欧洲的饮食文化中赢得了奢华的地位。最早提到这场胜利果实的是一首13世纪的诗歌——《与肉食者的大斋节之争》。肉和鱼,这两大主力军,引起了市民之间的争斗:普通食物和宴会食物加入了反对斋戒食物的斗争的行列。理论上来说，乳制品与肉食同属一类，因为它们都来源于地球上的生物。[40]就严格意义上来说，总是伴随着大大小小的香肠一起出现的新鲜奶酪、黄油和奶油也应算在此列。它们的对手是符合斋戒要求的鱼和蔬菜。代表禁欲的食物无法跟庆典时出现的丰盛又热血的食物相提并论。这个寓言愉快地再现了一种口传文化的主题，延伸到了古代的餐桌艺术：一个好的王国必须能够提供丰富充足的食物。[41]

从文艺复兴鼎盛时期到宗教改革时代，禁欲主义和完全放纵之间的矛盾持续存在，且在北欧地区尤为明显。彼得·勃鲁盖尔在他于 1599 年创作的画作《大斋节与狂欢节之战》(The Battle Between Lent and Carnival)中突出展现了大斋节前活力充沛的盛况与宗教组织的规定职责之间的尖锐矛盾。这种对比也是宗教改革带来的紧张局势的体现，因为改革要求人们更加注意戒律和克制。在稍微晚一点的画作《安乐之乡》(The Land of Cockaigne)中，勃鲁盖尔嵌入了一番道德教训。他将自己安放在平民极乐世界观察者的角度，展现了欲望被充分满足的后果。有三个人正在酣睡，双腿张开，张着嘴打着呼噜，这画面让我们不得不深思，对欲望的彻底满足最终具有什么样的价值。在这几个人上面的餐桌上呈现了一排丰盛的肉食，数量巨大，狂欢豪饮也无法将它们全部消费掉。勃鲁盖尔认为，过于丰盛奢华的食物会对人产生消耗，引起暴饮暴食和无节无度的倾向。正如画面中的人物暗示的一样，安乐之乡虽有可能让人重获新生，但也有可能毁灭生命。

但是，薄伽丘笔下的帕玛森奶酪山丘却给我们指引了另外一个不同的方向，在那里，牛奶在人们的饮食中扮演着更加坚定和热情的角色。文艺复兴时期的富足，以一种更为单一的形式呈现，毫不夸张地说，它是一场只有欧洲贵族才能享受到的珍馐佳宴，且需要带着理性和节制来享用。精英阶层可能会将薄伽丘的奶酪山与古典宴会的传统联想到一起，读懂其中的荒诞意味。而大众文化对此有他们自己的理解，虽然略显奇怪但却很典型的是，他们把它看作自己幻想中的伊甸园、丰饶富足之地。绘画文化最终选择倾向于大众传统，让我们在未来的几个世纪都能"听到"对这类地方的描绘。16 世纪意大利版本的安乐之乡与薄伽丘在《十日谈》中描述的如出一辙，展现了非常典型的地理特征：

> 一座满是奶酪碎屑的山丘，
> 看似孤零零地屹立在平原的中央，
> 山顶上摆放着一只水壶……
> 一条牛奶小河从山洞中倾泻而下，
> 蜿蜒流过整个小镇，
> 连它的堤岸都是里科塔（ricotta）干酪铸建起来的……42

伴随着这种铺天盖地的食物供应，社会约束得到了解放：在安乐之乡，所有的东西都是免费且唾手可得的，没有人劳动，所有的财富都共同拥有。中世纪社会的等级制度和对甘美乳制品的限制都一并消失了。虽然伦理学者们会用乌托邦来比喻那些厉行节俭克制的养生之道，但煽动性极强的弗朗索瓦·拉伯雷（François Rabelais）对这一主题有更加另类的用法。在 16 世纪 30 年代出版的《巨人传》（Gargantua and Pantagruel）中，敬拜者们为他们的神献上一篮一篮的非斋戒食物，在最后的"补充物"中就包含了奶酪、凝脂奶油："雪中蛋""奶油乳酪"和大量黄油制作而成的千层松糕。这些身穿修道服的馋嘴佬们展示了这个丰饶之地的两面性，在特权阶层的餐桌上，乳制品提供的是过度的满足。实际上，拉伯雷和他的作品横跨了两个时代：一个是以中世纪的克制禁欲为基础，牛奶象征着神的存在和修道院的劝诫；而另一个则期待着一场更为世俗的盛宴，新鲜奶酪和黄油千层松糕带来的愉悦不仅局限在精英贵客之中,甚至已经传播给了那些不懂得懒惰之罪的人们。就像火、水和土地一样,牛奶也有一些最基本的属性,暗示着食物领域更为大众民主的阶层划分。

第三章
牛奶的文艺复兴

1465年前后，有一位名叫巴尔托洛梅奥·萨基［Bartolomeo Sacchi，后人称之为普拉蒂纳（Platina）］的活跃学者，他创作并出版过最古老的生活自助书籍。比起忠告建议，他创作的《正确的快乐和健康的体魄》（*De honesta voluptate et valetudine*）一书更多是关于享乐方式的介绍：书中只包含了少数十几个关于如何保持身体健康的章节，而占据大量篇幅的是一长串的食品目录和菜谱，其中有一些显然是经过他实操检验的。在还未最终成型的草稿阶段，这本书的手稿就已经因为被广泛传阅而变得"藏污纳垢"，看上去像是"刚刚爬过了油膏店和小酒馆"。虽然这个比喻不太恰当，但作者在这本书出版之前，将手稿邮寄给著名的红衣主教时就是这样描述的。作为一部尚未完成的作品，该文稿提供了一种审慎思考的公共空间。普拉蒂纳授意红衣主教，"可完全按照你的想法删减、改写、反转、移动手稿中的内容，如果有任何地方在您看来不够完美，尽管随心所欲地对其进行添改"。即便是在即将交付印刷的最后阶段，这本书也没能免于争议。作者的几十个朋友都参与到了注释性奇闻异事的补充活动中，各种富有争议的观点层出不穷。最终，这个项目为我们打开了一扇了解文艺复兴时期丰富饮食文化的绝佳窗口，显然，意大利人早从15世纪就已经开始享受为美食操心的烦恼了。[1]

讲到牛奶的历史，就不得不提到意大利的文艺复兴。有权势的贵族、博学多识的人文主义者和社会精英，所有这些我们能联想到的文艺复兴时期具有代表性的核心集团成员，都热衷于反复琢磨餐桌上的那点事，且个个都对牛奶及其制品相当关注。与大多数其他的食物相比，牛奶被一种来自文化假设的屏障紧紧包围着，当时的人们，甚至是文盲都懂得这个道理。"货物出门，概不负责"（Caveat emptor）大概就是对待这种液体最典型的处理方式。人们认识到了牛奶有益于健康的价值，但必须遵循严格的规则来使用它。对那些身体强壮的人来说，他们认为牛奶是用营养物质来"填满血管"。但是大多数享有特权的城市精英阶层或多或少都有这样那样的小毛病，牛奶众所周知的副作用引起了他们极大的焦虑：到底是吃还是不吃呢？这个问题永远没有一个明确的答案。从古人因为害怕而对它的传播进行限制，到对牛奶及其制品的过分赞赏，这个变化过程充满了矛盾。

多亏了普拉蒂纳广为分享的作品，我们才可以看到在那个时代，诸多饮食的规则和实践在不同领域分道扬镳，由此牛奶拥有了属于自己的复兴。在早期印刷出版的那些编年史书籍中，《正确的快乐和健康的体魄》（On Right Pleasure and Good Health）事实上只是近千年来关于如何合理饮食的讨论对话中最新加入的条目。直言不讳的普拉蒂纳在书的前言中也有相同的表述："让那些对任何事物都爱指手画脚的人……停止吹毛求疵，因为我写的是关于健康和食物理论的内容，也就是希腊人所说的规定饮食（diet）。"[2] 从公元前 6 世纪毕达哥拉斯（Pythagoras）提出素食主义概念开始，哲学家们从未停止过对饮食与健康之间的关系的关注。而在文艺复兴时期，许多基本假设并没有发生改变。西欧的内科医生们继承了古希腊医学的两大重要特征：不会将疾病的起因与超自然力量联系到一起，全盘系统化地着眼于心理和身体的健康。"食物被认为是维持身体健康的关键可调节因素，"肯恩·阿尔巴拉（Ken Albala）在介绍自己文艺复兴时期的饮食习惯时指出，"规则饮食或生活习惯的改变是治疗疾病最普遍的方式之一。"希波克拉底、亚里士多德，特别是具有极大权威的人物盖伦（公元129年—200年或216年）建立的基本规则直到16世纪仍然适用。[3]

古人坚信，乳汁通过人体的"两次烹煮"可以转化为血液，而血液是负责调节身体机能的主要体液之一。当时人们的基本观念都源自盖伦医生倡导的饮食规则，经由他发展起来的体液学说曾引领欧洲医学好几个世纪。组成人体的四种体液——血液（温热而潮湿）、黏液（冷而潮湿）、胆汁（温热而干燥）和黑胆汁（冷而干燥）——在每个人身体中的占比都是不同的。我们也可以按照这样类似的4种特质来对所有的食物进行归类：蔬菜类阴冷且多汁；虽然根据不同的动物来源略有差异，但肉类总体上温热又干燥。为了保持健康或治疗疾病，人们需要在日常饮食中注意增加或减少这些要素。

牛奶给这个相对简单直白的分类系统出了一道难题。作为血液的另外一种形式，我们可能会认为它是温热且潮湿的，然而依照盖伦的观点，它的热量已经在转化的过程中被去除掉了，变得阴冷又危险。（另外一个学派将牛奶归属为温热一类，但它当中包含的某些物质如果被从原本的液体中分离出来，就会变成冷属性。）这些阴冷和潮湿的特性能在多大程度上产生营养，则取决于消费者。对于特别年轻或特别年老的人群，他们的身体天然就比普通人要阴冷，牛奶对他们而言就相当有营养。它能够与他们原本就阴冷的身体系统和谐相融，能够为这些人群构建血肉之躯作出贡献。没有牙齿的婴儿和老年人习惯于空腹喝牛奶，这样可以确保它能够被正常消化。但对于中年消费者，牛奶在营养方面的吸引力却呈现出滑坡趋势。这种黏稠的液体很可能在消化的过程中变质，腐坏的气体会向上输送到大脑，产生的白色沉积物会下降，在肾脏中堆积，最终导致堵塞。牛奶如果被患病的消费者饮用，情况就更凶险了：体弱多病、精神抑郁、患有头痛或其他疼痛的病人都会被警告要远离牛奶。只有身体强健的人群(硬质奶酪则只适合平民老百姓)才能受得住牛奶对消化系统发起的挑战。[4]

如果我们用普拉蒂纳针对牛奶的观点来检验当代人对古人养生之道的态度,我们可以看到惊人的大逆转:在往好处想的情况下,谨慎似乎已经被抛到了一边。"有人认为牛奶是温和的,因为它仅仅带有一点点阴冷和潮湿的属性,正因为如此,所有的医生都认为牛奶富含营养,能够制造更多的血液(因为我们可以从人类和动物的乳房获取血液)、激活大脑,对胃和肺部都大有好处,还能提高生育能力。"普拉蒂纳一改往日对潜在危险性的讨论,开始主要论述它的营养价值。如果在适当的情况下饮用,最好是每餐开始之前,饮用还带着动物温度的生牛奶对身体大有好处:它能够帮助制造血液,让身体的方方面面都活力充沛。他还列举了一种古代非正式的分级制度:山羊的奶是"最好的,因为有利于脾胃健康,能帮助肝脏排除毒素,还能缓解便秘"。接下来是绵羊的奶,排在第三的是牛的奶。带着一丝丝对古人的偏见,他建议人们在喝完奶后静坐片刻,不要马上食用其他的食物,这样可以确保喝下去的奶不腐坏,能够被很好地吸收。我们通常认为,胃是一个容器,或者用肯恩·阿尔巴拉的话说,是一个放在炉火上的水壶。它可以稳定地对里面的奶液进行烹饪。普拉蒂纳建议,牛奶最好"搭配糖和蜂蜜一起喝,这样可以防止它腐坏"。(这与盖伦医生主张的那套化学理论异曲同工;众所周知,糖类可以为那些被归纳为寒性的食物增加些许热量。)秉承良好的人文主义原则,普拉蒂纳建议,像对待所有其他的饮食活动一样,适度地饮用牛奶。牛奶的新世界将是积极且崭新的,与过去时代的那种焦虑氛围大相径庭。[5]

生活建议类的书籍通常会强调理想化的行为,但普拉蒂纳为我们提供的是一面能够洞见傲慢社会的明镜:这里有能够预见人类弱点的确凿证据。抛开过去的所有顾虑,意大利人开始对乳制品表现出了狂热的偏爱。15世纪的意大利饕客们愉快地享用牛奶冻、牛奶炖鸡和里科塔干酪派。他对文艺复兴时期餐桌的全面考察，为后世的读者提供了福音，揭示了自我放纵的食客的罪恶。在一份玉米糊的菜谱下面，有这样的警告，"可不能让赫尔提乌斯（Hirtius）多吃这个，到时候剧烈的腹痛会惹得他哀嚎连连，吵得我们根本无法入睡"。这个食谱要求将一磅"绝对新鲜的奶酪磨碎，直到它变成牛奶状"，然后再加入"8到10个鸡蛋"和"半磅糖"。在关于香草派的介绍结尾处，有这样的告诫："提醒阿尔奇加鲁斯（Philenus Archigallus）注意"，"因为这东西很难消化，会让眼神变得迟钝，还会引起梗阻，形成结石"。这也难怪，香草派包含一磅半新鲜奶酪，半磅黄油和15到16个打散的鸡蛋白。[6] 不可否认，这位聪明的人文学者企图通过宣传一位名叫马蒂诺（Martino）的著名大厨发明的菜式来讨好潜在的主顾。他声称这位厨师曾经受雇于一位红衣主教和多位米兰公爵。作为罗马教廷著作的第一位图书管理者，我们的时代向导给我们讲述了不少内幕故事：意大利的精英阶层偏爱有创意的菜肴，为此会把对某些原料的副作用的担忧抛诸脑后。[7]

这种变化的产生不全是因为消费者：厨师和主厨们似乎也在不断提高标准，精英阶层的宴会餐桌上令人惊叹的菜肴层出不穷。也许，历史学家们曾一度（错误地）猜测，由于罗马人的饮用水都是通过铅管输送，而管道溶解在水中的毒素在不知不觉中使他们的味觉变得麻木了，厨师们为了迎合罗马人迟钝的味觉才出此下策。[8] 普拉蒂纳的评论还暗示出，在文艺复兴时期，过去十分流行的鸟类和野味等珍馐已经被简单且对健康有益的食物挤下了餐桌。所以，虽然健康专家们建议将奶酪放在第三道菜食用，以确保能够正常消化，但厨师们显然恨不得每道菜都加入一点奶酪；香草派就是一种精心设计的诱惑。尽职的普拉蒂纳对此贯穿了医学性的评价——"这比之前提到的任何食物都更加不利于健康""这种混合物绝对是弊大于利"——然而，在这些言论的背后，似乎隐藏着一种让人将顾虑抛到九霄云外的召唤。"谁会希望对最丰富的东西进行限制呢？"普拉蒂纳在介绍油炸食品时反问道。"而谁又会乐意沦落到极度瘦弱无力呢？"[9]

牛奶、奶酪和黄油作为厨房中的主要原料，在《正确的快乐和健康的体魄》一书中频繁出现。书中的很多料理都需要用到一整壶的牛奶或一磅重的奶酪。意式细面和其他种类的意大利面条、南瓜汤，以及几乎所有种类的派都需要用到牛奶，有时候还会明确要求使用羊奶。黄油是大厨马蒂诺发明的油酥松饼里最具特色的原料，这种点心非常适合搭配各种派的馅料一起食用。[10]奶酪，特别是新鲜的软质奶酪，可以为汤类和各种不含肉的馅饼增添不少风味，由甜菜、香草和大量黄油制作的波隆那馅饼（Bolognese）就是其中之一。而奶酪鸡蛋饼需要用到半磅不易消化的硬质品种奶酪。文艺复兴时期精英阶层的美好生活还包含一种叫作"奥菲拉"（ofella）的美味零食，由帕玛森干酪和鲜奶酪混合葡萄干、肉桂、生姜和藏红花制作而成。

除了油煎饼（frictellas）这种让人忍不住暴食的美食，诚实的作者表示，还有至少20种让人食欲大开的美味点心，其中有不少都包含丰富的乳制品（比如，鲜奶酪油煎饼、酸奶油煎饼、大米煎饼等），还有一些填满水果（接骨木果、苹果、无花果）的点心需要用牛奶和蛋白来做黏合填充。还有一些美味的面包采用新鲜的面团来包裹"浓郁的鲜奶酪"（或小鸟肉）。那时候，里科塔干酪也非常流行——"厨师们将它加入多种蔬菜炖肉中"——还提供了简单的介绍来让我们了解如何自制这种奶酪。[11]

从精英阶层的餐桌上，我们看到，乳制品已经被卷入了一场全新的味觉革命。普拉蒂纳让我们了解到了一场奶酪大比拼的大赢家，这说明消费者们已经掌握了区分不同品种奶酪的知识。他写道，"如今，在意大利有两个品种的奶酪在争夺第一名的桂冠"，一种是产于托斯卡纳的"臭味"奶酪,在每年3月生产;而另外一种是"阿尔卑斯山脉这一边出产的帕玛森干酪(又名五月奶酪)"。斋戒日是禁止食用牛奶和奶酪的,但根据普拉蒂纳提供的线索判断,熟练的厨师们已经把人们带上了无法抗拒乳制品的道路。杏仁明胶的配方可以确保制作出"类似牛奶"的制品;人造里科塔干酪和人造黄油进一步证明,厨师们为了满足客户的需求费尽了心思——我们可以确信,乳制品已经加入了人们日常饮食习惯的行列。[12]

伴随着这些奢华丰盛的菜式,普拉蒂纳对当时浮华奢靡的饮食习惯进行了犀利的抨击。毋庸置疑,作者如果想要保留自己真正古代先贤弟子的身份,在罗列了这样一连串俗世的美食之后,不得不为自己暴饮暴食的罪名进行辩护。他还需要小心翼翼地表达自己的愉悦之情,以免被指控为享乐主义,它被视为一种与异教信仰相关的哲学立场,对社会存在严重的威胁。果不其然,接下来,普拉蒂纳开始再三劝诫人们回归到克制和节俭的生活中去,他坚持认为,在当今这个放荡不羁的时代,这些品质已经不复存在了。他惋惜道:"我们所有人的食道和胃都被过度填满,于是许多曾经清晰明了的东西也开始变得模糊不清。""我们这个时代的饕客们偏爱肉馅饼"而不愿吃素馅饼。他认为,如果我们可以恢复传统饮食模式,"那么城市中就不会充斥着这么多所谓的厨师、馋嘴佬、纨绔子弟、寄生虫,这么多潜在欲望的培养者和专门唤起贪欲的招募官了"。[13]作者丰富多彩的语言风格为读者展示了他同样丰富多彩,有时甚至略显精神错乱的人格品性:他曾因为急躁鲁莽的演讲和使用暴力而两次入狱。他的反常行径的确不符合一名图书馆管理员的人设。也许正是源于这样的性格特征,才让性格暴躁的普拉蒂纳开始琢磨是否可以通过合理的饮食来调节自己的体液结构。[14]

普拉蒂纳在赞颂乳制品的道路上并不孤独。作为梵蒂冈图书馆馆长,在收到来自皮埃蒙特的医生潘塔莱翁·达·孔菲恩扎

（Pantaleone da Confienza）的精美手稿《乳制品大全》(*Summa lacticiniorum*)时，一定是相当满意的吧。这部作品就在普拉蒂纳的《正确的快乐和健康的体魄》问世短短几年之后，于1477年首次出版。历史学家们将这本书的名字翻译为《乳制品论》，但这样的概括不足以包含潘塔莱翁想要表达的全部内容。我们可能会想，没有谁会把奥古斯汀的《神学大全》简称为一本"论文"？我们只管享受这位宫廷医生吟诵的奶酪情歌就好。作为萨沃伊公爵的宫廷一员，潘塔莱翁跟随雇主游历法国，在旅途中体验了来自奶牛场的第一手美味佳肴。他对牛奶演变成奶酪的过程的描述，为这种物质赋予了生命：它生长出"皮肤"，它开始"呼吸"，它以与生命体枯竭相同的方式变得"干燥"。潘塔莱翁在他这部歌颂所有动物奶的作品中，将第一个章节奉献给了人类的母乳，并且已经意识到了这种物质包含的营养特性。[15]

如果普拉蒂纳有医学方面的资格证书，那么他关于饮食的建议可能会发挥更大的影响力。甚至在印刷技术出现之前，渴望获得信息的意大利公众就严重依赖于医生们给出的建议，以便自己在文艺复兴的浪潮中适时调整自己的航线。鼠疫一波又一波地席卷整个半岛（普拉蒂纳于60岁时死于这种疾病），人们对待生命和死亡的观念也摇摆不定。在这种可怕的疾病二次暴发以后出生的几代人眼中，医学权威开始作为值得信赖的顾问崭露头角。当然，瘟疫只是那个时代的诸多灾难之一，除此之外，人们也饱受痢疾、流感等慢性疾病、偶发性的食品短缺和地域性贫困的折磨。然而，它既提醒人们生命稍纵即逝，又鼓励人们通过获取最好的知识来应对各种突发状况。为了达成这些目标，牛奶也可以发挥积极作用。

在灾难性疾病的余波中，精神病学咨询诞生了。我们要怎样理解来自帕多瓦（Padua）的米凯莱·萨沃纳罗拉（Michele Savonarola）

医生治疗鼠疫恐惧的方法？他认为，健康的第一大敌人是"沉重的思想包袱"，特别是"关于死亡的思考"。15世纪前半叶，萨沃纳罗拉和他同时代的医生们提出了有关长寿的新策略。他们认为，决定瘟疫易感染性的关键是人的"精神状态"，而不是环境传播。现在，我们非常有必要与"抑郁、愤怒、挣扎、悲伤、困惑、精神折磨、嫉妒、暴怒和迷茫"等情绪做斗争。愉快的消遣活动必须能够帮助人们摆脱忧虑。唱唱美妙的歌曲，玩玩游戏，编编故事，读读历史：这样的快乐比任何其他的方式都更能抵御危险。此外，为了达到身体和精神的全面健康，经历了第二波瘟疫的幸存者们需要摈弃斋戒，寻找更能强身健体的食物。[16]

抑郁是人的4种基本情绪中最为不幸的（也最危险的）一种，它在欧洲文化中一直都是遭受非议的。以黑头发和深色皮肤为标志的阴沉气色占据了人格类型光谱最不幸的一端。根据中世纪的理论，适合这类人群的工作非常有限，考虑到中世纪对于金钱的偏见，这类人的命运注定悲惨。影响抑郁的标志性体液——黑胆汁——暗示着对黑暗和不可见的恶魔以及恐怖的担忧。抑郁的患者总是处于自省或沉思的静止状态，所以学生和学者们通常会被判定为拥有这种性格。并不是所有的权威都将抑郁看作一种缺陷。根据一本相传出自亚里士多德的古代文献（现已证明并非出自他）记载，忧郁是英雄和天才的基本特征（赫拉克勒斯和柏拉图就是很好的例子），他们可以将自己的消沉转化为一种"狂热"的创造力。柏拉图的作品验证了这一理论。但这种狂热的创造力究竟是怎么产生的，仍然是未解之谜。具体如何处理这种情况，已经超越了医学（和心理学）的专业范畴。

在一个高度重视知识产出的时代，悲观抑郁对一种关键资源造成了威胁：文艺复兴知识分子。人文主义时代的步兵在马尔西里奥·费奇诺（Marsilio Ficino，1433—1499）身上找到了坚定的拥护。正统的文艺复兴历史常常将他省略；鉴于他还涉猎法术和占星术，所以很难被定义为一个"文艺复兴者"。（也许现代的读者会质疑占星术和医学是如何做到兼容共存的，但它们在15世纪的确是可以互相依赖的。）费奇诺显然读过关于抑郁的伪亚里士多德理论，并准备将创造性天才理论与后世的医学知识联系起来。作为一名狂热的新柏拉图主义者，费奇诺肯定也支持这位哲学家对于天才的观点。一个大胆的合成者诞生了，他是畅销书《应对瘟疫的建议》（*Advice Against Plague*）的作者，还是一位牧师，同时接受过哲学和医学的教育。所以，十八般武艺样样精通的费奇诺充分论证了将抑郁作为天才源泉的理由，并围绕他的理论建立了一整套包罗万象的宇宙哲学系统。

费奇诺的《人生三书》（*Three Books on Life*）以一种令人信服的坦率声音娓娓道来。虽然创作于1480年，但这本论著至今仍然具有绝妙的可读性。这是一部结合了饮食医学、心理学和玄学的著作，每一个章节都带着神秘和闲聊的论调。"欢呼，才智超群的嘉宾！"其中一卷以这样的句子开头。"无论你是谁，只要你来到这个渴望健康的开端，我们都要为你欢呼！"在序言中，费奇诺请求赞助人和读者们关注知识分子的福利问题，他认为知识分子是宝贵的自然资源。他们是"缪斯的祭司"，是"至善至真的追求者"。他们努力工作，疏于关注自己的身体和心灵的状态。费奇诺认为，"就像跑步者关注自己的双腿、运动员关注他们的双臂、歌唱家关注自己的嗓子一样，文学研究者们也应该至少对自己的大脑和心脏，还有他们的肝脏和胃多一些关注。"第一卷除了给出饮食方面的建议，还提供了身体保养和卫生学方面的信息，告知最合理的工作时间以及提高专注力的策略。（"小心梳理你的头部，最好是使用象牙梳从前额一直梳到后颈，如此反复40次。然后，用一块略粗糙的布料摩擦你的颈部。"）第二卷主要讲述如何延长寿命，第三卷是十分人性化的指南，介绍如何轻松地使用占星术来提高身体健康，目的只是给这部古怪三部曲增添一点感染力。《人生三书》仅次于费奇诺创作的有关瘟疫的书籍，是他第二受欢迎的作品。在接下来的170年间，他的思想通过这套书的近30种版本传遍整个欧洲。[17]

费奇诺对牛奶的支持来源于他将血液摆在至关重要的位置，认为血液供给是人类创造力和生命活力的源泉。而居于血液之上的是最为重要的精神世界，那是一种"气态的血液"，以一种不稳定的状态在身体内流动。在不同的状态下，精神对心脏、大脑、感官和心灵的运作都会产生影响。后来，约翰·多恩（John Donne）在《狂喜》中以更富诗意的方式捕捉到了它的重要意义：

> 我们的血液艰难地流动，
> 像灵魂一样孕育出我们的精神；
> 然而，我们仍然需要用手指来打出那个微妙的结，
> 这样才能使我们真正成为人。[18]

所有这些物质混合起来共同起效，才使得知识分子的才智得以充分发挥。然而，做学问的人往往会被一种异常的血液流动带来的某种压迫感所困扰。当精神在思想的驱动下贯穿整个身体，吞噬了生命体液中最为精华的部分，血液就会变得"异常浓稠、干燥发黑"。知识分子们的工作状态还会让情况变得更加糟糕："由于缺乏体育锻炼，身体过剩的负担得不到消解，浓厚、黏腻、黯淡的气态血液也无法呼出。所有这一切最终导致精神出现抑郁，心灵开始感到悲伤和恐惧。"[19]

在这个身体状况异常的过程中，黑胆汁产生了。带着修正主义者颇有远见的眼光，费奇诺强调：这种体液恰恰能够将知识分子变得明智又聪慧，它不应该被误解和厌恶。黑胆汁就像是灵魂的敏感内弦，在音乐、艺术和哲学等外在力量的刺激下产生振动。他带着化学家般的赞赏对黑胆汁的运作进行了描述："它像炙热的黄金一样燃

烧着、闪耀着，微微带着紫色的光芒；在它燃烧的火焰中，呈现出斑斓的颜色，如同一道彩虹。"[20] 为了表现它的能量，费奇诺将黑胆汁比作酒精；它具有纯净物的特性，需要经历长时间的发酵过程才可提取。虽然过多的黑胆汁会让知识分子因为悲伤而无法动弹，但大量黑胆汁的聚集会将他们带往一种精神狂喜的状态。这就是费奇诺对诗歌天才理论的最初贡献。"且让黑胆汁大量产生吧，但切记要恰到好处。"[21]

幸运的是，依照它后来的良好声誉来判断，牛奶显然对黑胆汁是友好的。根据盖伦的原则，牛奶属湿性，如果是新鲜牛奶，则还带有温热属性，所以它能够为知识分子惯于久坐而变得干燥阴冷的身体带来补给。费奇诺给了牛奶很高的评价，提供了一套非常具有技巧性的说明，解释了要吃什么东西才能滋养出难能可贵的好心情。他解释道："要确保黑胆汁被它周围更加不易察觉的痰液围绕，使其能够保湿。"[22] "所有乳白色的食物都有益处：比如牛奶、鲜奶酪、甜杏仁。"大部分抑郁症患者和学者们都深受失眠困扰，这都是大脑"干燥"引起的。于是，牛奶又一次伸出援手："在肠胃可以耐受的情况下，空腹饮用加糖的牛奶是再好不过了。即便抑郁患者没有受到睡眠问题的困扰，牛奶中的滋养物质对他们的身体也是大有好处的。"[23] 于是，以一杯热牛奶提供片刻慰藉的方式，正式踏上了它的职业道路。

《人生三书》的第二卷，主要以获得长寿为目标，费奇诺为老年人提供了一条让人记忆深刻的护理方案：直接饮用人类母乳。他以一种确定且慎重的权威性发表了自己的观点：

> 人一旦过了70岁，有时甚至是刚刚过63岁，湿润度就会急剧下降，人体的生命之树便开始衰落腐朽。然而，如果这棵生命之树开始从另外一个人身上获得年轻液体的滋润，老树便会重

新焕发生机。因此，选择一位健康、美貌、开朗又温顺的年轻女孩，择月圆之夜，在你饥肠辘辘时吸吮她的乳汁，然后立即吃下一些加了糖的甜茴香粉末。糖类可以防止乳汁在胃中凝固变质；由于甜茴香与乳汁极易结合，所以它能帮助乳汁传递到身体的各个部位。[24]

费奇诺的这种论调让人略感不适，大概是因为他还同时从事占星术的实践活动，但他并不是第一个，也不是最后一个因为潜在疗效而推荐新鲜人类乳汁的饮食学权威人士。普拉蒂纳曾认定，人乳可以治疗"慢性咳嗽和肺部溃疡"等一系列疾病，古老的惯常做法是用乳汁来治疗眼部炎症。[25] 费奇诺不过是重申了当代先贤的观点，并着重强调哺乳女性的性格特质：它们是可以通过乳汁传递的，因为这些特质存在于产生乳汁的血液中。然而，他的建议公开冒犯了古老的谚语："葡萄酒是属于老年人的乳汁。"费奇诺认为，最理想的世界是婴儿和老年人可以共享一位哺乳期女性的胸部。

费奇诺本人也曾遭受抑郁的困扰；他的文字一方面反映了他不幸的星座命理（他出生在土星星象的正下方，而土星掌管的正是忧郁气质），另一方面也表达了他想要好好利用它的决心。从很多层面上讲，《人生三书》表达的都是他将抑郁转化为天赋的过程中付出的个人努力。他本人是否有目的性地饮用牛奶，我们不得而知。学者们普遍认为，费奇诺将音乐看作一种慰藉；《人生三书》还建议将自然作为一种治疗手段来应对抑郁。它告诉我们，将感官沉浸在"令人愉悦的气味中"，"经常观赏波光粼粼的水面和鲜艳的红绿色，在花园和小树林中流连忘返，或沿着小河散步、穿过可爱的草地"，都有助于恢复良好的精神状态。[26] 持有这样观点的，并不只有费奇诺一个人。文艺复兴时期的文学人物已经从田园牧歌的快乐中找到了来源，带着对牛奶的尊敬完成了闭环。得益于文艺复兴运动的全新美化，来自大自然的牛奶才逃脱了与野蛮和兽性相关联的命运。

"我们在乡下度过的那天实在是太开心了,"在劳拉·赛瑞塔（Laura Cereta）现存的唯一写给母亲的书信中,她这样回忆道,"它非常值得用专属标记来纪念。"于是,年仅16岁的她通过一封书信体诗文展现了自己的文学造诣,而这只是她在1485年至1488年创作的83封书信之一。透过她描写的那场户外之旅所展现出的天真烂漫的乐趣,读者可以感受到,大自然的快乐赋予了作者力量,使她能够以富有诗意的表达来装点自己的文字：

> 我们凝视着开满鲜花的草地,小小的石子和蜿蜒的小溪闪闪发光,我们感到无比满足。叽叽喳喳的鸟儿们在朝阳中欢快吟唱。当我们走出车厢,乡亲们马上迎了上来,给我们戴上柳条编织的花环。伴随着燕麦笛和芦苇笛的音乐,他们动情歌唱。一些人将羊群聚到一起,另外一些人从绵羊胀满的乳房挤出羊奶,整个草原回荡着慢慢靠近的牛群发出的哞哞声。

这些对产奶动物的引用不禁让人联想起古代田园牧歌诗风,它们代表的是大自然馈赠的美好与丰饶。于这对生活富裕的母女而言,这样的慰藉力量具有特殊的意义,赛瑞塔写道："这片土地迷人又新鲜,给我们这种在城市中长大的大脑带来了别样的感受。"[27]

对于奶,这位朝气蓬勃的年轻女性也采取了十分正面的视角,这应该不仅仅是简单的巧合。虽然她关注的重点也都是人类学研究的标准课题——人类对快乐的追求、所有人都有学习和钻研的潜力、人类（和雌性动物）愚蠢的根源——但赛瑞塔却大胆地将平凡的日常生活编织进自己的文字。作为一名初出茅庐的人类学者,赛瑞塔必定是超乎寻常的。当大多数其他的女性学者还在忙于靠近和模仿传统的模型时，赛瑞塔却反其道而行之，将每一个案例都变成献给读者的惊喜。尤其是她与乡村生活结缘，对家乡意大利北部的布雷西亚进行了深入观察。她提倡的那种有益身心的朴素感，成功将牛奶从居高临下的定位中解救出来。[28]

赛瑞塔的文学生涯虽然短暂，但确实是激情澎湃和非同凡响的。她在许多方面都表现出坚忍不拔的自立精神和决心。她在一封书信中公开谴责了那些对她的学识感到困惑不解、说三道四的女性们，"受教育，并不是先辈遗留给我们的财产，也不是某种注定的命运或作为礼物馈赠给我们的东西。优秀的品质是要靠我们自己去争取的。""对于那些相信学习、奋斗和警觉性终将会为自己带来馈赠和赞美的女性，获取知识的道路永远宽敞无阻。"赛瑞塔小小年纪就已经学会了这样的独立。根据她给母亲写的书信，我们了解到大概是因为父母离异，她没有与母亲生活在一起，且母亲并不常来看望她。只有这个可以解释为什么小劳拉在十一二岁的年纪就承担起管理父亲家业、照顾年幼的兄弟姐妹的重任。她曾在早期的书信中吐露心声："所以当我还是个孩子的时候，就必须被迫长大。"[29]

劳拉的父亲从她 7 岁开始，就确保自己的女儿接受一些严肃正规的教育（至少对女孩子来讲）。他意识到，对于一个年轻女性来说，无知和懒散是十分危险的，于是就有了接下来的一系列对劳拉的安排，起初是送她到一家修道院，后来是在家中接受教育。但到了 12 岁左右，她只有在完成了一天的掌家职责之后，才能在晚上开始学习。在她 15 岁步入婚姻后，情况也依然如此。她的丈夫是一名威尼斯商人，似乎并不反对她坚持继续学习，也不反对她继续负责父亲的家庭事务。在她（可能是因为瘟疫）过世前的短短 18 个月中，他们的婚姻生活虽然算不上亲密，但也称得上相敬如宾。

这位年轻的作家以什么样的方式将牛奶作为主题来创作呢？正如他们的祖辈先贤们所采用的模式，文艺复兴时期的意大利文学也开始向乡村主题转换。比如,为了模仿维吉尔(Vergil)的《牧歌集》(*Eclogues*),作家们会将乡村环境作为理想的幸福或美的载体,或者作为对大自然不可征服的力量的一种唤起。赛瑞塔的文字准确地反映了这种倾向,尤其是她对退出文明世界的赞颂,投射出了这样的视角。而赛瑞塔对牛奶的描写能让我们见识到,这个主题可以为女性文人增添多么强大的能量。赛瑞塔在从事她最爱的职业时抓住了牛奶:乡村简单质朴的美德胜过了城市生活中建立起来的世俗傲慢。设想一下在她生活的那个普拉蒂纳学说占据主导的时代(所有对精英阶层餐桌的描述都能证明这一点),对她这样一个"土生土长的城市女性"来说,是一种相当大胆的观念。赛瑞塔被称为最具女权思维的女性人文学者之一,因为她坚持探讨女性的屈从地位,但她从来不会将自己的讨论局限在对不公正的讨伐上。从乡村生活及其朴素的美德中,她找到了完美的载体,以此表达她强烈反感强者对弱者表现出的虚伪。

赛瑞塔在早期的创作碎片中就已经开始涉猎这个主题,"关于驴之死的对话"是她致敬阿普列乌斯著名古典小说的作品。这位新手作家通过将故事复杂化来展示自己的聪明才智,在这个凶杀故事中,不诚实和贪婪使一头被老实农民视为珍宝的驴受害。三个声音在辩论人性的弱点;在故事中,穿插了对乡村生活的详细描绘。借用普林尼(Pliny)的证据,赛瑞塔引入了对驴奶有益用途的描述,其中一条就是为低等动物的美德进行辩护:

> 波贝亚(Poppaea)不觉得与一群驴子在一起有什么可羞愧的。用驴奶洗脸可以使皮肤变得光滑又柔软,这样的效果受人大加赞赏。但是,大自然(从不隐藏任何事)认为,就治疗婴儿突然发烧或刚刚生完孩子的妇女的乳房疼痛而言,没有什么比驴奶更加有效了。

动物奶已经不止一次成为善良和美德的搬运工。本着同样的精神，赛瑞塔在故事中加入了一个名叫劳拉（Laura，并不意外的名字）的女性角色，她在葬礼上的致辞解开了这头驴的死亡之谜。这场反对人类的欺诈诡辩的演说，更像是一场在法庭上为了维护乡村而进行的无罪辩护。[30]

然而，要拔高动物奶的地位，更重要的是快乐这个主题。赛瑞塔与她同时代的普拉蒂纳和费奇诺一样，同与这个主题相关的哲学和道德问题苦苦缠斗。古希腊哲学家伊壁鸠鲁（Epicurus）主张适度快乐和理性享受，前文中的三位作者都受教于他的思想。15世纪的意大利社会并不完全有利于伊壁鸠鲁思想的复苏；虽然学者们已经开始拜读这位哲学家的著作，但基督教徒们对他展开了长达几个世纪的非难和诽谤。他们谴责伊壁鸠鲁，因为他的思想间接地否定了基督教的永生之说，且他还提倡享乐主义。普拉蒂纳在自己的书名中使用了"正确"一词，来与伊壁鸠鲁的著作区别开来，目的是修正任何颓废消极的暗示。讽刺的是，在他的书籍出版短短三年之后，他和其他罗马学院派成员就被指控存在伊壁鸠鲁的享乐主义思想，因而被教皇囚禁。[31]费奇诺的《人生三书》中也有一些关于小心调节快乐的内容：我们可以预见，他的目标很可能是"冥思带来的那种隐秘又极其持久的精神上的快乐"。然而，即便对知识分子而言，快乐也可以有很多种形式：这位哲学家还加入了恐怖的警告，提醒人们要"避开狡诈的维纳斯，避免沉浸在她引诱触摸和品尝的陷阱之中"。[32]

相比而言，赛瑞塔对于快乐的见解就天真无邪得多：她在大自然中直面这种体验，并且通过将哲学和基督教灵感的大胆结合来充分享受乡村。虽然赛瑞塔的作品发表在自己私下学习的书房中，而不是在博学的知识分子圈中，但是在学术圈看来，她的观点既谨慎又高雅。书桌边的这位孤军奋战的年轻女子艰难地向前挤着，为自己冲出一条路，追上了她的那些哲学先辈。在《伊壁鸠鲁的剖析与辩护》("A Topography and a Defense of Epicurus")中,她描写了在伊索拉山脉(Mount Isola)的一次户外郊游,并把柏拉图、普林尼和彼特拉克都编织进了同一个故事中。然后,在大师级别的结尾处,她又加入了自己对洛伦佐·瓦罗(Lorenzo Vallo)关于"快乐"和"自由意志"的两段对话的演绎。尤其是后者,使她创造了一种知识分子本能的渴望,他们希望自己对上帝的善良有纯粹的洞察力。她所有的引用,无一不透露出她独创性的论点。[33]

在这些有关快乐的讨论中,奶的主题一直徘徊在旁,这并非巧合。在所有这些论点的双方中——美德与道德败坏、纯朴与奢华、节制与过度满足——奶总站在简单、谦卑的一方。动物奶取自不带任何人为制造的快乐和装饰的乡村,是构成大自然的元素之一。它也是营养精髓的象征。而人类乳汁的来源是品德高尚的高大魁梧的勇敢女子:赛瑞塔这样的人类学家尝试从许多的古典传说中寻找代表性人物,而不是选用基督教中居于中心地位的圣母玛利亚的形象。在一篇赞颂女性功绩的散文中,赛瑞塔重提了年轻的罗马女性透过天窗哺喂自己入狱挨饿的母亲的故事。[克里斯汀·德·比萨(Christine de Pisan)也引用过这个传说,但当然是赛瑞塔设定的母女关系更好,佩罗(Pero)隔着监狱窗户给父亲喂奶的故事多少让读者感到一些生理不适。][34]动物奶在赛瑞塔的书信中随处可见;动物们作为天真的慈善家,将自己的产品贡献出来帮助人类维持生命。对大自然的善良和神圣慈悲的颂扬也延伸到了女性的乳房,人们赞美它的无私和滋养力量。通过比喻的运用,赛瑞塔将提供哺喂的乳房和持久的概念联系到一起,认为它并非短暂的快乐。

动物奶与大自然生命力之间的联系,在赛瑞塔描述她攀登伊索拉山的文字中体现得尤为突出。[35]这首抒情诗歌被认为是她最大胆(有人会认为它带有女权主义色彩)的作品之一,她在文中引用了彼特拉克关于自己攀登旺图山(Mount Ventoux)的经历并且成功超越了他。彼特拉克的文章关注的重点主题是高尚的道德，但与他勇敢无畏的女粉丝不同，他用来展开道德教育的载体不是乡村大自然，而是人性。彼特拉克将自己描写成一位懒惰的徒步登山者：他在攀爬陡坡时遇到的困难构成了一种比喻，代表他逃避了为登顶做出必要的努力。当他遭遇短暂的失败，坐在峡谷中时，得出了深刻的见解，他谴责自己企图寻找一条更容易的上山之路。赛瑞塔呈现的是另外一种印象：丝毫没有畏首畏尾，她带着极度饥渴的城里人的热情开始了一连好几天的户外旅行。她们这个登山小队与大自然环境和谐融洽；当地人警告彼特拉克和他的朋友们不要登山，而村民却以一片欢呼声鼓励赛瑞塔一行人勇敢向前。在赛瑞塔的经历中，没有什么可以取代她与自然的绝妙邂逅在她心目中所占据的中心位置。随着技艺高超的人文主义的谦恭之妙笔，我们的视角被导向了乡村体验的感官享受。

　　赛瑞塔描写了她在伊索拉山的一切所见所闻，当中还时常交织着与各种食物邂逅的故事。在第一座小山峰的山脚下，她记录下了一段奇妙的景致："在这个高度，深深的山谷回荡着牛群的哞哞声；从最高的峭壁上传来了牧羊人的笛声，所以我幻想着戴安娜和希尔瓦娜斯是否就在这片林间栖居。"这群登山者们几乎把山腰吃了个遍：

> 我们坐下来喘口气，再起身继续向前，一边走，一边悠闲地从郁郁葱葱的草丛间采摘草莓和野花。转眼间，我们又进入了另外一片花园，盘根错节的藤蔓和果实累累的苹果树遮云蔽日。这里的植物不需格外的照料——所以我们也能毫无顾忌地徒手揪下葡萄串，然后一把一把地往嘴里送，饥饿绝对是我们旅途的缔造者——这里带给我们前进的能量，我们一路欢笑，丝毫没有打退堂鼓的念头。

在山顶上,登山者们"发射了一连串的石头瀑布",看着野兔子们"从我们面前的斜坡上翻滚下来"。作者似乎完全沉浸在旅途的乐趣中,完全不想要自己的文字受到理性思维的干扰。相反,她讲述了登山小队在大获全胜时尽情玩闹嬉戏的样子。登顶并不在她们的预期之中;一到山顶,她们就立刻返程了。[36]

直到这一刻,赛瑞塔和她的朋友们才意识到回家的路途是多么漫长。就在这时,她们发现了"一大壶奶",然后他们"如饥似渴地一饮而尽"。无论是在当时还是现在,所有读到这里的读者难免心生疑问:是多么天真的殷勤好客之人才可以做到如此慷慨?在不了解15世纪当地的风俗习惯之下,我们无法准确判断,但显然赛瑞塔想要我们看到的是乡村食物的丰饶富足。她在叙述中引入动物奶,是否是作为一种神的恩赐的象征?这一壶奶在她们完成登顶以后出现,也许正是作为一种奖励。那么城市人对于这种乡村饮品又做何理解呢?赛瑞塔和她的朋友们只是单纯地相信这种液体十分新鲜且能帮助她们度过难关。也许,这些奶就来自她们一路上看到的那些羊群,登山者们发现它很好喝,又有助于身体恢复。在片刻休整以后,这群人继续下山,"从山的胸部往下滑"。带着一肚子的羊奶,她们感觉双脚又热又累,于是在一条原始的小河流中沐浴后,躺下来小睡一会儿,此时,"云雀栖息在我们头顶上,空气中萦绕着它们的歌声"。[37]又一次,动物奶与安详的睡眠联系到了一起。

"智者满足于朴素的食物,"赛瑞塔在讲述完伊索拉登山之旅后,写下了这样的句子。"因为他追求的是营养,而不是美食。"迎接返程的冒险家们的宴会上有栗子、红萝卜、玉米粥和白面包、榛子、水果——全都是田间地头的产物。至于饮品,则是"在他们当中传来传去"的"一小壶葡萄酒"。所以,动物奶的饮用仅限于在大山的"胸怀中"发生,被自然覆盖,被野生动物环绕,由一名始终未露面的神秘捐赠者免费供应。[38]

结合接下来发生的事，赛瑞塔对羊奶的赞颂带着某种告别的意味。在接下来的一年里，她完成了最后的文学创作，然后在此后的余生中，文坛未能再闻其声。也许是那些来自男男女女的诋毁者持续不断的谣言和嘲讽最终削弱了她的决心。（吹毛求疵的怀疑论者们质疑她的作品是否真是出自她本人之手，于是安排了一名女性熟人前去观察赛瑞塔到底是怎样创作出这样优美的拉丁散文的。）还有一种可能性，是她最终选择将自己的能量转移到教育事业，从而让自己能过上更符合人们惯常思维的女性幸福生活。她的兄弟也是一位诗人，他曾暗示，也许赛瑞塔曾希望将诗歌作为她自我表达的工具，但即便如此，我们也没找到她输出的证明。还有一种说法认为，她父亲的死剥夺了她知识分子生涯至关重要的支柱。如果不是他的支持，她可能早就放弃写作了。她在最后的创作完成11年后去世，享年30岁。

在紧接着的16世纪的欧洲，文学上对动物奶的赞美一直停留在边缘地带。普拉蒂纳和马奇诺大厨的奢华风也陷入阴影之中，被另外一种对食物饮品消费的焦虑之风掩盖了光彩。然而，在文艺复兴时期的文化遗产中，围绕动物奶的探讨在北方的饮食文献中留存了下来，并被进一步丰富和进化。尤其是在英国，意大利人文主义者们的学说是大学学习的主要内容，这些老生常谈的建议以全新的形式呈现出来。

16世纪末，餐桌上产生了极大的焦虑。根据一份文献记载，每个人都邀请自己的医生共进晚餐，目的是马上能从他们口中获得一些健康建议。医生们抱怨道，问题不间断地向他们抛来，以至于根本没法好好吃饭。[39]这个时期出现了太多有关饮食建议的书籍，从这一点判断，尽管早有警告，但客人们在晚餐桌上的表现并不怎么好。一位英国作家写道，"这是多么大的羞耻啊，已经被上帝赋予了理性的人类","却像野兽一样被感官驱使,臣服于自己的肚皮,纵容自己的欲望战胜理智"。他引起了那个时代典型的共鸣:"所有对食物的欲望都应该受到约束和克制。"[40]

许多熟悉的教条存活下来并传入了英国:盖伦、阿维森纳（Avicenna）、萨勒诺（Salerno）学派都以极具辨识度的金句齐聚于此。虽然普拉蒂纳并没有得到宽恕,但费奇诺的灵魂还会时常出现在餐桌上,劝告人们用音乐来抚慰他不安的情绪。在许多收集起来供大众参考的事实中,有不少都与奶有关。第一,"它对深受抑郁症（这个问题在学生族中普遍存在）困扰的人特别有好处。为了达到这个目的,必须在早晨空腹大量饮用刚挤出来的热鲜奶",可以加一点糖或蜂蜜。剑桥和牛津的学生显然是想要得到治疗的队伍中占比最大的。（这也跟历史学家的发现高度一致:这些学生们摄入量最大的两种商品是糖和咖啡。）

更加值得注意的是,关于女性母乳的神奇疗效的内容以某种特殊的方式出现在来自美国和英国的证言之中。托马斯·柯根（Thomas Cogan）在《健康天堂》（*Heaven of Health*）中表明:"大量实践经验证明,直接从女性的胸部吸取的乳汁是无与伦比的最佳食品。"作者以当地人的实证来支持自己的这一观点:

> 有一个发生在坎伯兰郡的著名例子,当地的一名老伯爵晚年由于身患疾病,高烧而身体极度虚弱,通过吸吮女性的乳汁和接受博学多识的医生的建议,体力得到了极大的恢复,原本缺乏自己的男性继承人的他,现在充分继承了他父亲的美德和荣誉。[41]

另有惊人的案例是剑桥大学凯斯学院的约翰·凯斯（John Caius）,他在人生最后的阶段一直依靠母乳维持生命。根据当地的传说,在他采取这种养生之道的过程中，凯斯从为他提供乳汁的各类女性那里获得了多种性格特质。[42]

到17世纪，饮食建议和学术上的观点开始抨击过度放纵的饮食习惯。享受美食和暴饮暴食之间的界限越来越难以明确划分：就连最著名的法语词典也将"贪食者"列为"美食家"的同义词。在整个欧洲，都将"gourmandise"（"贪食者""美食家"）一词理解为"奢侈放纵的结果，将致人堕落"。舆论的矛头再次指向"老练的古代美食家"，将他们"指控为一种警告"来告诫后人。17世纪晚期的法国菜肴甚至进行了大规模的改革，禁止"餐盘装得盆满钵满，比如分量巨大的法式蔬菜炖肉和奶酪炸薯条"。烹饪的古典主义时代就诞生于对大分量食物不加鉴别地一刀切式禁止。[43]

在这场口诛笔伐的战火中，动物奶这种谦卑的乡下产品倒是没有沾上任何骂名。特别是瑞士、苏格兰、爱尔兰、荷兰和英格兰等北方地区的人们更是把动物奶视为珍馐佳肴。[44]具有宫廷气派的意大利菜一到偏爱乡土饮食的北方就水土不服，无法成功移植。我们现代人眼中的"传统英国乡村料理"过去都是富裕阶层和贵族餐桌上的菜式。[45]按照季节变化，喝奶有时可以形成一种习惯，甚至成为人们日常消费的主要内容。而作为副产品的黄油，荷兰人是出了名的爱吃，但它不再是一种奢侈品，人人都可以在自己的面包上抹上厚厚的一层。英国人认为，黄油是"固体的糖浆"，只能用在烹饪调味中，只有劳动阶层才会大量食用。[46]

于是，跟现代社会一样，科学知识在面对长期存在的风俗习惯时也不得不投降让步。因此，在北方的气候条件下，医学观点将动物奶摆在了人们意想不到的坚实位置上。托马斯·墨菲特（Thomas Moffett）的《健康改善策略：关于构成和发现准备我国所有食物的属性、方法和习惯的若干规则》（*Healths Improvement，or，Rules Comprizing and Discovering the Nature，Method and Manner of Preparing All Sorts of Food Used in This Nation*)大约创作于 16 世纪末,但完成后长达半个世纪也未能出版,直到这位著名的医生去世后多年,他的后裔子孙才发现它的价值(毋庸置疑是看到了巨大的财富回报潜力),将其出版。墨菲特作品最大的亮点是对牛奶的推广,因为在先前的有关健康的书籍中,其他的动物奶已经在"最好的奶"名单上超越了牛的奶。

> 身体健康的人(没有因病正在发烧)可以偶尔喝一些牛的奶,它丰富的营养可以强化大脑、强壮体魄、恢复体力、降低尿液浓度、让面部气色健康红润,还能增强性欲,增加身体柔韧性,抑制严重的咳嗽,打开心胸;而小孩和老年人更加可以为了从中获益而每天饮用,百利无一害。[47]

关于牛奶优点的清单已经明显越来越长了,与此同时,人们的普遍身体素质也变得越来越好,或者说,至少已经强壮到不再害怕食用牛奶及其制品。尤其是酥酪奶油点心这类食品,至少孩子们没少从中获益。于是,牛奶找到了一个医生形象的日常捍卫者,这名医生如今变得家喻户晓,并不是因为他的医疗建议或在昆虫研究方面的突破性成就,而是因为他创作了朴实无华的短诗来讲述他的女儿对乳制品的喜爱。

第二部分

喂养人类

第四章
现金牛[①]与勤勉的荷兰人

荷兰人在他们的黄金时代所取得的成就,在17世纪始终以高级八卦的形式成为人们批评嘲弄的对象。一位英国政治家在访问低地国家时曾评论:"老荷兰人因为脾气火暴、生活方式单调粗糙而被他们的邻国鄙视。他们曾被蔑称为吃奶酪、喝牛奶的榆木脑袋;但也正是因为他们曾经以愚笨著称,所以现在才像其他所有欧洲国家一样因机敏和善解人意受人尊敬。"从那些针对乳制品的冒犯言论中,我们能清楚看到,(至少在语言修辞上)远古时代评判野蛮的标准仍然在起效。但是,关于荷兰的繁荣昌盛和彬彬有礼的标志无处不在:在意大利学习深造的优秀荷兰画家、享誉整个欧洲的杰出荷兰发明家,还有荷兰家庭享受到的优越物质条件。"漂亮的画作随处可见,"威廉·阿格里昂比(William Aglionby)在返程后向他的英国读者们汇报,"哪怕一个再普通的商人家庭的房子,都会有这样的绘画装饰。"[1]作为宝贵的文化中心,艺术作品无疑帮助荷兰人在17世纪赢得了更高的声誉,收获了趣味高雅的消费者的形象。在巨大经济成就的推动下,荷兰人成功地洗清了牛奶曾经给他们惹来的污名。

---

① 现金牛(cash cows),也可译作"摇钱树""摇钱母牛"。农民养的奶牛长大,可供定期挤奶,通过售卖牛奶可以获得稳定的收入,所以奶牛就是奶农的"摇钱树",因此,"现金牛"引申开来,就是指一个公司的"盈利部门",通常能为一个公司带来稳定且大量的现金收入以维持日常投入和开支。——译者注

许多荷兰绘画作品都描绘了强壮的奶牛和勤奋的挤奶女工,还有堆得像金字塔一般的黄油和奶酪,这并非一种偶然。有趣且具有讽刺意味的是,荷兰作为一个"文明"的世界力量所取得的胜利,至少有一部分得归因于乳制品这一微观世界,那是野蛮美食的堡垒。荷兰奶酪、黄油和牛奶成为关于农业发展成就的热烈讨论的中心主题。乳制品是自然知识、商业智慧和勤勉奋斗凝结碰撞产生的火花。这里就是现代历史学家口中的"荷兰奇迹"最具价值的试验场,一个由繁荣兴旺和营养充足的人口支撑的联合省成为领先商业力量,开始崭露头角。[2]

没有谁能比英国人找到更多有关荷兰的信息资源,面对英吉利海峡对岸的这个与自己极为相似的国家,英国人在温和的嫉妒和强烈的竞争之间摇摆不定。这两个国家有许多相同的特质:相同的商业贸易方向,强烈的职业道德感,都信奉先进的新教教义,重视科学和理性的探究,崇尚谦逊朴实的家庭美德。而作为商业竞争对手,荷兰和英格兰在17世纪发生过三次战争,这使得它们之间的关系变得有些微妙。德莱登(Dryden)在他反映英荷远东竞争的戏剧作品《安姆堡娜》(Amboyna)中归纳总结了英国人对荷兰的蔑视:荷兰是从"七个加起来还没有英国一个郡大的无赖小省"发展起来的暴发户。大部分英国人认为,他们贪婪的邻居们正在密谋接管整个已知的世界。一位荷兰访客询问在英格兰乡村客栈招待他的主人,为什么英国人管他的荷兰同胞叫"黄油盒子"?他被告知,因为"我们发现好像哪儿都有你们,还总是带着应该被融化掉的鲁莽和傲慢"。[3]英国的宣传机构总是通过抨击他们对乳制品的热爱来对荷兰人暗加讽刺。一本小宣传册上这样写道:"荷兰人是又壮又胖的两条腿的奶酪蛀虫","沉迷于吃黄油、吃脂肪的生物,世人皆知他们是一群狡猾的家伙。"针对荷兰人宣称自己的国家是新的迦南乐土①,一位英国作者反击道:"虽是一片新乐土,但他们却生活在一个只有牛奶和水,没有蜂蜜的泥塘中。"4

尽管如此,英国人还是会努力地效仿荷兰人对牛奶和奶牛表达出的至高敬意。阿格里昂比这样的访客在描述这些高尚的产奶动物时,也是毫不吝啬地大加赞赏;它们"比任何其他地方的奶牛都要更加高大"。他说道,那片丰茂的草地"喂养了一个牛群的世界","尤其是品种繁多的奶牛,它们能够产出大量的牛奶,用于制作极好的黄油和半熟奶酪,并销往世界各地。有些地方的奶牛甚至一天可以产出三大桶奶"。对比包括英格兰在内的其他地区的家畜的产奶量,这个数量的确相当惊人。荷兰那些经过人工设计的修剪改良的丰茂草场功不可没。附近的荷斯坦地区(Holstein),还有稍微远一些的丹麦,会将他们的母牛和公牛送到"这片绝妙的牧场",进行"近乎奇迹的三周"喂养。当阿格里昂比到达北部的伊顿(Edam)时,这个大部分由填海造陆而成的荷兰乡村地区的丰饶让他叹为观止:他大肆宣扬"这里出产带有红色外皮的最好的荷兰奶酪,在全世界供不应求"。听起来似乎敌人已经彻底突破了他的心理防线,"实际上,"他又补充道:"这种奶酪丝毫不输帕玛森干酪。"5

奶牛养殖业盛行的地方,也是纯朴的美德所在之地。这句格言用在荷兰身上再恰当不过了。在所有的低地国家中,他们拥有最精力充沛的劳动力和四季常青的劳动果实。阿格里昂比凝视这一片土地,发现它到处是"布满了航道的湖泊、河流和运河,且不分昼夜地来往着满载乘客的船只"。挤奶女工们每天两次从家中乘船去牧场挤

---

① 迦南乐土(Canaan),是古代世界一个繁荣地区的总称,一般指西起地中海沿岸平原,东至约旦河谷,南至内盖夫,北至加利利地区(Galilee)的一片区域,包括今日以色列、约旦以及埃及的北部地区。《圣经》旧约中将这块地称为"应许之地",是"一块流着奶和蜜糖"的土地。——译者注

奶，而奶牛们自己也会缓步登船，它们的去处要么是更碧绿的牧场，要么是镇上的肉铺。村民们将他们生产的牛奶、黄油和乳清装船运往城镇，为那里的中产阶级提供日常食品供给。以黄油和奶酪为主的商品交易活动从未停止过。"荷兰有句俗语，肯工作的人永远不会匮乏，这句话丝毫不假，"阿格里昂比注意到，"因为他们发达的商业贸易让交易持续不断地进行，没有人会不想劳动。"他还引用了不少英语谚语来贴切地形容荷兰的经济："上帝赐予你奶牛，但并没有把牛角直接放到你手上。"（如果你自己不努力争取，那么即便得到奶牛的奖励也是白费。）"上帝赐予了牛奶，却没有赐予奶桶。"到17世纪60年代，荷兰人成为"牛角"和"奶桶"的第一主人，还掌握了奶酪坊和牛奶搅拌器。[6]

荷兰人普遍的勤勉精神的源泉一直是英国人津津乐道的话题。一些理论认为，这都是由他们的生存环境决定的：根据这种理论的思维模式，因为被迫落座在水路航运大剧场的首要席位，荷兰人轻而易举就将自己变成了介于南北方远距离贸易航路上的中转港口。阿格里昂比也赞同这种看法："荷兰的地理位置实在太优越，"他注意到，"好像大自然就是刻意要将它安排成整个欧洲的商业中心。"然而不只是地理因素，荷兰人似乎天生喜欢与货物打交道，无论他们走到哪里，都会在那里开展以物易物的贸易活动。"他们从不抱怨痛苦的遭遇，去印度群岛就像去自己的乡间别墅一样轻松愉悦。"如果不是地理因素，那么也可能是基于生物学因素，就像17世纪人们理解的那样，"他们就是喜欢做买卖、热衷采购，"阿格里昂比在思考荷兰人的行为方式和性情时，也曾写出过这样的评价，"仿佛他们跟牛奶一起喝下去的还有永不满足的获取欲望。"这就是供给经济学的雏形，也是现在的历史学教授向学生们展示的"工业革命"的源头。也许，牛奶中隐藏着如此多的事物起源确实不足为奇。[7]

关于牛奶演变成一种商品的契机，有这样一个悖论：虽然乳制品仍然扎根于小规模的乡村农业环境，但它们具备变成专为市场生产的资本化商品的潜力，而这种潜力却蕴藏在 17 世纪荷兰的城市属性之中。荷兰为我们提供了一个完美的研究案例，来说明在城市的大规模需求之下，小型、分散型的乳品企业如何转变为针对市场的集约化、粗放型经营模式。17 世纪之后，牛奶的历史将永远是低地国家经验的复制与再现，在那里，城市和乡村在牛奶的大批量生产、销售和消费等环节上迅速建立起了成功的共生关系。

欧洲文艺复兴之后，城市拓展和人口统计学变革携手并进：16 世纪早期至 17 世纪中期，人口以惊人的速度增长。而在低地国家，这种高速增长持续的时间比其他任何欧洲国家都要更长。个中原因仍然存在争议，但人口激增的事实毋庸置疑。虽然当时人口统计系统并不完善，但根据估计，到 17 世纪中叶，荷兰地区的人口数量从 16 世纪早期的 45 万增加到了 110 万。人口主要集中在几个特定的区域：到这时，荷兰可以宣称自己是"西欧城市化程度最高、人口最密集的省份"了。尤其值得注意的是兰斯塔德区域（Randstad），这是一个由半径 21 英里①范围内的 8 个城市共同构成的繁荣圈：它们是阿姆斯特丹、哈勒姆（Haarlem）、莱顿（Leiden）、海牙（The Hague）、代尔夫特（Delft）、鹿特丹、乌得勒支（Utrecht）、高达（Gouda）。这样沉重的人口负担给荷兰带来了一系列等待解决的新问题。[8]

曾有人口专家写道，城市就像饥渴的弥诺陶洛斯②一样从周边乡村疯狂吸收劳动力，然而，这个形象也许更适合用来描述在整个历史进程中，城市地区如何一步一步吞噬食品供给。17 世纪，生活在

---

① 21 英里约合 33.79 千米。——译者注
② 弥诺陶洛斯（Minotaur），古希腊神话中牛头人身的怪物。他是克里特国王的妻子与克里特公牛发生非正常的性关系而生出的怪物，他常年被困在迷宫之中，靠定期送进来的童男童女为食。——译者注

阿姆斯特丹和乌得勒支的富有荷兰市民，与其他所有富裕城市的居民一样，需要全方位的食品供给。然而，与商人和小店店主共同增加的还有城市劳动人口，他们又呈现出完全不同的食物需求。像面包和啤酒这样的廉价主食是普通人的必需品，这导致谷物的价格成为社会和谐和生存的关键，尤其是在流行病高发时期。作为欧洲大陆的货运代理，荷兰人实属拥有双倍的幸运：他们可以进口任何无法简单依靠低成本种植的粮食。到17世纪中叶，他们的粮食已经严重依赖从波罗的海地区进口，那里是欧洲绝大多数国家的"粮食大本营"。结果，17世纪的低地国家享受着比其他国家更加丰富和廉价的食品：大部分家庭的总开支中，用于采购食品的开支只占三成。事实上，在土豆还没有被大规模种植之前，这是相当了不起的成绩。[9]

然而，光靠面包是无法满足荷兰民众的胃口的：他们对乳制品和丰富鱼类的喜爱使他们得以生存并吃得更好。17世纪一位访问低地国家的英国人发现："在所有能填饱肚子的食物中，牛奶是最便宜的。"牛奶与啤酒不同，并不单单是一种饮品：它可以带来具有饱腹感的营养，也能满足体力劳动者对热量摄入最大化的需求。可能由于容易腐坏变质，不便储存，牛奶的售价甚至比啤酒便宜。[10]乳制品是北欧人民餐桌上的"白色肉类"，被当作肉类的廉价替代品。贫民救济院都能供应得起牛奶和奶酪，可见乳制品在日常饮食中是多么普及：它们小心翼翼地为营养匮乏的餐食增添少量的蛋白质和脂肪。[11]虽然有时会受过去几个世纪留下的刻板印象的影响，但这个时期的奶酪相较而言已经不算昂贵了。17世纪的一位医生甚至表示，奶酪"只适合掘墓人和穷人"。而有一位荷兰科学家则致力于消除这种普遍存在的偏见，他在1658年申诉道，"许多人"仍然认为奶酪"危险且有害，食用它会引起致命的疾病"。他的论文甚至推出了第二版（增加了"对奶酪恶评的抨击"这一副标题），但我们可以肯定没有多少普通消费者读过他的文章。也许精英阶层的消费者会留意到，这里还有一个相关细节：到 17 世纪中叶，人人都食用奶酪。[12]

对经济比较宽裕的人来说，奶酪不仅仅是奶酪：它就像玫瑰一样品种繁多。旅行作家约翰·雷（John Ray）认真记录了一份外出旅行者回家时"最常带回来送到你眼前"的"四五类奶酪"的目录：

> （1）巨大的奶酪圆饼，外皮为红色，英格兰人一般称其为"荷兰奶酪"。（2）小茴香籽奶酪。（3）绿色奶酪，据说是用绵羊的粪便来进行染色。一般将它刮涂在抹了黄油的面包上食用。（4）有时还会带"小天使奶酪"。（5）跟我们的普通乡村奶酪差不多品种的普通奶酪。[13]

雷提到的绵羊粪便证明了大众偏见的反弹，那种奶酪的绿色应该是通过添加欧芹和鼠尾草等香草提取物实现的。"小天使奶酪"是一种又小又圆的浓郁且未成熟的干酪，它证明富裕消费者十分享受雷的这份清单上的产品，且多半作为甜点来食用。最后一条提到的"乡村奶酪"应该指的是某些对健康有益、口感柔和的品种。这些丰厚的馈赠长期占据荷兰餐食的重要位置，作为富含肉类、鱼类和蔬菜的饮食习惯的必要补充——雷提到，"切碎后加入黄油的水煮菠菜（有时还会加入红醋栗）在这些地方算得上是一道大菜"。事实上，荷兰人的一般饮食相当丰富和优质，也需要一些奶酪这类低端产品的加入。在食物历史上，这是一个水涨船高的例子。[14]

在低地国家，农场的奶牛是最受优待的动物奶来源，它们比山羊更加适应地势低洼的牧场。在以小型农场为主的地区，奶牛是更加经济实惠的生产者：一头奶牛的黄油和奶酪产出量相当于 10 头绵羊。[15] 邻近城市周边的农场运气最好：他们的产品可以直接被运往城市销售点，城市人需求量越大，农场也越发勤奋努力制造更多的乳制品。即便在 17 世纪中期的大推进发生之前，农民们已经开始抱怨需要将货物运输10英里才能到达城镇市场；于是商人们同意介入担当中间人，这些地方的乳制品交易也就更加频繁了。阿姆斯特丹和鹿特丹周边地区的人们发现，城市人对牛奶的热情已经如冲天火箭般一路飞涨。在这个勤劳的地区，黄油的使用已经无处不在，且供应稳定。同时，荷兰人民也已经足够富裕，可以负担得起大量的食盐用于保存黄油；结果，有些黄油甚至可以贮存长达三年之久。[16]水路航运不断拓宽，航线数量增加，满载的船只不断从周边地区运来牛奶、黄油和牛。到17世纪40年代，仅高达这一个城市，每年就有近500万磅的奶酪交易量；再到17世纪70年代，这个数字已经达到了600万。巨大的交易量吸引了大批外国游客到访霍恩（Hoorn），它是重要的商业城市，大量的乳制品商人汇聚在此。曾有来到这里的游客统计，在一个普通的交易日，单单一个城门有多少货车进进出出。结果是：有近1000辆。这是一个商品持续销售和流动的社会。[17]

掌握了城市市场的勤勉的农民开始在最没有希望的地势低洼地带凿沟，着手排水造陆。整片的湖泊消失了。堤坝、水磨、风车遍布整个大陆：于是，闻名世界的荷兰标志性景观诞生了。曾经以混合经济为主的村庄向纯粹的食品经济转变，有些地方甚至只做乳制品生意。在阿姆斯特丹郊外的布鲁克城（Broek），因为看到了给城市供应新鲜牛奶的商机，小镇排干了三个湖泊，制造了750摩根①（约合460英亩）的新大陆，足够建造40个奶牛农场。着眼于盈利发展的投资者们帮助改造了其他海上村庄。城市的需求改变了荷兰的陆上景观，不仅增加了陆地面积，也拓宽了国家的横向范围。[18]

如果我们不考虑这些新农场的大小（平均每个约为11英亩），问

---

① 摩根（morgen），是荷兰和南非等地使用的古老地理面积单位。在荷兰和德国的语言中，是"早晨"的意思，指的面积是"一个人、使用一头牛、在一早上的时间可以耕作的土地面积"。1摩根约合2.116英亩（约合8563.15平方米）。——译者注

题便产生了：这些如此小规模的企业要如何提供满足周边地区大城市需求的产出呢？即便每个农场都将潜力发挥到极致，按照自己农场的最大承载量来增加奶牛数量（按照布鲁克的情况，最大承载量大约是 17 头），高昂的农场设备和劳动力开支也会基本消除获得丰厚回报的希望。许多小农场努力尝试，最终未能适应这种新的乡村生活基本法则，以失败告终，最后也不再能承租得起通过排水造起来的新土地。他们与其他一些移民的步伐交织到一起，共同向城市迈进。唯一可以通过这样的部署成功获利的方式，就是努力使产量最大化：每一头奶牛都必须产出格外大量的牛奶。荷兰人和荷兰奶牛成功做到了这一点。

在现代化学（或药学）发展起来以前，只有一种可靠的方法可以确保增加奶牛的产奶量：从茂密的牧场和草原获得丰富的牧草来饲养。而为了能够让土地长出更好的牧草来滋养奶牛，农民们开始收集来自城市中的源源不断的副产品——粪肥。荷兰人在收集和搬运各类粪肥的能力上超越了所有其他欧洲人。城市周边地区吸纳了街道清扫垃圾、鸽子粪、城市奶牛粪便和煮皂厂废灰等工业废料。"夜土贸易"（人粪便）蓬勃发展，从城市区域出发的船只上堆满了"夜土"，给风景秀丽的水路运输增添了别样的色彩。英国人给低地国家起的绰号是"地球的内脏"，络绎不绝的粪肥运输仿佛从字面上坐实了这个绰号。城市与乡村之间的共生关系是一种表面上的事实。每一个到荷兰城市观光的游客都惊讶于他们街道和门槛台阶的清洁程度，认为其他任何欧洲城市都无法与之媲美，但是他们很少会将这特殊的美景与受到商业利益驱动的荷兰农民联系到一起。[19]

他们为施肥做出的努力是我们难以想象的。在小麦、大麻，尤其是烟草等肥料需求量大的农作物耕种区域，施肥活动达到了令人敬畏的程度。16 世纪 70 年代，一位农民像书记员一样记录下了每一车经过他房屋的肥料：每 6 年，平均每一英亩土地上播撒的肥料大约是

31.5吨。在17世纪上半叶的格罗宁根（Groningen），法令要求居住在城郊的居民在各个机构收集起来的公共粪肥上耕作。对于那些从乡下运来货物，卸货返程前装满粪肥出城的船只，城市政府予以丰厚的奖金。即便是农场中最普通的一块田都会得到应有的肥料。在奶牛可以提供现场牛奶供应的畜牧业地区，农民们甚至有动力去改良小块的耕地，用于种植饲料作物。他们还把房屋旁边的窄条地块和山脊边那些被忽略的小地块都变成了丰饶的干草地。在这样的环境下，尖端科技以猛烈的攻势传播开来，使低地国家成了欧洲大陆上农业最为发达的地区。[20]

根据每一本讲述欧洲现代化进程的教科书，荷兰的"轮作农牧业"模式在所有新的农业方式中应居首位。这种农作物轮流耕种和牲畜管理方式可以从同一片土地上收获更多的食物，从而有可能养活大量从事非农业劳动的城市人口。除了知识本身，并没有什么新科技是必需的。轮作农牧经营模式需要对土壤营养、土地的基本最低限额有一定程度的了解。这个方式包含了持续的农作物轮换耕种，包括在冬季播种苜蓿和豆类等固氮植物以补充土壤的养分。当其他的国家还在采取燃烧草皮或单纯休耕的方式来养护贫瘠的土地时，低地国家已经找到了一举两得的妙招。在适当的时间种植适当的农作物，或者按照严格细致的轮作时间表在田间安置合适的牲畜，丰富的产出不言而喻。无论在哪一种语言中，这个词汇都有多种理解方式。[21]

这些从土地和牲畜身上榨取更多牛奶的努力有多么成功呢？在19世纪系统化的记录出现之前，荷兰农业历史学家B. H. 施歇尔·凡·巴斯（B. H. Slicher van Bath）就已经收集了令人印象深刻的牛奶产出量数据。16世纪晚期粪肥播撒记录的保持者里恩克·赫梅玛（Rienck Hemmema）毫无悬念地收获了绝对领先的产量，平均每头奶牛产奶近357加仑；他的成绩领先了另外一位名叫罗伯特·洛德（Robert Loder）的勤奋英国人好多年。在 1618 年的牛津郡，罗伯特·洛德的每头牛的最佳产奶纪录是每年 208 加仑至 225 加仑。直到 19 世纪到来之前，没有普通农场打破过赫梅玛创造的纪录。[22] 荷兰农场有关奶酪的数据也指向了相同的结论：产量的提升"只能依靠产奶量的提高来实现"。诚然，这个时期，畜群规模和牲口棚数量都呈现上升趋势，但从整体产量来看，每个农场也都达到了产品的最大产出量。还有什么可以解释荷兰农场奶酪生产能力的稳定增长呢？在 16 世纪 50 年代到 17 世纪 50 年代之间，奶酪桶的尺寸增加了 2.5 倍。又有什么可以解释每一头荷兰乳牛身价的指数级别增长呢？在 1565 年后的 100 年间，荷兰乳牛的价格翻了 4.5 倍。难怪许多荷兰家庭都会在墙上悬挂奶牛的图画；挂上奶牛图画就相当于挂上荷兰小猪储蓄罐，或者更确切地说，相当于挂上"现金牛"。[23]

这样的产业和富足是荷兰文化大幅全景图的重要构成元素。在食品领域，17 世纪的荷兰人既是食客又是热情好客的宴请者。这段时期被称为"黄金时代"并非没有原因，堆积如山的食物被看作上帝慷慨馈赠的证明，这在荷兰绘画和他们的现实生活中都有体现。我们从一位弗里西亚（Frisian）的小旅馆老板在 1660 年留下的自己葬礼的茶点准备记录上，看到了来宾们惊人的好胃口（和他的热情好客）。在小镇斯洛滕（Sloten），主人会为所有守灵的客人提供食物，但依照当天的肉类清单（总计 1 850 磅，还不包括 28 块牛胸肉、12 只绵羊和"18 块包裹着白色酥皮的鹿肉"）来看，参加葬礼的人们应该个个都把自己吃得昏天黑地了吧。另外，奶酪、面包、黄油、芥末酱和烟草等物品全部以"足量供应"一笔带过。这些都是荷兰人的嗜好品，虽然在档次上要降一个等级，但仍然不可或缺。黄油和奶酪可以为每个餐桌增光添彩。[24]

无论是家中神圣的灶台边，还是摆满佳肴的餐桌上，总能看到源自乳制品的食物。这类物品最好的地方在于它们的两面性：一方面,牛奶、面包和奶酪都是简单又有益于健康的食物,是饮食习惯上谦恭的象征。正如荷兰人文学者海吉曼·雅克比(Heijman Jacobi)医生建议的那样,最健康的生活就应该享受"甘甜的牛奶、新鲜的面包、优质的羊肉和牛肉、新鲜的黄油和奶酪"。(要注意的是这位医生巧妙地在一堆简单朴素的乡村食物中悄悄加入了肉类。)[25] 另一方面,奶酪和它的近亲黄油也是浓郁、"肥美"和丰富的象征。黄油在中世纪作为贵族专属品的声望蔓延到了低地国家,造成这类食品的过度使用。荷兰人会在面包片上涂抹厚厚一层黄油,再摆上肉块,这种习惯在英国人看来,像是希望从食物中获得优越感。在17世纪,这种渴望似乎无处不在。就连住在贫民救济院的人也能在餐食中得到属于他们的那一份黄油、甜牛奶和白脱牛奶。每一个低地国家的居民吃面包时都要配黄油,这是荷兰文化中饮食平等主义的惊人体现。[26]

成功的乳制品农业给低地国家带来了丰厚的物质财富。按照当时的标准,17世纪的农民家庭生活条件相当不错。居住在奥茨胡恩(Oudshoorn)的简·科内利斯·申克(Jan Cornelis Schenckerck)于1700年过世。他当时拥有17头奶牛,略高于荷兰奶牛农场的平均奶牛数,他的家产大概代表了当时典型的中等收入水平。他的物品中包括3本书、8幅画,这表明他和他的妻子不仅接受过教育,还拥有在家中享受艺术美学的愿望。申克的其余物品的清单也证实了这一点:29条床单、7块桌布、18条餐巾,还有大量贵重的服装和羊毛制品。实际上,相当多的17世纪荷兰农民家都有银质器皿,比如调羹、酒杯或头饰,在某些地区,拥有银质物件的家庭占比甚至高达67.5%。[27] 显然,如果商业化的农业强调从土地开发和市场营销中寻求新机会,那么必定能获得丰厚的回报。

黄金时代的荷兰文化曾被认为是物质享乐主义,但如果真是如此,那么紧接着,他们的味蕾就开始被一种相对朴素踏实的视角所控制了。代表荷兰繁荣的美学标志——静物画，验证了这一事实。尤其是运用黑白色调的"小宴会"画作，其功能就是颂扬平凡朴素的日常物品。诗人扬·路易肯（Jan Luiken）完全掌握了这些餐桌场景传达出来的信息和精神：

> 餐桌每天都布置得精心，
> 放着营养和各式的器皿，
> 这里充满了情谊和平静，
> 所有的麻烦都终止和远去。

宴会画描述的是一幅田园牧歌式的家庭场景：它邀请观赏者们体会丰饶的土地馈赠给我们的良善和美好，我们从大自然获得，现在将它们作为家庭内部的私人财产进行展示。正如这些画作所描绘的对象一样，体现了细致的洞察力和杰出的技巧。每一件物品都值得被精确复制。"静物"一词是后来才被创造出来的；在那个时代，这些作品画的是什么物品，就会以这个物品来为画作命名。"放置了一个馅饼（派）的餐桌"或"有烟熏鲱鱼的早餐"，像这样的画作名称在销售者的清单上不在少数。我们可以想象，一个想要买画的人也许是深受在别人家中看到的那些画作的影响，一边翻阅目录一边思考："我该买点什么呢？范·弗莱克（Van Vlecks）家里那幅水果的画还挺可爱的，我家的餐桌旁边那面墙上挂什么好呢？"[28]

"早餐画"最受偏爱。它最早出现在 17 世纪 20 年代至 30 年代，多以奶酪、面包和黄油为描绘对象。17 世纪 50 年代，早餐画的数量开始增加。这样的画面体现了荷兰人非同凡响的劳动力和天赐的富饶土地之间的完美结合。后来，麦芽啤酒或鱼类、蛋糕和各种形状的饼干组成了神圣的三部曲，与精致迷人的烧杯和奶酪刀摆在一起，显得朴素又丰盛。巨型轮状的伊顿干酪和高达干酪在平淡无奇的场景中散发出赭石一样的色调;背景中年代久远的镶板色调传达出一种属于家庭内部的私密感。奶酪表面的切口可以明显看到人的指纹,它提醒我们这个物品的真正功能是一种切片的食物。这些基础的食物组成了所有荷兰人的早餐,无论身份高低。这也体现了荷兰人对中庸和朴素的尊敬。然而,奶酪、黄油、葡萄和面包叠加在一起的价值就更加超出想象:它们是对荷兰人生活中食物富足的真实歌颂。

我们该为早餐画中出现的奶酪赋予多大的象征意义呢?艺术史学家们展开激烈辩论,反复说明了蕴藏在这些画作中的深意,从蛆虫(暗示过度纵欲的危害和不可避免的道德沦丧)到神圣牛奶(暗示的又是完全相反的过程,通过基督教的奇迹达到永生)。然而,事实证明当时的荷兰画家们根本不太可能了解这些,也不大可能从公元100年的德尔图良①的文本中提取天主教的隐喻:在这一点上,评论家们基本达成一致的是,至少有一部分画作蕴含着更深层的道德信息,警告人们盲目的繁荣可能潜藏危害。尤其是因为这些菜单是属于每一个人的菜单,人与人之间也不过是多一块或少一块肉的区别,所以早餐画更能有力说明各个社会阶层之间的差异,以及这些差异对未来获得奖赏和惩罚的影响。出自安特卫普艺术家耶洛尼米亚·弗兰肯(Hieronymus Francken)的一对早餐画挂轴明显是朝着这个方向创作的:通过在一幅画中展示粗糙的食品和饮料的容器,在另一幅画中呈现奢华之风,艺术家指出了《圣经》中关于天堂之路的教训。(一扇能看到一条路的景色的窗户有助于我们理解。)也许,奶酪普遍存在于荷兰有关物质生活的讨论中,让艺术历史学家们迷失了方向。斯维特拉娜·阿尔珀斯(Svetlana Alpers)认为,不应该对所有的荷兰现实主义画作进行象征意义的分析;她认为这些画作可以被简单地

---

① 德尔图良(Tertullian),有时译作"特图里安"或"特土良"。基督教著名的神学家和哲学家,因卓越的理论贡献被誉为拉丁西方宗教教父和神学鼻祖之一。——译者注

看作荷兰世界的真实反应。[29]难道那么多有关奶酪的画作不可以只是对这种真实物质的夸张赞美吗？可能有人会说，这就是一块巨大而赏心悦目的重量级美食，你只管欣赏就好！

然而，向常识低头显然没有解开谜团有趣，尤其还是一个与食物有关的谜团。在静物画的明暗对比世界里做最后的尝试是值得的。作为早餐画亚流派中的亚流派，某些作品将黄油跟奶酪放在一起，这又是另外一个拥有贵族血统却又无处不在的生活必需品。克拉拉·佩特斯（Clara Peeters）是一位引人注目、与众不同的奶酪黄油陈列大师，她从不畏惧运用极为夸张的手法。我们对佩特斯知之甚少，仅仅是推测她可能出生在安特卫普，在荷兰北部工作过一段时间，并在那里完成了许多早餐画的创作。她跟同时代的其他几位艺术家都喜欢在画面中堆叠奶酪，以一种奇异夸张的方式堆完一层又一层。（这也帮助艺术史学家们分析出她开展创作的时代大约是 17 世纪的前 20 年。）然而，她作品"最出色的地方"［这个评价词汇出自研究荷兰静物画最前沿的历史学家艾瑞克·德荣（Eric de Jongh）］原来是在奶酪上再稳稳摆上一盘子黄油的创意。毫无疑问，这座摇摇欲坠的金字塔预示着最终的灾难。不管从哪种角度来说，将奶酪和黄油一同食用，都是不合适的；它们都可以用来配面包，但绝不会同时出现。德荣引用了 1682 年的一部讽刺戏剧的观点来解释当代人的态度。受到恶魔蛊惑的仆人在一片面包上涂抹黄油，再铺上厚厚一层奶酪，这种吃法被描述为"邪恶的盛宴"。克拉拉·佩特斯很可能就是在暗示这种由于乳制品的满溢而导致的"过度"可能带来的不良副作用。[30]

正如一位观察者所言："在荷兰，恶魔般的金黄物质头戴着烟草王冠，落坐在奶酪的宝座上。"[31]荷兰在商业贸易上的成就引发了不少艳羡的评论。17 世纪的环球旅行者可能会在委内瑞拉偶然发现著名的伊顿奶酪，在那里，西班牙殖民者会用兽皮和可可来交换这种有名的红皮奶酪。荷兰黄油在波罗的海北岸一带传播甚广。多个品种的荷兰黄油都是同类中的王者,比许多爱尔兰产品售价要高出不少。这对低地国家的贫困居民来说,并不是什么秘密,因为他们为爱尔兰黄油在荷兰城市中的买卖提供了市场。[32]荷兰最重要的出口商品就是健康的荷兰乳牛。从17世纪早期开始,准备移居纽约的荷兰人都会随行带上他们的乳牛,作为乳制品和肉类的必要来源。1629年,第一位这样的"食品大使"踏上了曼哈顿的土地并开始享受那里的牧草。当荷兰总督像北美的许多其他殖民政府一样,要求用牛来支付租金时,遭到了移居者们的拒绝。不愿意放弃奶牛的人们用黄油来支付,这种形式的现金完美体现了他们荷兰人的身份。[33]

再回到欧洲,随着时间的推移,荷兰乳制品的黄金时代变得更加名副其实。如果说荷兰黄油的价格是最可靠的指标,那么我们可以说,17世纪的前75年是黄金时代的顶点。在那段时间,弗里斯兰省(Friesland)和荷兰南部的农民集中力量生产符合市场需求的产品,选择不再耕种小麦和黑麦,因为得益于他们国家强大的船队和贸易往来,他们已经可以从波罗的海沿岸国家低价购买这些谷物。基于相同的理由,荷兰北部和南部都全力以赴地进行奶酪生产。[34]但在17世纪的最后15年,农产品价格开始大幅下跌,荷兰最终也未能幸免于席卷整个欧洲的经济危机。削减开支和进一步专业化是农民们能够维持生存的唯一出路。首先出现劳动力成本削减迹象的是技术领域:17世纪80年代,以马为动力的黄油搅拌器开始零星出现。这类新发明一开始只有大型农场才能用到,而这类农场在当时的占比是很小的。虽然它们是市场导向的必然产物,但它们的出现预示着,要以一种截然不同的方式来进行这项原本需要将厨房和牲口棚捆绑在一起的活动了。

1644年,讲述荷兰农业方式的文字以匿名手稿的形式传入英格兰,内容描述了到访佛兰德斯(Flanders)和布拉班特(Brabant)的农场的经历。在当时的英国,这本讲述了如何从土地中获得更大收益的前瞻性小册子最终被另一帮人组织出版,并且成为热煎饼一样畅销的抢手货。和60年前普拉蒂纳创作的《正确的快乐和健康的体魄》一样,《布拉班特和佛兰德斯农牧业方法论》一开始只是被传阅得满是折角的手稿。当这部手稿最终传到一位名叫塞缪尔·哈特利布(Samuel Hartlib)的思想先进的宣传人员手中时,这部只属于内部人员的秘密最终变成了公开的知识。哈特利布还赞助了其他不少致力于从藏在地下的物质中获得财富的项目;其中一项是基于当时社会对炼金术的信任,企图从铅中提炼出黄金,用以增加英国的货币供应。现在又出现了另外一种可以让国家变得富裕的方式:带着服务市场的新眼光发展农业,从而获得大量收益。他宣称:"没有人能有理由否认,土地是最好的,它能产出最具价值的商品,赚取最多的钱,让人变得富裕。"哈特利布将自己定义为传播最新农业智慧的"地下线管"。他认为农业是一个国家"产业发展中最高贵和最必要的部分",并于1650年出版了《方法论》(Discours)一书。[35]

"金钱是统领一切的女王。"这些文字是起作用的,因为到1652年,英国人已经将他们的君主斩首,并且尝试像他们的邻国荷兰一样采用共和制政体。后来,哈特利布得知,这部手稿的作者是理查德·韦斯顿爵士(Sir Richard Weston),在内战爆发的动乱之中,他作为罗马天主教徒被从英国流放到佛兰德斯。信奉天主教的佛兰德斯和布拉班特为韦斯顿提供了比荷兰更适合调研和记录日记的环境。韦斯顿花了一点工夫才弄明白那里农场运作的奥秘。在采访一位这方面的商人(因为关于这些方法的知识似乎已经延伸到了农场公社以外的领域。)时,这位英国爵士对自己听到的内容深感困惑。"我必须承认,一开始他的话语听上去像是某种谜题。"但是,韦斯顿很快就被说服了,就像那些开始皈依各种宗教的人一样,他马上找出纸笔开始记录下自己所听到的一切。他那本略显重复啰嗦的小册子为内心没什么底气的人准备了月度任务计划表，还有大量有关种子、石灰和劳动力开支的成本核算方式。韦斯顿的神奇子弹原来只是普通的萝卜和反复收割的苜蓿，但除此之外，他还宣扬了粪堆所能产生的奇迹。韦斯顿忍不住在其中加入自己朴素的建议，告诉人们如何在铺满沙子的夜棚里收集羊粪，他说要"等到羊粪堆积起来，多到妨碍羊群进出的程度"才能开始收集。真的很难说明，到底需要多少粪肥才够用。[36]

当哈特利布出版这位进步人士的手稿时，作者韦斯顿已经回到英国，并着手开始另外一项计划：一条恰好叫作"韦"（Wey）的河流的拓宽工程，它会汇入泰晤士河并最终流向伦敦。韦斯特的努力获得的巨大成功意味着萨里郡（Surrey）吉尔福德（Guildford）地区的乳制品能够以更廉价的成本进入城市市场。于是，韦斯顿带动了这片区域的整体经济，使乳制品成为萨里郡接下来数年中"最成功的事业"。[37]韦斯顿个人的机遇却没有那么乐观。因为他是天主教徒，克伦威尔政府查封了他的土地，于是他必须支付高额的地租，直到他去世都没能完全付清。他对打通伦敦水路的热情已经超过了他全部的积蓄：根据留存下来的记录，他在这个过程中光是投资在木材上的资金就高达数千英镑。然而，他的英国同胞，包括非天主教徒，最终都对韦斯顿在农业商业化上的贡献予以赞颂。他的预言最终得到了验证："当你的邻居看到你的劳动收获了兴旺和繁荣……一旦他们看到你的收成，马上就会明白你肯定已经从中获益，就会像寻求神谕一样马上过来向你讨教。"[38]如今，韦斯顿的名字是在英国农业中推广苜蓿这一活动的代名词，虽然仔细研读他的书，你会发现他更推荐将另外一种不那么芳香的饲料作为增加产奶量的秘方。他的努力开创了一个进步的新时代，也就是现代学生们口中念叨的"农业革命"。接下来的一个世纪将见证英国生产力的非凡崛起，这个北方国家成功超越了曾经的荷兰奇迹。牛奶和乳制品产业，作为食物商品和实验室，从此被永久置入了赛道。

第五章
对牛奶的喜爱及其成因

1666年,在恐怖的伦敦大火灾的第三天,忧郁的塞缪尔·佩皮斯(Samuel Pepys)清点了他位于希兴巷(Seething Lane)的办公室。早些时候,他将自己的文件都埋在了家中庭院里的一处洞穴中,那天夜晚,在威廉·佩恩爵士(Sir William Penn)的协助下,他决定再挖一个洞来贮藏物品。佩皮斯庄严地记录下了那个夜晚,他们在洞中放入了他们收藏的葡萄酒,"我还要放入我的帕玛森干酪"。在匆忙仓促之中,仆人们肯定认为这种商品是不必要的,但这两个人显然不这样认为。奶酪是那个有美食和温暖陪伴的美好夜晚的象征,面对即将到来的熊熊火焰,它发出了求救的呼唤。佩皮斯写道:"偶然走进花园,抬头看看恐怖的天色,黑夜中仿佛一切陷身火海,这景象足以让我们失去理智。"那一块金黄的大块奶酪躺在地底下,预示着大火平息以后美好时光的再次回归。[1]

熟读佩皮斯《日记》(Diary)的读者应该知道,我们这位17世纪的美食家钟爱牛奶和它的一切副产品。当讲述在一个明媚的春日去海德公园(Hyde Park)郊游的经历时,他的热情溢于言表。在那里,他与妻子伊丽莎白"在马车上吃了奶酪蛋糕,喝了一大杯牛奶"。(现场喝牛奶是确保产品高品质的最佳方式。)他在日记中记录的每一次旅途都少不了乳制品的款待。伊斯林顿(Islington)是为伦敦市场提供牛奶的奶牛们的天然草场,在到访伊斯林顿时,佩皮斯在午休时带领一行人去"了不起的奶酪蛋糕坊"。在一位"了不起的黄油夫人"朋友的家中,他和他的朋友们"用奶油填满了整个胃"。佩皮斯经常在下午吃"搅打好的奶油"(有时会配上水果),晚餐的时候在酒馆吃点面包和奶酪。临睡前,还会再吃点面包和黄油当零食,喝点牛奶。甚至只是看一眼奶牛场女工都能让他精神振奋;这位勤勉的日记作者记录下了伦敦北部波尔索尔莫(Portholme)草场上"乡村妇女给奶牛挤奶"时的欢歌笑语。当他开始将白脱牛奶和乳清作为自己的养生之道,并"从中发现巨大好处"时,他便再也不会觉得这些东西不讨人喜欢了。只有21世纪的读者在认识了这种高钙饮食对易患肾结石的人群造成的不良影响之后,才会质疑他这种对乳制品的嗜好。[2]

如果我们在过去的地图上定位对牛奶的饮食依赖,那么欧洲北部及其周边山区必然会进入我们的视线。不出意外,这张地图将重现整个欧洲大陆上乳糖酶(消化生牛奶的必要条件)持续存在的区域。美食作家安妮·门德尔松(Anne Mendelson)将这些地区称为"西北乳牛带",以便将该地区的烹饪传统与欧亚大陆的"多种来源动物奶"、印度次大陆的"水牛带",还有欧洲和俄罗斯的"东北乳牛带"区别开来。门德尔松指出:"从地理上看,这里曾经是主要旧世界中最小的地区,但发展出了最强大的新鲜乳制品饮食传统。在大约5 000年后,它异军突起,变成了最大的那一个。"[3]关于这场传播的历史因素,会在本书接下来的章节中讨论。这里的重点是探索一个疑问,牛奶制品曾经只是乡村人民饮食习惯的一部分,究竟是什么改变了人们的思想,让包括城市精英阶层在内的所有人都认为它是一种时髦的东西,人人趋之若鹜。

这些地区的食品消费历史展现了牛奶这一主题发生的惊人变化。在瑞典,有一种叫作"小口啤酒"的早餐汤食,有时会配上(或直接拌进汤里)一碟鲱鱼或面包。这种低度酒和牛奶的混合物(很可能发酸)充分展示了当地菜肴的所有特征:这是他们常吃的食品,会时常出现在普通餐食中。[20世纪的文学和电影作品将这种地域特色带入了更广泛的大众视线：在《芭贝特的盛宴》(*Babette's Feast*)中，主角芭贝特学着制作了类似的汤菜，还有约翰·斯坦贝克（John Steinbeck）的《罐头厂街》(*Cannery Row*)中，有一个角色在一家小餐馆点了"啤酒撞奶"。]⁴在佩皮斯的时代，热牛奶混合冷啤酒是治疗发烧的良药。更常见的是在荷兰和苏格兰等地，料理都少不了添加了牛奶或啤酒（有时两者都加）的燕麦粥。爱尔兰人以燕麦粥和牛奶为主食；牛奶在当时已经相当于国家货币，这也是为什么17世纪的国立教会要求使用牛奶来支付什一税①的原因。⁵在制作奶酪的过程中，牛奶或奶油凝结成奶酪块之后剩下的水状液体叫作乳清，它是不列颠群岛最受欢迎的饮品。在（苏格兰东北部的）奥克尼群岛（Orkney），丹尼尔·笛福（Daniel Defoe）曾写道，当地居民会饮用一种贮存在大桶中经过强发酵的饮品。⁶

尤里乌斯·恺撒在到访不列颠群岛时记录下了当地人对乳制品的偏爱："他们依靠牛奶和肉类为生"，他的语气中，或许多少带有一些傲慢的罗马人对这种野蛮饮食习惯的蔑视。⁷自公元前5世纪起，情况发生了很大的转变，但有些事情还是依旧没有任何变化。佩皮斯时代的英国人以富含肉类的丰富饮食著称，而现在，他们大杯地享受牛奶或甜酒（热牛奶加入进口香料搅打而成的饮品），根据个人喜好添加巧克力或咖啡。与荷兰人一样，英国人直接跳过了文艺复兴时代对喝牛奶的担忧。在现代社会即将到来之时，他们已经发展出了一套自己对牛奶价值的信仰，其中一部分借鉴于过去，一部分来源于他们已经形成的口味偏好。这种不起眼的产品如何迅速在这片工

---

① 什一税（tithe），是欧洲基督教向民众征收的宗教捐税。教会利用《圣经》中农牧产品的1/10"属于上帝"的说法，开始向基督教信徒征收此项赋税，纳税人一般以粮食、牛奶、蔬菜、牲畜等实物进行纳税。税额往往超过了纳税人个人收入的10%以上，民众不堪重负，在宗教改革期间要求废除什一税。西欧大多数国家直到18—19世纪才开始将该项税收废除，英国一直征收到1936年。——译者注

业之地上获得一片赞赏,18世纪的部分英国牛奶历史能给我们不少解答。

焦虑是1700年的不列颠群岛的标志。尽管牛顿的科学理论取得了巨大的成功,但许多人,无论是有学问的还是不那么有学问的,仍然期待一个新时代的到来。一位神学家甚至利用牛顿的平方反比定律来确定了一场灾难性揭幕的具体日期。浓厚的兴趣集中在天气(英格兰经历了现代历史学家所说的"小冰川时代"的前半个世纪)和即将发生的海外战争上。有些人在等待神的愤怒在罗马出现第一丝征兆。许多人已经做好了征兆直接降临到自己头上的准备,因为他们的祖国有一堆罪名需要解释:从亚洲和美洲贸易中谋取的过量奢华服饰,伦敦金融城虚假的财政计划,以及在欧洲大陆发动的军事冒险都证明这个国家注定灭亡。17世纪60年代的瘟疫和伦敦大火就是即将到来的灾难的序曲。[8]

虽然世纪之交在一片祥和中顺利度过,但人们对那个时代唯物主义的质疑仍然十分明显。来自政界、金融界和宗教圈的声音惊人地相似。英国是如何对待那个时代所谓的"奢侈"的(这些物质财富和身体享受现在仍然十分普遍)?根据一位专家所言,整个欧洲已经沉入了"享乐的深渊","由于服饰、装备用具和家具等时尚的不断变迁,价格变得越来越昂贵"。交易买卖"是一件有害无益的事",它带着"欺诈和贪婪",扼杀了"高尚和朴素的美德"。1706年,一群卡米扎尔教派(Camisards)的宗教先知抵达英国,他们刚刚从法国南部的社会叛乱中逃出。他们的布道演说在伦敦街头引发了不小的骚乱。当局政府将一名先知处以绞刑。实际上,他是一名卓有成就的数学家,还是英国皇家学会的欧洲成员。这一事实表明,这种焦虑不安波及的范围有多么广泛。[9]

牛奶的命运以一种特殊而有力的方式与这些事物纠缠在一起。

宗教空想主义者援引了令人回想起中世纪宗教运动的关于牛奶的隐喻：牛奶代表着智慧，是属于天神的词汇，代表着精神的启迪。伦敦到处充斥着传教士和宗教宣传册。盖伦学派的医学理论在为普通人撰写的书籍中产生了古怪的回响。例如，约翰·波达奇（John Pordage）的《神学秘境》（Theologia mystica）以打油诗的方式来为读者解释基础物理化学知识：

> 不要再折腾《圣经》，但也不可选择逃避。
> 语言不会让知识褪色：这并没有好处。
> 圣言所说的纯洁的牛奶不会变成血液。
> 不要在食物上亏待我们：因为那样就太过分了。

女性空想主义者加入了她们对于"神圣餐桌"更加生动的描述，为"神圣的味觉"储备了大量的食物，而牛奶就在其中熠熠生辉。简·利德（Jane Lead）是一位失明的寡妇，后来被指定为"费城人"的领袖。这是一个千福年①信徒的组织，她以"圣言中的乳汁"和"生命的粮食"这种相关的母性意象赢得了拥护。而另一位法国空想主义者珍妮·盖恩（Jeanne Guyon）相信，"恩典的乳汁"一定会滋养她的信徒。她叮嘱信徒们必须表现得像乳房前的婴儿一样，"咽下所有被给予的乳汁"。这种白色的精华代表着食物的一片空白，是一种新鲜开端的起点。[10]

深陷如此明确的道德腐败之中，那些接受了健康饮食理念的人们找到一条通往物理启蒙的道路。包含大量肉类、葡萄酒和香料的

---

① 千福年（millennium），亦称"千禧年"。千福年主义（millennialism）是某些基督教教派正式或民间的信仰，信奉这种学说的信徒相信未来会有一个黄金时代到来，到那时，耶稣会重新降临人世，统治1 000年，实现世界和平，地球将变成天堂，人类繁荣，大一统的时代来临。——译者注

奢华饮食被认为是社会整体衰退的迹象而遭到抨击。解决的方案是以乳制品和蔬菜等更加简单和有益健康的食物替换掉肉类。读过本杰明·富兰克林自传的人都知道，饮食实验帮助他建立了自助哲学。作为一名"泰伦学者"，富兰克林阐明了自己对托马斯·泰伦（Thomas Tryon）素食主义原则的支持。泰伦是一位思想自由的改革家，他从精神上和伦理道德层面上强烈反对肉食。（富兰克林在食用煎锅中的鱼肉时展开的那一场著名的思想斗争，也是受到了泰伦的启发。）道德家和医务人员最终在许多方面达成了共识。人们只需想想时下最流行的疾病痛风，就能了解"富裕、懒惰和好色之人"正在因为自己的放纵享乐受到惩罚。无独有偶，当千福年说的先知们在描述地狱的折磨时，他们尝试借用这种"贵族病"的痛苦来阐明他们的观点。无论是非宗教领域还是宗教领域，饮食上的改革都意味着救赎的可能性。"一旦神圣之眼打开，"泰伦解释道，"人们马上就会发现，肉类和饮品是最适合我们身体、灵魂和心灵的食物，是我们所有性情的来源。"新的时代拥抱了一种"我们吃什么样的食物，就会变成什么样的人"的观念，于是牛奶提供了一种寻求净化和恢复美好生活的可靠方式。[11]

一位医生的职业生涯生动地描述了几种不同的渠道如何汇聚到一起，促使牛奶赢得大众的喜爱。现代读者很少有人了解乔治·切恩（George Cheyne，1671/2—1743），他是一位出生于苏格兰的医生，在现代人看来，他的作品都有些许古怪，只有一部名为《英国病》（*The English Malady*）的作品是个例外。切恩在启蒙运动的鼎盛时期声名鹊起，展现出了新旧思想体系的完美结合。他的建议符合一个向往科学解决方案的时代的需求，在那种情况下，心理和生理的疾病都迫切需要科学的治疗方案。然而，从许多方面来说，他的处理方式借鉴了不少古老过时的饮食智慧。他所拥护的牛奶养生之道与盖伦的原则如出一辙：牛奶是一种性质寒凉、有通便效果的食物，这种特性使它非常适合用来抵消当代饮食习惯带来的过重、过热的副作用。切恩在温泉小镇巴斯(Bath)担任先知的角色，这使他拥有大量的机会向有钱有势的人传授这样的智慧。首相罗伯特·沃波尔(Robert Walpole)和他的女儿，还有《克拉丽莎》(Clarissa)的作者塞缪尔·理查德森(Samuel Richardson)都曾是他的病人，另外还有在1783年成为卫理公会(Methodists)脱离者领袖的亨廷顿(Huntingdon)伯爵夫人。讲述切恩的主张的文章传遍整个欧洲。当18世纪晚期的法国餐厅在向客人推荐旧式英国菜肴时，他们是在向这位牛奶节制消费的提倡者致敬。

切恩的个人经历为他的许多医学建议奠定了基础：他的一生，经历了雄心壮志的破灭、对宗教真理的追求，还有与过度肥胖和抑郁症的斗争。作为数理医学专家(即医疗数学，是牛顿时代的一种边缘科学)，切恩于1701年移居伦敦。关于他为何要移居到南方，至今仍是个谜，但曾有一本抨击他的小册子上显示他可能有酗酒的恶习。他和他的导师、著名数理医学专家阿奇博尔德·皮特凯恩(Archibald Pitcairne)医生，都是出了名的热衷于"推杯换盏"，尽管我们并不了解他们的酒量在多大程度上超过了苏格兰知识分子的平均水平。然而，嗜酒的切恩到伦敦以后却全身心地投入学术研究当中。在老师的引荐下，他加入英国皇家学会，成功进入了以艾萨克·牛顿为中心的圈子。但是，切恩显然很难融入其中，他发表的数理医学见解都只能引发牛顿的不悦和同僚们的疏远，前来求医的病人也屈指可数。于是切恩时常流连咖啡馆和酒馆，尝试开展一些实践活动；他也会侍奉在有钱人左右，期望可以得到他们的资助。出版了自己的第二本书，仍然没有引起多少回响的切恩倍感失望，选择回到家乡苏格兰，情绪抑郁且身体开始发胖。用他自己的话说，他"变得异常肥胖、呼吸急促、昏昏沉沉、无精打采"。[12]

切恩要同时与精神和肉体上的病痛做斗争，显然这两者是不可分割的。据他自己描述，他的体型已经达到了史诗级别：他的体重曾经一度高达448磅。持续遭受"剧烈的头痛、头晕、自卑、焦虑和恐惧"困扰的他，"感觉自己像一个被判了死刑的罪犯，随时都有可能被悬在自己头上的沉重行刑工具碾压致死"。医学史家推测，他可能患上了躁郁症，且同时伴有心脏骤停和哮喘。显然，至少对切恩而言，他所患的是一种令人焦虑不安的常见病，但却没能得到充分理解。那些年，因为抑郁症而选择自杀的人，特别是在知识分子和神职人员中不在少数。[13]〔切恩的朋友理查德·巴克斯特（Richard Baxter）牧师相信，女性尤其容易患上一种宗教形式的抑郁症，他认为这是女性"脆弱的头脑和理性与强烈的情感产生碰撞的产物"。想必切恩并没有向自己的朋友巴克斯特吐露多少心声。〕[14]切恩对那些遭受道德和宗教怀疑折磨的人深感同情，这让他陷入了一种潜在致命的危险。如果想要熬过这段人生中的至暗时刻，这位医生就不得不开展自我治疗。

我们可以确切地知道切恩是如何度过那段时光的，因为他在一篇名为《作者的案例》（"The Author's Case"）的文章中记录了自己的病状和自我治疗的过程，在当时，这是医学作家们最钟爱的题材。1733年，他将这篇医疗回忆录收在了他最成功的作品《英国病》的书后附录中。这就是启蒙运动对理查德·博尔顿（Richard Burton）的《抑郁症的成因》（*The Anatomy of Melancholy*）的回复。这本书是18世纪有关抑郁症的思考的黄金标准，无疑也是欧洲人普遍认为英国人总是自称"情绪低落"的原因。（哈姆雷特的困境可能再次证明了这一点。）《英国病》生动地描述了这个被抑郁症包围的时代的晚期景象，历史学家们已经将它与极高的自杀率联系到一起。切恩认为，英国文明的先进状态正使空前数量的英国人成为自卑的牺牲品——据他估计，约有1/3的人都在诉说着一种相同的慢性疾病，即抑郁症。英国的空气、肥沃的英国土壤、英国的贸易、拥挤的英国城镇，当然还

有夸张的英式奢侈品,联合起来从精神上和身体上击垮了英国人:

> 随着我们财富的增长和水上航路的拓宽,我们把世界各地都搜了个遍,集中所有材料来用于纵情狂欢、奢侈享受,刺激我们无节制地消费。富人和大人物的餐桌上(实际上,几乎所有阶层都消费得起)摆满了美味且丰富的食物,足以激起甚至使人沉醉于最大、最贪婪的食欲。我们之间最大的争执,似乎只是在于如何在这种丰富的物质条件中胜过彼此。[15]

切恩认为,奢侈无度给了英国的环境最后一击,这个国家正被它的影响淹没,注定走向衰落和疾病。

作为佐证,切恩指出了操纵牲畜以生产供应市场的肉类的诸多副作用。像科学家引证实验室数据一样,他展示了伊壁鸠鲁学派的追随者们如何威胁动物王国。在强烈抨击以自我利益为目的对待动物的行为时,切恩的言辞与他的潜在导师托马斯·泰伦如出一辙。以下是人类得到这种严厉控诉的原因所在:

> 动物们原本应该享受简单普通的生活,在适宜的自然环境中生长和进食,享受天然的滋养,然而,现在它们却被投喂那些几乎能让它们丧命的食物,企图把它们变得像以它们为食的人类一样贪吃;经过一系列的拖延、强塞食物、流血、跛足、焦虑、清肠和填塞各种非天然的、过度调味的食物,这些动物还没有成为患有精神疾病的人群的食物之前,疾病已经先一步在动物身上产生了。[16]

切恩所提倡的道德教训与他的饮食建议一样意义重大。当大部分18世纪的建议都将新鲜空气、舒适的环境、音乐、咖啡、锻炼、宗教冥想作为治疗抑郁症的合理手段时,切恩提倡我们加强自身道德修养和改善饮食习惯。只有从观念和饮食两个方面同时着手改变,才能彻底找到困扰高度发达的英格兰国家的痼疾之根源。[17]

对于切恩自身而言,通往牛奶和启蒙运动的道路带着抛弃和绝望。这位医生首先准备解决的是自己的体重问题:他不再吃晚餐,午餐也几乎不吃肉类,深夜的痛饮狂欢更加不复存在。他那些"酒肉朋友们"很快就发现他们的这位老朋友不再有趣了;用切恩的话说,这些朋友"就像深秋的落叶一般"迅速远离了自己。当这些人顾着自己"觥筹交错、把酒言欢时",切恩只能"独自熬过那些抑郁的时刻"。孤独只会让他的抑郁症越发严重。接下来,切恩为自己开出了接受乡村空气疗养的处方,这是一种"频繁呕吐、温和净化"的养生法,不时辅以药草混合物和矿泉水。他的疾病至少有一个方面开始有了转机:"我的身体好像夏天里的雪球一样开始融化。"他这样写道。但他的悲惨境遇还在继续。全面恢复还需要经历一个漫长的过程,终究还是需要一些精神和道德成分的参与,当然也少不了更加实质性的饮食上的自律。[18]

宗教启蒙让切恩开始考虑一套整体全面的治疗方案。正如一位历史学家所言,神秘的千福年说支持像切恩这样的人,认为他们是"所谓理性时代的巨大薄弱点"的一部分。[19]这位沉思的医生毫不费力地找到了其他志趣相同的阿伯丁人(Aberdonians),他们不仅拒绝奢侈,也反对过度冷血的理性。安托瓦内特·布里尼翁(Antoinette Bourignon)和珍妮·盖恩这两位讲法语的神秘主义者,在切恩的朋友圈中不乏大量支持者。这两位女性敦促自己的信徒们追求强大的内在和精神上的纯朴。她们同时反对当代哲学提倡的合理性;布里尼翁的追随者们将数学运算视为最大的敌人,这曾是切恩衡量真理的标尺。两位女性都强调一种神秘而朴素的生活方式,谴责感官刺激。布里尼翁在她的作品《坚定美德论》(*Admirable Treatise of Solid*

Vertue)中写道:"根据我们的经验,有太多人因为暴饮暴食,或过度食用不利于身体健康的食物而患病甚至死亡。"这个时代的宗教信仰,尤其是令人入迷的那种,靠的是清晰明确的肉体意识。她在她的书《世界之光》(Light of the World)的封面上警示道:"如果你不能小心处理世俗事务,你的身体将遭受成千上万的苦难、焦虑、疾病、不安、困惑、贫穷和匮乏。"[20]这对于一个努力寻求走出个人危机之路的人来说,是相当严重的威胁。禁欲主义的洗礼成功让切恩成为"英格兰最坚定的反奢侈运动者之一,甚至可以称得上是全世界最激烈的奢侈反对者"。[21]

果然,最终切恩找到了能够控制自己发作的良方:一种被称为"牛奶饮食法"的养生之道。根据切恩的描述,在一位牧师朋友的引荐下,他咨询了克罗伊登(Croydon)著名的泰勒博士(Dr. Taylor),博士本人通过单纯喝奶治好了自己的癫痫。切恩早就听说过牛奶对痛风、坏血病、肺结核等疾病"有奇效",但他想确认牛奶对他这种新毛病是否也奏效。"在隆冬季节",他骑行前往克罗伊登寻找这位好医生泰勒,制订了"满满一夸脱①牛奶"(作为他全部晚餐)的方案。泰勒跟切恩讲述了自己的经历:所有伦敦最好的医生都没能治好他的病,但现在,经过7年的严格执行牛奶饮食法,他"享受着人类所能拥有的最好的健康状态"。这种疗法还能治疗不少其他的小毛病。泰勒骄傲地表示,他的许多患者都对疗效相当满意,甚至有不孕不育的贵族通过牛奶饮食疗法成功生育了后代。自此,终于有一种价值极高的简单食物,比巴斯的矿泉水更加令人满意,又不会过于油腻或危害健康。单独饮用牛奶,可以启动停滞的身体系统,使重症病人重获健康。

---

① 夸脱(quart),容量单位,主要在英国、美国和爱尔兰使用,且在英美代表的是不同的容量。一英制夸脱等于2品脱,约合1.136升。——译者注

切恩返回伦敦,确信牛奶的功效已经得到了实证。切恩的病最终是否真的是由泰勒提供的方法治好的,值得怀疑:切恩的自我治疗饮食方案是严格按照托马斯·泰伦的健康手册上的建议来制订的。(泰伦甚至建议使用牛奶来治疗"肥胖症"。)在大城市中,确保稳定的牛奶供应可不是件容易的事;泰伦和他之前的墨菲特,大概都不会赞同切恩对居住地的选择。伦敦的牛奶女工出了名地爱往牛奶中掺水,每份牛奶中脂肪的含量取决于在给你配送之前有多少份牛奶被配送出去了。但是切恩一回到伦敦市,就明智地"以高于常规的价格雇用了一位牛奶女工,安排她每天为自己配送未掺水的高品质纯奶,满足他晚餐和早餐的需求"。作为牛奶饮食法的补充,他还会吃些"坚果、面包、根茎类和水果"。虽然在接下来的十几年间,切恩的体重和情绪一直在高低之间来回反弹,但他"只要身体健康出现重大变故,就会向老朋友牛奶和蔬菜求救,问题总能迎刃而解"。[22]

切恩将牛奶饮食疗法作为治疗慢性疾病万不得已的手段,但令人惊讶的是,从他的书籍和案例中,我们看到他无数次地将这一方法推荐给他人。1718 年,他迁居到巴斯行医,并在那里结识了许许多多从他的建议中获益的人。紧接着步入婚姻、生儿育女,切恩的高光时刻来临了:他发表了有关痛风的论文,后来又出版了《关于健康和长寿的随笔》(*An Essay of Health and Long Life*),并发现自己有了一大批追随者。正是在巴斯,他遇到了年轻的亨廷顿伯爵夫人赛琳娜·海斯廷斯(Selina Hastings),20 多岁的她正在为自己身患的多种疾病寻求良方。在切恩尝试缓解伯爵夫人病痛的过程中,二人建立起了坚固的友谊,互相交流对宗教事务的见解。她的许多病症都与妇产科相关,这大概是因为她持续处于怀孕状态、10 年内生育了 7 个孩子。医生和病人在这一时期的通信留存了下来,揭示了许多牛奶饮食疗法被运用到那个时代女性典型症状上的案例。

切恩建议:"在所有气候炎热的月份饮用乳清,只要身体状况允许就要持续用药,无论别人怎么反对,你都要坚持自己的饮食规则不受侵犯。"1733年春天,伯爵夫人5年来第一次没有经历生育。在此一年之前,切恩曾建议她采取"滋补饮食",食用白肉和"奶皮、黄油、新鲜奶酪、淡布丁、米饭和西米等",配上布里斯托水和牛奶。他料想到以夫人尊贵的身份,遵循这样的饮食原则可能会遭到朋友们的反对,但他告诉她不要被大众的意见左右。他向她保证:"以喂养孩子的方式来安排孩子母亲的饮食,我认为没有什么方法比这个更能让未出生的孩子身体强壮的了。"切恩指导她使用大量的牛奶制品和水来进行净化和"冷却"疗养,有一次甚至推荐她将"橘子、牛奶和烧酒混合制成的牛奶宾治酒作为最佳饮料"。还有一次,他建议她使用牛奶和温水来沐浴,还可以加一点白兰地以达到止痒的疗效。[23]

虽然我们对她具体的病症并不清楚,但在那段时间伯爵夫人写给丈夫的信件中,她表达了对未来可能无法再生育的担忧。已经生育了4个孩子的赛琳娜仍然想要将自己的生育能力维持在最佳状态。(她后来又成功生育了不止三次。)他们彼此深爱着对方,来往于这对夫妇之间的书信充满了温情。赛琳娜的丈夫在书信中称呼她为"我的爱妻",她称自己的丈夫为"我的珍宝"。而就切恩而言,他似乎也对赛琳娜抱有强烈的依恋之情,不止一次因为她偶尔不回书信而责备她。当赛琳娜身体状况还很虚弱时,切恩还劝她的丈夫将她留在巴斯;因此他们夫妻之间才会有书信来往。赛琳娜向丈夫西奥菲勒斯(Theophilus)伯爵这样写道:"老切恩医生向我保证,他已经将我的病例作为他的研究对象,他爱我,所以会尽他所有的医术来将我送回到你的身边。""早知道他会安排我沐浴,我可能早就来了,他说这是我将来还能够生育孩子的唯一机会……如果是以这种方式,我可能还会再想常住在这个地方。"[24]

对自幼接受宗教熏陶的伯爵夫人来说,那几年的日子十分艰难。

从切恩身上，她找到了能够进行精神交流的热切伙伴，这位医生还与自己的病人分享了他最爱的宗教艺术作品。赛琳娜在重获身体健康的过程中，想必也对自己的内心进行了更深层次的探索。这段治疗结束后，她皈依了基督教卫理公会，这一举动让那些早就被她的饮食规则撼动的旧相识们感到更加震惊。在她接下来的漫长余生中，她会倾注自己的全部热情去建立属于自己的卫理公派福音教会。

在伯爵夫人的案例中，牛奶扮演着双重角色：它一方面能够使生殖系统恢复功能，又将人体引入一种净化状态，带有一些禁欲主义色彩。虽然从信件中，我们可以看出切恩非常想让伯爵夫人只食用牛奶和蔬菜，但对此还是感到犹豫。他在一封长信中写道："牛奶是自然界中治疗坏血病唯一明确可靠的良方。"当伯爵夫人于1733年隐居到乡下来休养身体时，切恩向他介绍了不少自己的成功案例："你有三个好邻居——蔬菜、牛奶和那些住在你附近的我的病人。"他们当中有的人"完全依靠吃乳制品和瓜果蔬菜为生，只喝牛奶和水，且他的身体已经明显恢复，只需要再过一个夏天，就能痊愈了"。到1734年春天，赛琳娜病情加重：切恩的信件表明，她已经放弃了动物肉类，完全靠牛奶和蔬菜为生。作为对自己最优秀病人的奖励，他复制了一份最近收到的信件给她，这封信出自一位72岁高龄的素食主义者，"同时也是下议院的一位重要人物"，"感谢您鼓励我们坚持不懈、充满希望"。[25]

切恩通常会为自己推荐的治疗方案附上食谱，这为原本恭敬的建议提示增添了一些朴素的语气：

> 我在制作所有面包时都只选用香甜的牛奶和精制面粉，不添加任何盐和酵母，还会使用又快又高温的烤箱来烤制饼干，这样能确保它不会烤焦，又能烤出好看的棕黄色。2夸脱牛奶和半磅这样的食物就是农民的美餐。泰勒博士打了6个小时的板

第五章 对牛奶的喜爱及其成因 | 119

球,一天也才喝 2 夸脱牛奶。我早就把糖和黄油戒掉了,因为它们伤胃。

因为赛琳娜的病被切恩诊断为"热性坏血病",这种凉性的饮食是为了松解她的身体循环系统,将杂质排出体外。他的指导还包括了一种循序渐进的催吐方式,推荐使用吐根药酒和洋甘菊花茶,再用一根手指或羽毛作为辅助。这位伯爵夫人从未得到过如此详细的指导。[26]

切恩对伯爵夫人持续表达着关切,陪伴她挺过了下一个孩子在婴儿时期夭折的痛苦,也陪伴她经历了两次成功的生产。当热潮侵袭她的精神时,他向她保证,她"没有发烧,不必太过焦急"。放到现在来看,他的建议听上去有点重复啰嗦:"我恳请你一定要相信我,带着耐心,尝试一下乳清、牛奶、驴奶、坚果面包和坚果仁,但一次不要吃太多。"从他后来的信件中,我们不难看出这名医生和病人之间长年累月积淀下来的深厚友谊。在她的信件中,最后一次提到他是在他于 1743 年去世的前一年,她描述道:"他跟我坐在一起,像一位年老的传道者一样跟我交谈。"切恩没能亲眼见证他的这位饮食原则追随者迅速崛起为卫理公会这个不同教派的领袖,并于 1781 年脱离英国国教,最终组建了多达 60 个分部。成为寡妇以后的赛琳娜散发出了作为强大管理者和组织者的人格魅力,从她的诋毁者那里赢得了"卫理公会大主教"的称号。虽然她始终身体虚弱,但她活到了 84 岁的高龄。那时候,她的传记作者怀疑,她可能已经染上了鸦片瘾,切恩可能在早年曾允许她偶尔吸食鸦片。尽管如此,她能够长寿,牛奶这个"饮食界的福音"绝对功不可没。[27]

自启蒙运动开始,牛奶饮食持续存在,约翰·卫斯理(John Wesley)在他关于健康的作品《原始疗法》(*Primitive Physick*)中就表达了对这一理论的关注和赞许,这本出版于 1747 年的作品是当时广受欢迎的著作。这本出自卫理公会创立者的手册变成了实用建议的

"圣经",不光受到他的直接追随者的欢迎,在后来还陆续出现了好几个新的版本。(这也难怪,因为其中包含许多令人惊讶的创意性建议。比如伤风可以通过一种原始版本的维 C 疗法来应对:"小心剥下薄薄一层黄色的橘子皮,将里面朝外翻转然后卷起来,再往每个鼻孔里塞入一卷这样的橘皮。")切恩在卫斯理的书中功不可没,也验证了普鲁塔克(Plutarch)的一句格言:"人到 40 岁,要么是个傻子,要么成为自己的医生。"[28]

同样重要的是,切恩的智慧传入了伊壁鸠鲁思想的漩涡——法国,在 18 世纪 60 年代,至少有一间时髦的法式餐厅将牛奶餐饮尊称为"英式新风料理"。这样的场所提供的菜单,就像"餐厅"(restaurant)一词的字面意思一样:提供简单的餐食,帮助顾客恢复健康和体力。对于那些"肺虚"和"多气"的客人,餐厅为他们准备了用牛奶熬制而成的布列塔尼粥、味道美妙的米布丁、新鲜黄油和奶油奶酪。其中,米布丁是最受喜爱的,人们认为它是最佳的婴儿食品、包治百病的灵丹妙药,也被文人墨客当成最佳保养食品。[29]

像狄德罗这样胸部有病痛的人群,纯牛奶仍然是必要的选择。1755 年,正是狄德罗编撰他的代表作《百科全书》(*Encyclopédie*)的时期,他在一封给友人的书信中写道:"在我自己的事情上,我的情况一直很糟糕,现在仍是如此。但情况正在逐渐好转,为此必须付出的代价则是必须坚持服用一剂猛药:每餐只能吃面包、喝水和牛奶。早餐喝牛奶、午餐喝牛奶、下午茶也喝牛奶、晚餐还要喝牛奶。喝了不计其数的牛奶。"其他普通的知识分子更普遍的搭配应该是米饭配牛奶。到 18 世纪 80 年代,巴黎的咖啡馆已经将牛奶米饭列入了他们的常规菜单,在大革命到来之前,满足了一大批因为小册子战争而陷入地下生活的文人的需求。[30]

一方面是医疗与知识分子,另一方面是饮食与自然的碰撞——到 18 世纪的最后三四十年,一条通往赞颂牛奶文化的道路已经完全呈现在我们眼前了。对于牛奶饮食，欧洲大陆的医生们有一套他们自己的假想和期许。对他们来说，文明和自然之间的冲突可以通过新鲜的空气、健身锻炼和以牛奶与素食为主的简单饮食来缓和。瑞士的塞缪尔·奥古斯特·蒂索（Samuel Auguste Tissot）医生是神经医学界的权威领军人物，他曾用一整本书来探讨适用于文人墨客的健康养生之道，书中也给出了类似的饮食建议。这并非偶然，让-雅克·卢梭于 18 世纪 60 年代创作的浪漫小说《新爱洛绮丝》（*La nouvelle Héloïse*）是他最为畅销的作品之一，仔细的读者也会在书中读到对牛奶的赞赏。在这个关于恋爱受阻和自杀悲剧的故事中，书中人物找到了一种通过食用乳制品、新鲜水果和糖果的饮食方案来完成身体进化的途径。卢梭实际上是在宣传他的故乡瑞士的农家饮食习惯；这些亲近大自然而居的农民性格坚韧、吃苦耐劳。仿效他们的生活习惯无疑是一种抵消上层社会生活过度奢侈的有效途径。这些奢侈的生活方式会让贵族们生病发烧、虚弱无力。这种农民的饮食在 18 世纪六七十年代风靡各大巴黎餐馆，这也是启蒙运动历史上令人欣喜的讽刺之一。

在多种力量的共同作用下，乳制品和它的田园环境成为 18 世纪末最受瞩目的时尚品位焦点。文学和艺术领域对田园产生浓厚兴趣还要追溯到文艺复兴运动对这些元素的复苏，在启蒙运动时期，它们又进一步受到更广泛的青睐：事实上，"田园牧歌"发展成为理想的乡村环境的代名词是在 18 世纪。自 17 世纪开始，它的影响力和说服力从意大利辐射到了整个欧洲。这项运动影响到了每一个人，荷兰市民开始涌向市场争相购买田园风光绘画，英国和法国的沙龙主人开始将审美情趣转向田园牧歌式的凉亭。艺术史学家艾莉森·麦克尼尔·凯特灵（Alison McNeil Kettering）指出，田园牧歌不单单指的是牧羊人的歌声；它是"一种对待生命的观念和态度"。[31] 田园牧歌主题的艺术作品与牛奶有着相同的功效：它们为那些深受富裕和过度细致的社会规约束缚的人们提供了一剂解药。

生活同时也会效仿艺术：牛奶的生产场所奶牛场，一旦掌握到法国贵族的手中，就会变成一个幻想中的场所。这种理想化的建筑可以追溯到 17 世纪，坐落在法国人花园中的奶牛场是一个如同凉亭一样的"娱乐场所"。奶牛场是意大利文艺复兴时期室内洞穴的后裔，是另外一种以丰富的想象力重新塑造出来的与大自然进行亲密接触的场所。奶牛场可以将来访者带入一个自然原始的感官世界，那里仿佛就是供奉牛奶的神庙。[以法国尚蒂伊（Chantilly）一座已经不存在的奶牛场为例，它的房间内挂满了奶牛装饰画和献给女神伊希斯的贡品。]在这种模拟的奶牛场中并不需要引入真实的牛奶。虽然它们的选址通常会仿照真实的奶牛场，选在"阴凉的一楼接地气的位置"，但它的墙壁上镶嵌了大理石，吧台上摆满了各种瓷瓶和瓷碗，每一个都透露出与众不同的田园牧歌形象。玛丽·安托瓦内特①在凡尔赛的乡村隐居之所就有一座附属于酒店的奶牛场，它位于小特里亚农宫（Petit Trianon）的一楼。更精致的是位于朗布依埃（Rambouillet）的莱特利宫（Laitterie）的，它是路易十六在 1786 年赠予她的礼物。[32]

深受古希腊、古罗马和伊特鲁里亚先例启发的朗布依埃宫殿是名副其实的新古典主义艺术杰作。哺喂过主神朱庇特的山羊阿玛耳忒亚（Amalthea），一身牧羊人装扮的阿波罗，各种大理石浮雕装饰着墙壁，壁龛里陈列着设计精巧的牛奶冷却壶，许多塞夫勒（Sèrres）的瓷器套件摆满了柜台。[英格兰的韦奇伍德（Wedgwood）陶器公司也曾为勒兰西（Le Raincy）的一处奶牛场提供瓷器，还在 1786 年为拉维妮娅（Lavinia）的斯宾塞伯爵夫人（Countess Spencer）的奶牛场提

---

① 玛丽·安托瓦内特（Marie Antoinette）：法国王后，国王路易十六的妻子（1755—1793），死于法国大革命。——译者注

供过用品。]这样的场所为晚饭后散步去享用甜点提供了恰到好处的借口,曾有一篇来自尚蒂伊的报道描述了出游活动,包括伴随着音乐乘坐凤尾船顺流而下,前往一片仿造的乡间飞地。玛丽·安托瓦内特并没有常常使用位于朗布依埃的奶牛场,但为这个场所量身打造的酒杯在18世纪90年代的瓷器市场上成为人们争相抢购的大爆款;甚至在大革命期间,订单也源源不断。[33] 牛奶及其周边装备一直对欧洲贵族和富裕人群有着特殊的吸引力。启蒙运动拯救了这种野蛮人的食物,将它安放到一个由瓷器和纯洁构建的理想世界中。然而,这些关于奶牛场的幻象和它的真实本质之间存在着巨大的差距。在市场需求和人们对奶牛场工作的态度转变的推动之下,启蒙运动会如何侵入农村的牛奶生产领域? 这一切还有待进一步考察。

第六章
当牛奶成熟为奶酪

一位 20 世纪的作家曾经调侃道,奶酪是"牛奶向不朽的飞跃",而实际上这种想法已经存在了超过半个世纪之久。古人是懂得这个道理的,更重要的是,英国海军也懂。牛奶容易腐坏变质的特性大部分都来自它的脂肪含量:去除了牛奶中的乳脂制作而成的奶酪变得更有弹性,价格却反而更便宜。因此,英国海军在 18 世纪的鼎盛时期购买"经过三次脱脂的'天蓝奶酪'"(这是他们对萨福克本地奶酪的昵称)也就不足为奇了。这种奶酪有个更加广为人知的叫法——"砰",人们总是一边吃一边谩骂。"砰"最初的起源可能是拟声词,因为它还有一个别名叫"萨福克重锤",这大概是因为当人们坐在餐桌前,面对这么一块硬邦邦的东西,肯定会忍不住要做出捶打的举动吧。约翰·雷在 17 世纪创作的箴言之书中写道:"饥饿可以穿透石墙、穿透任何东西,唯独穿不透萨福克奶酪。"

在关于这种奶酪的诸多玩笑中最有趣的应该是这一个:"有一包装在铁皮箱子里的萨福克奶酪被装上了开往东印度群岛的轮船。船上的老鼠被奶酪散发出的香味吸引,将铁皮箱啃出一个大窟窿,最终却没能咬穿奶酪。"1758 年,来自士兵们的抱怨最终引起了菜单的变化,英国海军决定用格洛斯特(Gloucester)干酪和柴郡(Cheshire)干酪替换掉萨福克奶酪。它们都是"统一"的品种,尽管经过脱脂处理且价格低廉,可是在口感和质地上更胜一筹。关于萨福克奶酪的故事证明了一个食物传奇的长期存在,然而更重要的是,它表明早从这个时期开始，人们对食用奶酪的普遍标准就在不断提高。即便是海军，也不会满足于劣质的产品。[1]

18世纪，被制成奶酪是大部分牛奶的最终命运。这个时期，很少有人会像切恩和亨廷顿伯爵夫人那样直接喝牛奶，但奶酪却是每个人的食物：正如有些俗语所说，富人吃它来帮助消化，穷人以它充饥。在这个充满战争和饥荒的年代，饥饿戴上了一副制度化的面具：除了陆军和海军，医疗机构和贫民救济院也需要大量的廉价食物，奶酪正好能满足这种需求。虽然牛奶是一种十分脆弱的消耗品，奶酪却是位持久的旅行者。殖民主义者通过兵团和商人将这种商品带往全球，足迹遍布印度、加勒比海地区以及北美洲。面包和奶酪这两样"对抗死亡的利器"让数以百万计的普通民众免于挨饿。面包与奶酪这种无处不在的组合为到苏格兰和斯堪的纳维亚地区展开荒野冒险的上层社会旅行家们提供了必要的支撑，他们在新浪漫主义运动的驱使下到尚未开发的野外探险，旅途中只能到沿路的小旅馆寻求补给。

作为咽喉要地的伦敦，是各种各样的消费欲望的缔造者，也在塑造18世纪牛奶和奶酪的生产道路上发挥了重大作用。历史学家认为，从奢侈品到最基本的生活必需品，伦敦市场为英国经济的两个极端层面的发展均做出了贡献。城市劳动者每天都食用奶酪，以从柴郡和萨福克流入的廉价奶酪品种为主。1730年，有多达5 756吨奶酪从柴郡经由陆运送至伦敦；这还只占据了这座城市全年消费量的极小部分，因为通过海运和陆运从其他地区过来的奶酪更加不计其数。代理商们遍布各个乡镇，寻找各类奶酪货源，甚至在各个地域建立仓储货栈，从大大小小的奶酪制造者那里收购货品。买家同时也需要更高级一些的品种：制作成菠萝、鱼和树的形状的奶酪，它们大多色彩艳丽，有时还带有草本植物的芬芳气息。虽然整体产量有所上升，但由于人口的增长和战争影响，到18世纪末，普通奶酪的价格呈一路飙涨之势。这样一种普通的日常商品到18世纪90年代，价格涨幅达到了30%以上。[2]

随着新的需求形式的出现，人们开始探索改善农牧业经营的方式：英国绅士和更加谦卑的农民都做好了准备，打算充分利用价格的上涨和知识的进步。启蒙运动不仅为他们指引了前进的方向，还提供了一个平台，供他们探讨经过科学检验的、能实现产量最大化的方法。掌握奶酪供应的中间商也不甘落后，他们是连接制造者和消费者的纽带，事实也证明他们十分善于处理不断增长的市场需求。在那个市场营销开始向现代结构转型的过渡时期，他们的经营策略十分值得学习。在早前的几十年，各种环节之间暗中串通，向他们收购产品的奶牛场提供固定不变的价格。而随着农业的发展进步，预示着更加有远见的中间商开始尝试不一样的策略：他们将精力都花在生产者身上，强制他们在奶酪生产过程中采用更加可预见性、可以重复的制作方法。对于奶牛场这样的工作场所而言，这样的期望并不那么常见。在下面这些证据中，我们可以看到英国农场如何与这个全新的市场以及它的商业信使展开斗争。

"香甜而纯净"——这是市场期待良好的英国农牧业达到的清洁标准。正如一位家政行业的权威所言，这样的完美程度，"王孙贵族的卧室恐怕也难出其右"。为了方便起见，奶牛场通常都是附属在农家厨房旁边的一块神圣之地。女主人会要求她的助手们恪守同样的纯净度高标准。她们的鼻子和眼睛会时刻留意每一个细节，因为她们深知哪怕最轻微的偏差都可能导致黄油和奶酪的损失。深谙家庭智慧的著名诗人托马斯·图瑟（Thomas Tusser）观察到：

> 好的奶牛场带来快乐，
> 差劲的奶牛场败光你的财产。

第六章 当牛奶成熟为奶酪

> 好的主妇干起奶牛场的活儿从不用教,
> 她的优秀值得用黄金来犒赏。
> 差劲的仆人忽略女主人的教诲,
> 除了谴责,不配得到任何酬劳。

在这个宝贵的奶酪生产舞台上,只有专心致志的勤奋才最有价值。

乳制品制造被认为是属于女性的劳动,在农村环境中,它是主妇家务职责的一部分。18世纪,家庭是乳制品生产的最基本单位,普遍的认知是按照性别来进行劳动分工管理。乳制品相关的工作通常被认为是一种副业,是每天日常工作的组成部分,穿插在其他家务中交叉进行。如果只是需要投资买一头奶牛,那么还算是合适的,每个人都可能想要试着自己进行简单的黄油和奶酪制作,用于自己消费或出售。乳制品制作就像是纺纱织布工作的液态版本,适合所有需要工作的女性。当地有关贫困人群救助的记录显示,政府有时会将奶牛赠予单身或者守寡的妇女,这样她们便可以通过自己的劳动维持生计。在一个依靠乳制品行业支撑的社会,这些独立的生产者从乡村和附近的城镇人口中找到了销路。

更大规模的乳制品业则会带来更丰厚的回报。乔治·艾略特在《亚当·贝德》(Adam Bede)中估算了乳制品业在德比郡当地的价值:精明能干的波伊瑟太太(Mrs. Poyser)已经证明,"经营奶牛场的女性在赚取租金方面贡献巨大"。艾略特将小说的故事背景设置在富饶的乳制品产区伯恩地区(Ashbourne),这证明了她对自己故乡的充分了解,她将其称为"丰满肥厚的英格兰中部地区"。[3]然而对于以奶酪生产为中心的地区来讲,她对当地乳制品价值的估计还是略显保守了:18世纪90年代,一家萨默赛特(Somerset)的农场需要支付的租金为90英镑,而单单通过销售奶酪就能够获得的收益则高达175英镑。[4] 18世纪的德比郡东部农民们当然从这样有保障的高额经济回报中受到了鼓舞。有记录显示他们纷纷将自家的农耕地转型用于种植牧草,为饲养四五十头奶牛的大型奶牛场供应草料。在这些地区,妻子和女儿们是家庭经济来源的基础。与此同时,家庭中男性的工作则是照料牲畜、种植饲料作物和维修栅栏等,女性负责挤奶、制作黄油和奶酪。对家庭事业的高度奉献被认为是理所当然的,一个家庭的成长依靠的是不必付薪水的女性后代源源不断地提供免费劳动。事实上,如果一个家庭不幸只有儿子没有女儿,那么农民就只能选择从事不那么有利可图的畜牧业了。[5]

在英格兰的某些区域,如在西米德兰兹(west Midlands)的格洛斯特郡和柴郡,乳制品业的主导地位则更加明显。在这些地方,所有的资源都为牛奶及其副产品的生产制造服务,工作量远远超过了普通家务劳作的范畴。大型农场要雇用 6 到 8 个挤奶女工(平均一个女工负责 10 头奶牛),还要雇用大量工人来负责饲料作物的种植收割,还有一部分老老少少的男性来负责清扫和从牧场搬运牛奶的工作。威尔特郡(Wiltshire)最大的乳制品企业拥有 200 头奶牛,但绝大部分英国奶牛农场的平均奶牛数量大约是 20 头至 40 头。随着专业知识的进步,他们已经开始耕种芜菁和苜蓿,这些植物对于奶牛的冬季饲养意义重大。这些举措可以进一步提高牛奶的品质和产量,更重要的是,这使农民可以打破牲畜产犊的自然季节规律。如此一来,奶牛在寒冬季节也可以持续产奶,而如果按照自然规律,奶牛过了秋季就会自然停止分泌乳汁了。全年无休的牛奶生产需要对农田的使用进行十分精巧的安排,荷兰人的轮种制度就是基于这种目的。所以,我们在描述大型的乳制品农场时会用到"管理"一词也不足为奇,这说明,发展以市场为导向的乳制品业是一件十分严肃的事情。[6]

那么担任管理者的是什么人呢?即便在大型农场,绝大部分依然是属于女性的战场,在那里,"有资历的奶牛场女工具有极高的话语权,也非常受重视",一篇关于格洛斯特郡的报道显示,"人们认为,管理是一切的基础。哪怕同一家农场,在不同的管理之下,生产出的奶酪也可能存在天壤之别:即便只是更换挤奶女工,也可能会对最终的产品品质带来相当大的影响。"[7]许多大型农场都依靠男性管理者,但这些男性大部分时间都在与农田、机械设备和运输打交道,跟大宅院的管家没什么两样。然而我们应该知道,在乳制品行业做决策的天然本领,并不能在这样的个体身上找到。男性也许可以对牛奶生产过程中的某些要素进行调整,比如牧场的环境或冬季喂养等,但他们并不会挤奶,也不会检验和处理牛奶和奶酪。只有农场的女主人和协助她工作的女工们才能清楚预见到一切改善乳制品农场的举措所能带来的成果。

1750年以后的食品价格上涨给农业世界中的这个有吸引力的角落带来了不小的变化。随着人们对奶牛价值的进一步认知,农民期望可以通过奶酪和黄油获得更大的经济回报。许多人将自己原本种植燕麦和大麦的耕地改为种植牧草,扩大农场规模,或者单纯努力生产品质更好的乳制品。我们知道,这并不是某一家农场的个人行为,这是一种全社会生活观念转变的信号。在全国各地涌现的各种知识社团中,农业社团就如春季的番红花一样遍地盛开。我们从1770年1月东约克郡的准男爵迪格比·莱加德(Digby Legard)先生的一封书信中可以看到,好奇心展现出了绅士般的风度。迪格比爵士留意到,观察家和作家们对农业主题表现出了极大的关注,但他反对人们对他所在的社区进行失之偏颇的概括(考虑到它地处偏远,这些概括可能不大友好)。迪格比提议道,"每一个农民都可以对自己的管理方式侃侃而谈",这样一来,公众便可以从这些"可靠的"信息中了解到"管理牧场的正确方法"和"人工牧草"(比如在法国被称为"健康草料"的红豆草)的种植方式,不仅可以让牲口长势更好,也能让土地更加肥沃。[8] 1777年,在富裕的小镇巴斯,来自五个郡县的绅士农民联合起来,组成了"巴斯和英格兰西部联合会"。他们的宗旨是:"传播最具有公共效应的有用信息。"有一份研究报告热情洋溢地论证了红豆草在奶牛增肥方面的功效。来自艾萨克斯(Essex)的一位农民汇报道:"它对产奶量的增加有着让人惊讶的强大效果,产奶量可以达到喂养其他绿色饲料时的两倍。""而且牛奶的品质也更好,乳脂含量优于任何其他牛奶。"[9]

那个时代的社会观察家们创作了一系列被称为"农牧业之书"(Book-Husbandry)的文学作品,并且已经对英格兰的传统乳制品行业产生了明显的影响,这当中的原因我们不得而知。早在这场特殊的信息爆炸出现之前,"纯理论主义者"和"纯实践主义者"之间的争论就从未停止过,并且谁也没能干掉对方。奶牛场的环境呈现出的特点会遭到那些新的理性时代的代言人们的嘲讽和打击。那些推崇以可靠的方式生产有价值的食品的人不会容忍那些实践典型传统乳制品工艺的人。在学术圈人士看来,牛奶、奶酪和黄油的制作流程毫无疑问是不科学的。当文明农业的教授专家们开始尝试探究奶牛场的秘密,两种截然相反的思想体系开始进入我们的视野。由于改良者们的观念在接下来的世纪赢得了相当大的能量,所以我们在这里要对他们与奶牛场之间的矛盾进行一番审视。

"能言善辩的乳制品业专家"威廉·马歇尔(William Marshall)是一位著名的农业作家,他声称:"虽然他们会号称这件事情从某种程度上取决于天赋……但我们单独尝试了他们的做法,并没有达到我们想要的卓越成效,那么现在来试试两者相结合的方式也无可厚非吧。我拜访了许许多多有能力又有空闲的科学家,他们都十分愿意提供最大程度的援助。"马歇尔的格洛斯特郡之旅使他有机会与该地区最好的奶牛场女工面对面交流;然而这位流动的调查员仍然不相信这些行业领军的实践者已经完全征服了她们的事业。毋庸置疑,他得到的信息都是经过验证的,"这是一种有缺憾的技术",因为奶牛场女工们也承认,她们在实际工作中不可能"保持任何程度的确定性,更不用说达到完美"。马歇尔兴高采烈地宣布:"这项活动根本不存在什么原则性,它离科学性还有很长一段距离,是一种完全远离机械化的活动。"在这些批判性文字的最后,他补充道:"就现状而言,它算得上是一项难以琢磨的神秘本领。"[10]

马歇尔出生于约克郡北瑞丁区(North Riding)的自耕农家庭,声称自己拥有悠久的农耕血统。然而,当他在18世纪60年代移居到伦敦时,又开始看到了生活的另一面,在那里,年轻的他第一次尝试的是亚麻布买卖,后来又从事过保险行业,还为此远赴西印度群岛。20多岁时返回英格兰,马歇尔曾一度遭受严重的疾病困扰,病愈后顿悟:放弃经商,全身心地投入他曾经饱含热情的农业研究中去。继承家业与这一启迪时刻不期而遇,马歇尔将自己完全投身于另外一条人生轨迹之上。他成了一座农场的经营管理者,从中收获了许多实践经验,然后又代理了另外一座,在整个过程中,他一直致力于推广新型的农业科技。他提笔为政府赞助的农业研究专科学院和深度开展农业研究的地区写建议书,后来,他又建议组建了正式的农业理事会,这一想法为他赢得了不少的认可。但是,马歇尔始终没能赢过他的竞争对手亚瑟·杨(Arthur Young),这位对手更加活跃,且在农业领域享有掌控全局的权威声誉。虽然人们时常诟病马歇尔太拘泥于细节,但他爱争吵的名声才是影响他成功的关键。[11]

作为一名经验主义的虔诚信徒,马歇尔的策略是记录下农业生产实践活动中的所有细节,这样他就可以对整个过程进行细致的检查和修正了。他表现出了细节大师的本领,甚至留意到了房屋建造过程中用于黏住石头的水泥的构成成分,一个世纪前,它的成分还是道路肥料和粪便的混合物。他测量了谷仓和乳品储藏室,进入之后,又测量了奶酪刀手柄的长度、牛奶桶的直径和奶酪压制机器的重量。

当需要跟奶牛场女工讨论她的工作方法时,不屈不挠的马歇尔势必会遭遇一些挫败感。

马歇尔论证道:"奶牛场的作坊是专为女性准备的,众所周知,想要完全被允许进入这套仪式,需要一些兴趣和更多的谦恭。"调查者本人不可以被认为过分强调"性别",因为在 18 世纪,"性别"这个词就是委婉地指代女性。马歇尔年过六十才步入婚姻,在格洛斯特郡期间,三十多岁的马歇尔正是雄心勃勃的年纪,可以预见的是,他并没有多少耐心来应对调查过程中碰到的种种障碍。奶牛场就像某种原始宗教的祭坛,代表的是一种只属于女性的内部圣所。正如马歇尔描述的一样,农业应该受到赞颂,因为它是一种"公共事业";而相比之下,奶酪制作是一种"远离公众视线的私人工厂,是一门手艺,带有神秘色彩"。即便是农场的老板也不见得了解他们品牌奶酪独特的制作方式。这一事实大概给了沮丧的马歇尔一定的安慰。不管他搜集到的信息存在多少遗漏,至少他都可以为自己提供的庞大信息量感到自豪。他自称,他那本关于格洛斯特郡农业经济的书籍,是现存对该地区乳制品行业最详尽的描述。[12]

然而马歇尔知道,他创作的这些篇章实际上是一种皮洛士式的胜利①。乳制品行业的知识中带有某种十分特殊的属性,深深根植于某个地点或某个特定的瞬间,这与马歇尔的目标是相悖的。每一位女工都了解,她们操作的规则是基于"个体的实践",且她们"都有几个心照不宣的邻里伙伴"。[13]这是因为她们实际面对的操作对象是牛奶、黄油和奶酪,这些似乎都无法成为理性的解释和系统性分析的对象。奶酪制作呈现出一种十分晦涩不透明的挑战。在一系列漫长的流程中,每一个操作都是根据黏度和温度的微小变化来进行的,奶

---

① 皮洛士式的胜利(Pyrrhic victory),西方谚语,意为付出了高昂的代价换来的胜利,中文常译作"惨胜",带有《孙子兵法》中"伤敌一千,自损八百"的意味。——译者注

酪制作者们做出的调整，如果不借助任何现代仪器，是根本无法计算出来的。往牛奶中加入凝乳酶的最佳温度是"奶温"（严格意义上讲，就是牛奶刚刚离开奶牛乳房时的温度），而只有经验丰富的老手才能拥有感知这种恰当温度时机的能力。（温度计在当时是不易获得的贵重物件，且被认为根本没有必要，因为她们不借助温度计也可以成功制作奶酪。）而凝乳酶本身又是另外一种独特的神秘物质，即使在马歇尔之后的一个世纪，人们也没有完全了解它的性质。凝乳酶提取自小牛犊的胃液，根据不同的奶酪品种，采取不同的提取方式。凝乳酶的加入使牛奶和乳脂凝固成型的化学变化得以实现。农业学术期刊发现，凝乳酶是无尽的魅力和挫折之源。然而，后者并没有在我们这位启蒙运动的特殊人物身上过多呈现出来。

　　在奶酪制作中，地域和气候因素似乎也担当着某种不可名状的重要角色。关于地域因素，特异品质就是一切：本地的土壤和它们与牧草之间的相互作用、本地植被、地势地貌特征、动物产犊的自然节律、谷仓、放牧时间，所有这些都仅仅只是将一种奶酪区别于另外一种的诸多因素的一部分。而关于第二个因素，每一个季节、每一个不同的年份都会给农民和奶牛场女工提供一系列完全不同的自然条件。他们对这些因素采取的不同反应，直接对他们的土地和乳制品作坊产生影响，进而影响到他们的牲口，最终对牛奶的产量产生影响。如果某天早上收获的牛奶乳脂含量明显不如往日，或天气出现急剧变化，在接下来的 12 小时或 24 小时，女工和女主人必须做出一些微小但重要的决策。如果奶牛不小心在芥菜丛中吃了东西，那么女工必须马上从牛奶的味道中发现这一点，并及时把这一部分牛奶分离出来处理掉。事实证明，每一桶牛奶、每一瓮奶酪，都是一个充满问号的谜团。

　　对马歇尔而言，更加令他着迷的是牛奶转化为奶酪的各个阶段中蕴含的那些"细枝末节"。（相反，他最强的对手亚瑟·杨却选择毫不吝惜地忽略这些细节:"乳制品行业的那些细枝末节简直足够写满一本书,但其实归根到底都是些丝毫没有用处的信息。")14 每一个乳制品制作者遵循的都是不同的程序,有些是按照当地的习惯,还有一些则是更加个人的原创。在这档生意中,马歇尔被允许作为来访者考察全部流程,并使用自己的温度计来测量记录当天的所有环节。下面是马歇尔提供的连续五个早晨的记录的梗概,在这位"实验室管理员"的监控之下,呈现出一幅别样的风俗图景。

> 1783年9月2日,星期二……煮奶壶中加入一半凉的和一半热的脱脂奶,然后放在明火上一起加热到预期的温度……加入定量的凝乳酶。将所有东西均匀地搅拌混合到一起。温度计显示,混合物的精确温度是85华氏度。这个早晨相当暖和,还伴有一些雷声。奶酪被盖上了罩子;但是搬到了靠近敞开的门的位置。然而,不到40分钟,牛奶就开始凝固了:比我预期的要快很多:这大概要归因于当时特殊的空气状态……虽然这已经是我见过最嫩的了,但她们还是认为这份凝乳太粗糙、太硬了。

尽管马歇尔表达了他对凝乳的不同看法,但显然他是在克制自己对牛奶厂女工的评价。第二天的结果看上去双方都十分满意:

> 9月3日,星期三,早晨略感寒意。处理好的牛奶的温度是83.5华氏度。罩子只遮盖了一部分,与往常一样,暴露在外部空气中。凝固(牛奶)花了1小时15分。凝乳和乳清均匀混合后的温度是80华氏度。但没有混合之前,表层的温度只有77华氏度。凝乳看上去十分柔和娇嫩,品质相当出色。

在越来越多的证据的鼓舞之下,马歇尔开始在这种先前似乎神秘不可知的活动中看到了某种固定规律。

第三天,观察者的热情更加高涨。马歇尔察觉到,今天的凝乳和乳清的温度似乎与昨天是一样的,积极的精神状态从他批注的字里行间完全流露了出来:

> 9月4日,星期四。早晨气温很低,还有一丝霜冻。今天的牛奶加热到了88华氏度。罩子盖得更严实了一些;大门有一半的时间是关着的。6点半,一切准备妥当;7点半,凝乳开始形成;但直到8点,才充分硬化:总共耗时1.5小时。经过混合后的乳清温度为80华氏度!凝乳极为娇嫩。

第四天,马歇尔最钟爱的情况又进一步得到了验证,即数据的连贯一致性:

> 9月5日,星期五。今天早上,虽然天气温和,但凝乳却正好是80华氏度!这体现出了多么精准的判断呀!不管空气的状态如何变化,我们发现当牛奶完全凝结时,乳清的温度正好是80华氏度;这是在没有温度计或任何其他人工帮助的情况下完成的。但如果没有日复一日的实践练习、天生的敏锐洞察力和全身心地投入关注,是达不到这个效果的。

马歇尔此时被大自然与有经验的奶牛场女工之间完美的合作深深打动;从这样一个严苛易怒的评判者口中说出赞美之词,实在是太难得了。另外值得注意的是,他在描述女工劳作的过程时,用到了"技艺"一词。

在这样对表现的高要求之下,奶牛场女工的天赋也并不是万无一失的。最后一天,马歇尔获得了自己的胜利,并用大写字母在纸上记录道：

> 9月6日，星期六。这天早上，凝固来得太快了。乳清的温度直接达到了85华氏度(在凝乳被打破并搅拌之后)！凝乳"变得太过于粗糙和硬挺"。事实证明，光凭感觉还是靠不住的；自然判断在我们考虑的这项手艺上的不足之处在于：全凭经验和感觉的判断通常都是正确的，但却从来没有确定性。要想总是取得连贯一致的成功，那么一些科学的帮助是非常有必要的。

马歇尔口中的"科学的帮助"，指的是仪器。前一天，他还认为女工的直觉对温度相当敏锐，今天就降了一个等级，认为它是不可靠、易出错的人类感觉。然而，有多少成功的奶牛场愿意接受这种全新形式的知识呢？奶牛场女工似乎不会那么轻易地因为一个带着笔记本和温度计闯进来的人的意见而改变自己一贯的工作方式。如果"帮助"与金钱奖励挂钩，会不会更有号召力？这还有待进一步观察。[15]

这些奖励以及野心勃勃的人们准备为之付诸的行动，已经在地平线上清晰可见。马歇尔记录的18世纪80年代，的确是人们对乳制品的意识开始广泛觉醒传播的十年，英格兰市场对乳制品的需求量在这一时期不断攀升。除了奶牛场女工，其他人也开始从她们努力制造的"连贯一致的成功"中获益。

首先是奶酪代理商，他们长期以来都是遍布英国乡村的必要中间媒介。早在17世纪80年代，奶酪代理商们就开始在中部和其他奶酪产区采购奶酪，供应给如饥似渴的伦敦市场。大大小小的农场都要依赖这样的中间人，将货物运输传递到更广大的市场、机构体系或远方的零售商手中。尽管代理商提供的服务必不可少，但他们却很少受人喜爱。虽然他们从来没有通过官方渠道注册成为社会垄断机构(在当时，基于某些条件之下的垄断是被允许的)，但他们联合在一起行动，以便就处理贸易的方式达成一致。他们的价格设定和对市场的操作使农民处于非常不利的地位，这一切都需要地方治安法官来主持公道。送到国会的请愿书请求政府采取措施来制裁代理商们的狡诈手段，例如，对奶酪进行恶意囤货以哄抬市场价格，且拒绝返还任何多余的盈利给农民。[16]消费者们也意识到了这一点，开始加入抵制中间代理商的大军中来。1766年，德比郡食品价格暴涨引发了暴动，民众把愤怒的矛头指向了那里的奶酪仓库。郡长官们派出了特殊部队来保护这些货物，并且从伦敦奶酪商人那里收了两个昂贵的银杯作为报酬。奶酪卷入了一场更为广泛的普通民众针对食品供应市场的斗争，德比郡的例子完美地说明了民众对它的理解多么广泛：它是一种串联起了生产者、代理商、地方消费者和伦敦零售商的复杂综合体。[17]

那些年，乡村因为前来探访奶牛场的旅行者变得异常热闹：在威廉·马歇尔和亚瑟·杨这样的作家考察英格兰乡村的同时，约西亚·特瓦姆利(Josiah Twamley)等奶酪代理商们经商的脚步也踏遍了整个中部地区。特瓦姆利是一名能言善辩、自信十足的商人，他认为自己有不少有价值的信息需要与当代人共享，于是发表了一篇有关乳制品业的论文。在评价他的《乳制品行业示范或奶酪制作业务》(*Dairying Exemplified, or The Business of Chesse-making*, 1784)的意义时，我们难免对他的虚张声势付之一笑并持怀疑态度。然而，这本勇敢的小册子在英国出版了两版，且声名远播。1796年，它在罗德岛(Rhode Island)的普罗维登斯(Providence)重新出版，指导了美国早期最重要的乳制品产区纳拉甘西特盆地(Narragansett Basin)的发展。这表明书中的这些建议实际上是有用的；然而，就我们的目的而言，书中所描述的奶牛场是一个需要改革的领域，这也是它的价值所在。[18]

奶酪代理商同样期望奶酪的品质能够稳定，虽然这并不表示他们推崇使用科学手段进行辅助制作：他的生意需要持续稳定、品质统一的产品供应，传统的奶酪制作方式中难以避免的偶发性品质良莠不齐（甚至制作失败）是不利于他开展贸易的。特瓦姆利对自己采购路线上的每一家农场都十分熟悉，毫无疑问，打了多年的交道后，他对他的客户和他们的产品有着坚定的信心。像马歇尔一样，特瓦姆利也在自己的论文中表明，自己曾经试图在奶牛场女工开展奶酪制作时进行一些干预。他感叹道："我很清楚，试图指导或教育奶牛场女工们如何改进她们的工作方式，或指出不同于她们或她们的母亲一贯遵从的规则，是一项多么吃力不讨好的工作。女工们当然都是偏向自己母亲的。"当他提出自己的建议时，他能料想到女工们都是怎么看他的："他能对乳制品有什么了解？一个男人怎么可能懂做奶酪？"为了自我辩护，特瓦姆利表示自己"向许多郡县最优秀的奶牛场女工讨教过"，并不匮乏经验，虽然并没有多少人能听进去他的教学指令。实验性证据将再一次击败本地乳制品制作工匠的权威，而这一次是打着市场的旗号。[19]

当然，奶牛场女工已经服务市场多年，且通常都十分成功。她们对消费者的敏感性在那些闪耀着淡黄色光泽的黄油块中得到了充分的展示，比如，往这种天然产品中加入万寿菊花成分的巧妙行为。在格洛斯特郡，女工们也会往自己的奶酪中添加牙买加进口、郡县随处可以买到的胭脂树红香料来上色。虽然在过去，这种染色成分添加被认定为一种造假行为（我们可以回想一下早前对荷兰奶酪的指控，因为人们怀疑这些奶酪被涂上了羊粪来上色），后来，这种操作被上升到了艺术形式的范畴。到18世纪末，许多奶酪都是因为它们特殊的色泽和持续稳定的品质和口味而享有声誉。正如马歇尔指出的，"如果比起普通的金黄色，奶酪食用者们开始更加偏爱黑色、蓝色或红色的奶酪"，奶牛场女工们"也会不遗余力地满足他们的需求"。他的这种夸张表达并非用错了地方，事实上，手艺最好的女工们已经开始在朝着这个方向努力实践了。一篇卖弄学问但观点坚定的论文曾尝试向读者介绍,阿勒斯伯利谷(Vale of Alesbury)就有一位这样的女工,"自创了一套制作鼠尾草奶酪的方法"。像特瓦姆利这样的代理商应该懂得,奶牛场女工们是相当懂得随机应变的,这尤其是因为许多中间商甚至迫不及待地想要将染料卖给奶酪制作者,以此来支持她们的创新活动。[20]

但是特瓦姆利选择将奶牛场女工定位为未开化的落后族群,只会捆绑在一起恪守死板僵化的传统和分享彼此的经验。他的文章描述的几乎全部都是他在市场、集会、厨房和奶牛场里与女工们交涉的故事。在这些对话中,特瓦姆利将自己置于舞台中心的权威位置,而奶牛场的女工们只是他推进进步运动的天真附属品。他最感到不满的是,乳制品生产群体缺乏追求进步的兴趣。商人们表示:"生产乳制品的工人们总是抱怨没什么特别的奖励来促使他们努力生产出更好的奶酪,因为代理商们在同一片区域里采购奶酪的价格都是统一的,显然当中有些人做的产品并不如其他人,但仍能卖出差不多的价钱。"与其将这种现象看成是本地人对代理商们操控价格的怨恨,特瓦姆利更愿意将其粉饰为对市场的冷漠甚至反感。他坚信,中间商没有胆量评判一个女工制作的奶酪的好坏,因为这样很容易遭到她和她的同伴们的排挤。特瓦姆利无意间暴露了乳制品行业紧密的组织结构和对内部竞争的禁止。[21]

更糟糕的是,相比追求商业利益,奶牛场女工们更坚持睦邻友好的价值观。对这种观念冲突的生动描述出现在一次参观"我所见过的最糟糕的奶牛场"的经历中,在那里,特瓦姆利通过一系列的提问探查出了一个更符合本地八卦特色的故事,而不是奶酪制作手册。虽然他错失了许多他听到的内容的重大意义,勤勉的作者以他一贯的关注细节的作风记录下了这次遭遇,作为证明奶牛场女工"无能"的证据。

"我一进入乳制品作坊,"他回忆道,"我就对她说,这里让我十分不满意。"她回答说:"为什么呀,我敢担保使用的每一滴牛奶都是新鲜的,没人比我更能受这份罪,也没人比我干活儿更勤奋。"紧接着,特瓦姆利注意到了房间的另一边放着的一块奶酪,"它十分好看,形状也美观,外皮完整,紧实,丰腴,比其他的奶酪都要大一圈"。他问道:"这块奶酪怎么在那儿放着,我倒想听听它的故事。"女工回答道:"你是认真的吗?这可是块奇怪的家伙。"特瓦姆利告诉她:"如果你能确保生产出这样品质的奶酪,那么一块就能比其他的奶酪多卖出 5 先令甚至 10 先令。"直到这个时候,奶牛场女工才意识到她们从此要戴上另外一种职业的帽子,也许是护士,抑或是助产士。

"一天晚上,"她开始讲述,"我刚处理完牛奶,有个人突然跑进来对我说,隔壁邻居姑娘难受地直哼哼,你最好马上过去瞧瞧;于是我对一个新来的女帮工说,在我回来之前,你可千万不要碰这块奶酪,等我去隔壁瞧瞧马上就回来。但我没想到那姑娘的状况比我预想的要糟糕,我只能一直照料她到深夜。我想我的奶酪大概是要发酵过头了,但我总不能为了一块奶酪而对一个可怜的姑娘放任不管吧。当我半夜回到作坊,情况好像没有我想得那么糟,我马上把奶酪装进缸里,我心想,这块奶酪留着我们自己吃应该是不成问题的,但我从来没想过这样的奶酪还能卖得出去。"[22]

特瓦姆利像听学生背书的老师一样闭着眼听完她的故事,"这块奶酪应该给你好好上了一课吧?你有没有意识到,可能你处理其他奶酪的时间有点过短了呢?""是的,"她回答说,"认真想想好像是这个道理,但我声明,我之前从来没往这方面想过。"特瓦姆利对奶牛场女工和她的奶酪制作工艺的最后裁决是有些专横强制的。"简直是愚蠢!我一边这样想,一边离开了她。"尽管如此,作为一个老练的生意人,他还是利用了她的错误,用她的故事来说明独立的奶酪制作是如何迫切需要从后果严重的非理性中被解救出来的。[23]

特瓦姆利的浮夸之词预示着大量的新事物即将到来。是否具备频繁地对代理商们的需求做出回应的能力,是决定一个乳制品企业能否成功的关键。奶牛场女工根本不知道自己制作的奶酪会被卖到哪里,把掌控权完全交到了中间商的手里,只等着商人来敲开她的门,带走她的产品。中部地区那些独立的奶酪制作者如何能知道远在伦敦的消费者们的喜好,进而按照他们的偏好来调整她的奶酪制作环境,改进奶酪的口感?特瓦姆利知道,他最重要的终极使命是将消费者的喜好传达给奶牛场女工,使她们最大程度地满足这些需求。在他看来,理想状态下,最能适应的奶牛场女工会取得成功,他也会一起成功。商人应该"能够对最好的那些消费者的观念和兴趣进行引导和操控",正如他将奶牛场女工从黑暗引向光明开化。特瓦姆利兴奋地说:"在这条愉快的赛道上,我承认,我很高兴能见到许多我的老朋友和老邻居,为了服务于他们,我常常起早贪黑地忙个不停。"在激烈的竞争中,代理商和他们的追随者会浮现出来,在应对市场需求的过程中逐步调整和恢复。

在接下来的世纪,乳制品行业的革新一直在缓慢进行,由于观念的转变,越来越多的农民开始认同特瓦姆利的思维模式。经过启蒙运动时代的教化,妇女们在传统实践中并没有丢失多少念旧的做法。女性实践的手艺往往都根植于原始的自然环境,那里相对封闭,她们困在难以理解的无知状态中。在改良派和贸易商人的共同压力之下,人们对奶牛场的工作产生了新的看法,将其视为愚昧的女性手艺。在这个传统和保守的地方,改革者推崇经过精心校准的常规操作和透明度。奶牛场女工,特别是那些在大型农场干活儿的女工们,在接下来的几年应该都不会有机会反对这样的宗旨。虽然她们只是少数,但作为成功的农场主的太太,她们的声音还是偶尔有机会被大众听到。然而,乳品行业的大企业被迫改变管理和资本投资的方式,妇女的工作也不得不进行改良。甚至早在不那么强调农场主妻子角色地位的维多利亚时代之前,在公众眼中,女性与奶牛场之间的关系也发生了翻天覆地的变化。

在伦敦大街上充斥的各种商贩的叫卖声中,最出名、最有辨识度的当属送奶女工发出的类似"mi-ow"("牛奶到楼下啦"的缩略语)的叫卖声。一些当代人觉得这个叫声听上去很刺耳,还有一些人觉得它"不着调"。在我们熟悉的画家威廉·荷加斯(William Hogarth)的作品《愤怒的音乐家》(*The Enraged Musician*)中就包含了这样一个极具代表性的形象,乐队指挥的窗前有一群人在演奏,送奶女工一边叫卖一边从窗前经过,指挥显然对闯进来的这个嘈杂之音难以忍受,于是用手捂住了自己的耳朵。当我们审视这幅滑稽又混乱的场景时,女工的目光始终大方地注视着我们,典型的平民装扮的她看上去却特别纯洁正派,在她的威仪之上笼罩着一种不同寻常的矛盾感。荷加斯好像在描绘她头上的牛奶桶和胳膊上的肌肉线条等细节时碰到了一些困难。他应该已经意识到了女工异乎寻常的体力和耐力:她们每天早上三四点就要起来开始干活儿,顶着 70 磅重的牛奶走街串巷地为顾客送奶。借用 19 世纪的一部回忆录中的话来说,她们当中大多是"身体强健的威尔士姑娘或爱尔兰女性,伴随着空空的牛奶桶发出的响声欢笑高歌"。

实际上,荷加斯的处理体现了人们对她们形象的两种普遍认知,这些街道上的常驻民、服务于乳制品和家庭消费的名副其实的奴隶,也被大众的想象力进行了理想化处理。当代人每年在五朔节①对她们进行赞颂,称她们是联系田园牧歌和城市的花朵般的使者。荷加斯给出的暗示就体现在那名送奶女工的右手上,这只手优雅地抓着

---

① 五朔节,是欧洲传统民间节日之一。5 月 1 日是英国传统五朔节,是古代克尔特人的节日之一。——译者注

围裙边,仿佛在帮助她翩翩起舞。[24]

送奶女工和遍布英格兰乡村的奶牛场女工一样,都与长期受传统习俗支配的自然王国紧密关联。过去,在每年的五朔节庆典活动中,送奶女工作为日历上的季节性节律的主要代表占据了舞台的中心。送奶女工戴着用茂密的草场上采摘而来的鲜花做成的花环,因为草场为奶牛们提供着每日必需的营养。女工的身体仿佛是展示季节馈赠的橱窗。少女和鲜花蕴含着繁衍的能力,她们以一种最为丰满和积极的方式象征着阴性(或雌性),并与象征阳性(或雄性)的五月柱(Maypole)结合在一起。在乳制品(包括牛奶和朗姆酒混合制成的烈性饮品)的消费活动中,求爱游戏和"无止尽的暴饮暴食"将为这个传达出由奶牛、绵羊和山羊(当然还有多情的人类)缔造的用于赞颂自然馈赠和恩赐的节日画上圆满的句号。

到18世纪,五朔节的这些画面已经从伦敦的大街上消失了,取而代之的是一种延续了大半个世纪的另一种特殊习俗。根据英国历史学家查尔斯·菲西安-亚当斯(Charles Phythian-Adams)的描述,送奶女工的花环和牛奶桶在17世纪90年代到来之前已经发生了变化:女工头顶着一个银质器皿头饰——水壶、盘子和杯子——并搭配蝴蝶结和花朵进行装饰。一组女工在一两名乐手的伴奏下挨家挨户地跳舞,从她们的老主顾那里募集善款。1776年,一位美国观察家带着惊奇的心情记录了这样一个场景的细节,经过快一个世纪的演变,其过程变得更加精心和详实:

> 在万福玛丽巷,送奶的男女工人们又一次戴上了特殊的花冠;这是一个有七八层结构的金字塔,四面都镶嵌着大银酒杯,自下而上,每层的高度逐渐递减,在大银杯之间会有一个银色的小盘子,金字塔的顶端立着一个镂空雕刻的银茶壶,围绕着茶壶还有一圈各式各样的小盘子;所有的器皿都用花环、花彩和花箔

等进行了装饰,他们推着担架或手推车,向顾客募集一笔善款是每年固定的传统。他们头戴的这些装饰银器价值好几百英镑,是为了这个场合专门借来的。[25]

菲西安·亚当斯将这种转变形容为"打着庆典的旗号由职业团体进行的乞讨活动",与早前送奶女工在仪式上翩翩起舞所蕴含的乡村情调已经相去甚远。这种新型头饰出现的时机意义重大:到18世纪,牛奶的消费不再与时节的自然更迭捆绑在一起,因为通过人工牧草(比如苜蓿)和芜菁的添加使用,奶牛已经可以打破自然规律实现全年产仔哺乳。送奶女工头顶的那个高耸的容器上包含的银质茶具等物件暗示,现如今牛奶的用途已经不局限于烹饪和为了恢复健康而进行的偶然饮用:它已经成了时髦的饮茶和咖啡消费的良伴。按照菲西安·亚当斯的理解,送奶女工已经不再是引发城市居民"向往自然"的对象;取而代之的是,她们将家庭的象征从私人空间带入公众的视野。她们的代表性赏金——银器,取决于她们老主顾的善意,有时也取决于本地典当铺老板。[26]

伦敦的牛奶市场与它对奶酪的需求一样,代表着商品消费和服务消费的最前沿。这是未来商业困难的先兆,也是城市环境中分配牛奶的诸多问题的委婉表达。按照我们现代人的理解,牛奶的性质相当不稳定,是名副其实的细菌培养皿。小说家托拜厄斯·斯莫利特(Tobias Smollett)在他1771年的作品《汉弗莱·克林克》(*Humphry Clinker*)中有一段对科芬园①的牛奶的著名描写,彻底颠覆了纯洁的认知观念:

---

① 科芬园(Covent Garden),位于英国伦敦中部,中古时期曾是修道院的花园,15世纪重建后成为绅士居住的高级住宅区,后来成为蔬果花卉市场,以街头艺人和购物街区闻名。——译者注

牛奶本身必须经过检疫才能出售，因为它在生产过程中很可能沾上腐烂的卷心菜叶子和酸腐的渣滓，被添加的热水稀释，还有擦伤的蜗牛吐出的泡沫。牛奶装在一个没有盖子的大桶里走街串巷，暴露在每家每户的门窗倾倒出来的难闻废水中，行人的唾沫、鼻涕和烟灰从满是泥浆的手推车上溢出来，马车的车轮溅起水花，淘气的孩子们为了开玩笑还会往桶里扔泥土和垃圾，盛取牛奶的量杯可能已经被婴儿的呕吐物污染，又被直接放回牛奶桶中，接着为下一个顾客取奶；最后，从肮脏的褐色破布上掉下来的害人虫被粉饰成体面的送奶女工，负责出售这种"珍贵的"浑浊之物。[27]

对于那些负担得起的人来说，优质且新鲜的牛奶的供应能帮助他们从过度劳累和过度放纵中恢复过来。佩皮斯曾说："大量饮用牛奶可以缓解我的胃灼热。"然而后来，他吃了不少苦头，称自己"好像被大风抓住了肚子，不停地腹泻和呕吐"。这位乳制品爱好者是不是不小心喝了品质不好的牛奶呢？那么在斯莫利特笔下的那种在市场采购牛奶的普罗大众面临的又是什么样的状况？[28]

18世纪可以被看作高度活跃的消费文化的摇篮，对未来有着深刻的启迪意义。伦敦市民居住在一个高密度的复杂环境中；到19世纪，伦敦已经成为欧洲最大的城市，仅次于中国北京，位居世界第二。更重要的是，这座城市是全球帝国的中心，通过物质需求和欲望将遥远的地区连接了起来。再加上北方工业的日益繁荣，全世界都能感受到英国的经济实力。供应物美价廉、方便运输的食品的挑战，继续激发着这个工业帝国的热情，尤其是在未来有利可图的活动的原则变得清晰可见的情况下。乳制品行业必须大力发展，牛奶也必须远渡重洋。这两点应该是从18世纪启蒙运动中收获的最大启示。

第七章
家畜历史上的小插曲

在液态物质的历史进程中,一直有一个持续存在的问题:"为什么是奶牛的奶?"明明山羊普遍存在且饲养成本更低,羊奶也更容易被人类消化吸收,为何它没能击败竞争对手奶牛,成为人类食物生计的主要供给者? 当然,世界上有不少地区的确更倾向于用山羊奶来达到滋补的目的。在家庭消费领域,尤其是在偏远的山区,欧洲人和北美人饮用和加工山羊奶的情况比我们在食物历史上找到的记录要多得多。甚至在19世纪到来之前,得益于科学研究对牛奶的帮助,生性懒惰的奶牛就在成为"西方食物引擎"的竞争中脱颖而出了。那时候,牛奶已经成为西方饮食中的固定成分,更准确地说,是食品生产的固定材料。这种局面是如何形成的呢?

一部分的答案也许可以在牛科动物和人类历史的十字路口找到,这是对牛奶的未来至关重要的时间节点:奶牛在殖民地时期的北美登陆。17世纪至18世纪,欧洲移民带着他们独有的饮食文化来到这片大陆,动物畜牧业的演变也在这里聚集发生。从此,摇钱树一般的奶牛从一个成功走向另一个成功,与肉牛一样赢得了自己专属的品牌价值。作为基本食物需求的提供者,带着它标志性的行李跨越整个大西洋,这很难被看作一种偶然。公牛可以用来拉犁耕地、贡献皮毛和牛肉,而母牛则可以每年产仔,自然而然地也可以贡献它们的奶。在这里,动物也是一种财富的具象化体现,不仅可以移动,还可以进行转让:殖民者将他们的牲畜当作一种现金储备,以防严重的货币短缺会造成商业贸易的障碍。在牲畜中,比猪的价值更高,又比马更有声望的牛,为美国的自耕农预示了一条自给自足的中庸之路。

在北美历史上,这一事实的重要性影响十分深远:这一"多用途生物"(这一概念由阿尔弗雷德·W. 克罗斯比提出)的成功移植开启了欧洲人对土地和牲畜的观念进行更长期扩张的进程。特殊的财产法令、劳动力的调配,还有最重要的就是开始高度重视与奶牛相关的有利可图的企业和贸易。这些价值观所支持的饮食制度推动了北美的殖民实验。而成果——也就是身体强健的美国人——按照后来观察家们的说法,证明了这一计划的有效性。

然而,牛奶还并没有成为一种人人赞颂的液体,美国人热情地将牛奶引入他们的饮食,只能被描述为饮食机会主义。当移民定居所面临的挑战使人们意识到了基本食物供给和自然环境的重要性,牛奶就像是一位戏剧中的候补演员,在殖民时代成功满足了某些关键时刻的需求。牛奶的地位真正上升到显著的位置,前后经历了好几个世纪,直到 19 世纪,创新的崛起、新的科学知识和企业家精神的出现才真正完成这一历程。然而,在殖民时代的头两个世纪,这段历史的关键面貌已经清晰可见。一种现代西方的液体营养获取方式正式在北美形成。

当西欧人踏上前往美洲的旅程,他们随身携带了牛。哥伦布在第二次航海时,携带了许多本土的动物和植物,并在中途停靠加那利群岛(Canary Islands)时,从岛上打包带走了小牛犊、猪、鸡、橙子和柠檬作为补充。根据记录,牛会被吊在吊索上,因为船的倾斜会导致它们摔倒,并有折断四肢的风险。西班牙人在前往加勒比海和墨西哥地区的冒险之旅中很少会带乳制品,因为入侵者的饮食习惯不同,而且他们通常遭遇的都是炎热又干燥的气候。早期从西班牙过来的移民大多更加重视牛的皮毛和肉的价值,但大胆的征服者不太可能完全放弃探索制作乳制品的机会。还没有等到英国、荷兰和瑞典的移民来到北美北部地区定居,"牛奶"一词就已经在这个新世界扎下根来。

在殖民地时期的美国,牛是财富的象征。1619 年,弗吉尼亚州的新国务卿约翰·波利(John Pory)认为有三样必须的事物可以"让这片殖民地在几年后臻于完美":"英式耕犁、葡萄庄园、牛"。这就是《圣经》中三位一体的另一种模糊的形式:人造装置、伊甸园般的植物生命、定居者必要的伴侣。一切似乎预示着注定会迎来丰硕的回报。波利的脑海里首先想到的应该是在耕作肥沃土地时必然会用到的公牛。波利预言:"我们必将从土地上创造奇迹。"他对丰厚回报的构想需要从丰富多产的自然环境向哺乳动物的多产环境转换。"不管是公牛还是母牛,在这里都能茁壮成长,还包括猪和山羊,总之(原文如此)就是第一次被带出英格兰的物种,它们的状态都非常好。"波利愉快地汇报道。[1]

早期美国人对不费吹灰之力就可获得富足的向往是我们都熟知的故事:各种各样的动植物让北美的食物图谱呈现出丰盛之至的景象,待到时机成熟后,牛也很快步入了这幅画面。巴尔的摩勋爵认为,对移民定居者来说,"数量庞大的"野生动物"与其说能带来好处,不如说是一件令人烦恼的事"。这里到处都是四处劫掠抢食的野猪和野鹿,还有成群的野山羊和猛禽,以及出奇地不那么具有侵略性的黄鼠狼。[2] 约翰·哈蒙德(John Hammond)列举了一份在马里兰和弗吉尼亚具有富裕潜力的名单。他指出:"食品是不可能匮乏的,因为河流和树林都能供应,而且这里到处都是公牛和母牛,可以产出肉牛的肉、小牛肉、牛奶、黄油、奶酪和其他拼盘杂烩,也有大量的猪和猪肉,能制作培根和各种香甜咸鲜的肉制品。"[3]

在没有灌木篱墙和栅栏的情况下,德拉瓦(Delaware)勋爵对牛在雪地里吃草并茁壮成长的能力感到十分惊讶,因为"它们很多在生牛犊时就准备好要倒下;对我们的人民来说,牛奶能够提供充足的营养,帮助身体恢复,不仅是偶尔用来治病,也会当作食物来饮用"。[4]这也不失为一种有效的手段,可以将肥沃的土地转化为对贫困的定居者有用的液体补给。来自欧洲的入侵者们迫不及待地将自己置入食物链之中,以"庞大的奶牛群和野牛群为食,它们既十分适合用来当作驮运重物的牲口,也很适合食用"。[5]

事实上,殖民地时代第一批定居到弗吉尼亚的殖民者的首选是通过种植烟草来迅速累积财富;只是在经历了 17 世纪 20 年代烟草价格的迅速繁荣与萧条之后,他们才将目光转向牲畜,并对其倾注了极大的关注与精力。用历史学家艾德蒙·S. 摩根(Edmund S. Morgan)的话来说,在切萨皮克(Chesapeake)地区,"粗俗的人群居住的粗俗社会",为了确保迅速致富,他们"甚至都没有种植足够的粮食作物来确保自己的温饱,而是选择种植烟草,好像他们的生活都依赖于此"。[6]而事实证明,他们依靠与印第安人的交易来获取粮食作物这一做法是灾难性的。我们从约翰·史密斯船长的记录中可以一窥弗吉尼亚的定居者们遭受贫困与饥饿的惨痛经历;而"食人主义"的出现暗示着他们当时的境遇可能比船长的文字记录还要更加惨烈。书中对于屈辱经历的描述读起来仿佛是《圣经》中对道德品质的考验故事,殖民地居民沦落到只能依靠印第安人土著的施舍和同胞之间的相互救济生存。史密斯给予努斯船长(Captain Nuse)极大的赞赏,因为他"会根据情况无私地分发一些牛奶和大米;说他无私,是因为我知道在那种情况下,就算拿着钱也没有地方能买到这些"。[7]

在这片新世界的动物寓言故事中,牛奶仍然是一种谦卑的寻常之物。在早期的殖民主义思想中,尤其是在来自英国的定居者中,提到获取动物蛋白的途径,通常都与牛肉挂钩。是詹姆斯敦(Jamestown)镇的先驱们第一次将它下降到了牛奶和大米的级别。在史密斯的记录中,经历了种种磨难幸存下来的团队成员在殖民地继续生存,他在高度赞扬种植烟草的同时也没完全放弃种植玉米的弗吉尼亚居民,因为他们因此在牲畜畜牧业上得到了回报。我们从他对一种本土菜肴的描述中可以看出,尽管在当时的殖民社会,烹饪和食品都存在等级制度,但是牛奶似乎已经征服了所有人的味蕾。17世纪20年代,他写道:"奴隶们普遍以牛奶玉米粥为主食,他们将印第安本地玉米捣碎后煮至浓稠,再加入牛奶调味。"他又补充道,"但是,如果在熬煮时就加入牛奶的话,就是最佳的美食,连肉都比不上它。"也许曾在艰苦时期帮助他们度过难关的牛奶对他们而言有某种特殊的情感加分,即便过了100年,也依然是如此。罗伯特·卡特(Robert Carter)回忆道,在18世纪的切萨皮克,"蜂蜜、牛奶和玉米粥是弗吉尼亚人在炎热夏季的主要食物……因为一年当中的这几个月,他们弄不到肉吃"。无论是好还是坏,美国人对牛奶玉米粥的偏爱从此便建立起来了。[8]

早在殖民地刚刚建立起来后的三四年,1610年或1611年,弗吉尼亚人实际上就已经引进了家牛。1612年,上百头的"雌牛"(可能是公牛、奶牛和小母牛的杂交品种)通过6艘船运抵殖民地。运输一名成年男性移民的平均费用大约是14英镑,而运输一头牛的成本是10英镑至12英镑。我们很难想象,一艘17世纪的轮船要如何满足这些食量惊人的动物在船上的食物和饮用水需求,但事实一次又一次证明这都是可以办到的。事实上,跟北美的狼群、严寒的冬日气候,还有本土原住民爆发的抵抗相比,船上的温度和安全性可要高得多了。一旦这些牛群被放回陆地上,它们就开始兑现美国人的承诺了:开始大量繁殖。到1627年,约翰·史密斯猜测(或者说夸耀),这片殖民地上的各种牛的总数量已经多达2 000头。短短两年后,这个数字又增加到了5 000头。这些牛科动物移民还是一种隐性的传播运输工具,从船上被铲下来堆放到美国海岸的牛粪便,无意间将英国的牧草物种传播到了这片新土地。殖民者经过好几代人的努力才成功大批量种植出最适宜用于冬季喂养的饲料作物,但一个全新的开始在沿港城市的海岸线悄悄发生了。[9]

在新英格兰移民的想象中,北部地区无边无垠的广袤土地与这种熟悉的四足生物简直是天作之合,是相当值得投资的产业。承包商们争先恐后地将品质优良的英国牛送往殖民地,其中大部分都是母牛,因为公牛已经迅速通过自然繁殖满足了供应。整条船只满载而来,有时直接出售,有时会直接与殖民地签约,再由当地的组织转租给新的移民。虽然从家乡来的运输船只并不算少,但北方人对这些牲畜的渴望似乎无法得到充分满足。以 1634 年为例,停靠马萨诸塞湾的两艘轮船带来了"约 200 名乘客和 100 头牛"。约翰·温斯洛普(John Winthrop)的《日志》中记录了由牲畜引发的多次争端。有定居者反映,沃特敦(Watertown)和罗克斯伯里(Roxbury)的环境相当"糟糕","牛的数量增长过快"已经让居民们感到拥挤不堪。随着时间的推移,篱笆栅栏拔地而起。到处闲逛的牛群反复糟蹋农田和花园,然而在这起争端中,出台的相关法律却站在了牛的一边:土地所有者有责任保护自己的财产不受动物侵害,而不应该把责任推到动物身上。[10]

然而,英国人并没有好好珍惜他们的牲口所拥有的乳制品潜力。回到英格兰的牲口们都因为在冬季疏于照料而骨瘦如柴。定居者们在畜牧业上也做得不够好:即便是在下雪天,他们也只是简单地任由奶牛到处闲逛、自由觅食。17 世纪 80 年代,一位牧师从詹姆斯敦往家乡写信时,对弗吉尼亚人的疏忽大意表现出了极大的蔑视:

> 他们贪婪地圈定一大片土地,让他们饲养的牲畜在那里肆意奔跑。晚上,这些牛群像我们的绵羊那样被关进牛圈里,早上,它们又自己冲出围栏,在广袤的土地上喘着粗气奔跑两三英里,给它们准备的牧草总是分散在各处,它们在找到放置好

的食物前已经累得筋疲力尽。牧草永远会保留一部分,留有限的部分给牛食用,这样可以确保他们以最小的付出获得最大的利益。[11]

弗吉尼亚的农民用养猪的方式来饲养奶牛:他们认为这种四足生物天生具有四下搜寻食物的本领,可以通过努力实现自给自足。而事实证明并非如此:他们手上的这些不怎么勤勉的"牛奶工"在定居到殖民地之后不久就死的死、病的病。那些幸存下来的奶牛除非十分幸运地在野外觅食时吃到了营养丰富的山黑麦或其他野草,否则产奶量也十分不理想。据说,定居者们会在冬天严寒时节随便丢给它们一些干草,这根本不足以支持奶牛们储备足够的营养,从而在春天产出丰富的牛奶。

当然,拓荒定居者们还是掌握了一些基本的生物学和生态学常识的,但他们对于美洲广袤的原生态植被的信任有些过于盲目偏激了。在美国独立战争前几年,北美出现了一种以牛奶命名的疾病,这便是最好的铁证:定居者们称这种病为"乳毒病"或"牛奶病",最早出现在北卡罗来纳州附近的山区,后来这片地区也被冠上了"牛奶病村"的标签。整个阿勒格尼山脉(Alleghany)西部,从佐治亚(Georgia)到五大湖区(Great Lakes),都记录了这种疾病的暴发。一开始,人们叫它"震颤病",感染了这种病的牛和饮用了染病奶牛的牛奶的人都深受折磨;它会引起精神不振、浑身颤抖、厌食等症状,严重时甚至会引起昏迷和死亡。在19世纪前半叶,由于这种疾病的蔓延传播,人们对整个印第安纳和中西部地区都避之不及。据美洲原住民讲,这种病毒的根源是一种白色的蛇根草,它普遍生长在上述地区的野外丛林之中。除非奶牛们被给予充足的草料,否则它们四处奔跑觅食,难免会因为误食这些有毒的植物而死亡。[12]

事实证明,新世界是一个显而易见的科学实验室:殖民时代见证了一场达尔文式的养牛实验，来自不同地域的殖民者都将他们最爱的奶牛从家乡故土带到北美这片土地上来。1621年，具有先进的乳制品意识的荷兰人在曼哈顿岛建立了立足点，4年后，他们最引以为傲的高品质荷斯坦乳牛成功登陆。这些牛群被搬迁安置到"一个牧草丰茂的更为便利的地方"，现在的中央公园有一部分就是当初的那片牧场改造而来的。1626年，又一船奶牛运抵，然而就连荷兰人也未能幸免于面对自己的牲畜被不明原因的疾病击倒的情况，有时甚至同时倒下20头。在接下来的20年间，接连不断的牲畜损失迫使荷兰人不得不开始向英国人购买牛，但这不仅仅是因为英国人"拥有更多的牛"，根据当时的记录：档次较低的英国乳牛对照料和营养的需求显然没有荷兰乳牛那么高，后者明显"更麻烦，需要更高的维护费用和更多的关注"。由于这里的冬天风雪交加，冬季草料短缺，英国牛在生存竞争中自然更容易胜出。[13]

尽管移民定居者们对新大陆的富足有着固执的信念，但他们很快就意识到，大自然还需要一双援助之手。在欧洲人入侵北美大陆的过程中，一种相当原始的性别类型学被运用到了食品消费上。在定居者人群主要由男性组成的地区，以狩猎为主的觅食活动使肉类成为饮食的中心组成部分；而那些定居者中存在女性或以家庭单位移民定居，生活在农牧业发展良好的地区的人，餐桌上的蛋白质来源则会更加丰富一些，牛奶、黄油、奶酪等食品都被引入日常饮食。乳制品在西班牙人定居者的饮食中并不常见，可能是因为在他们的殖民队伍中缺少有乳制品制作经验的女性。在以英国人、法国人和荷兰人为主的北方地区，女性和奶牛的参与让一切都变得非常不同。勤勉的新英格兰人最终过上了"舒适的生活"，这要求他们对气候和地形格外注意，并要求他们掌握相当程度的农业技术。

家畜和加工制作相关副产品的女性，代表了在殖民冒险中至关重要的技术和道德指标：他们属于一种文明开化的农业模式，以围栏为界，并采用劳动密集型战略。威廉·克罗农（William Cronon）在他关于新英格兰生态转型的研究中表明，英国人骑在牛背上通过法律辩护提出了他们对这片土地的主权（重新定义为他们的私有财产）。约翰·温斯洛普（John Winthrop）指出，美洲原住民从来不会"声称拥有任何超过自然馈赠的东西"，因为"他们从不圈地，也没有用驯养过的牲畜来改良土地"。农业应该向追求乳制品的方向拓展。美洲原住民没有进行过任何这方面手艺的实践活动：男人负责狩猎捕获动物，女人耕种土地。在殖民定居者眼中，这样的劳动分工方式与他们自己的模式比起来，显得相当原始。（一位新英格兰殖民者这样写道："他们把妻子当奴隶来使唤，要她们承包所有的活儿。"之所以会有这样的看法，是因为他们看到原住民的妻子们即便在夏季最炎热的时节也会在田间埋头劳作。）虽然努力制作乳制品的殖民地女性清楚地知道这是一项耗时费力的工作，但这项工作本身已经被归属到家务劳动的范畴，是一名贤惠的家庭主妇需要操持的诸多家务的一部分。值得注意的是，在这些情况下，那双促成进步发展的无形之手并不属于神圣的造物主，而是属于殖民时代的女性，她们为家庭生存做出的贡献值得大加赞赏。[14]

有两个重要的进展都是基于殖民地生活的这些基本事实发展而来的，两者都对牛奶的历史产生了深远的影响：其中之一是牛奶成为殖民地饮食中无处不在的元素。他们对牛奶制品的奢侈使用反复出现在那个时代的回忆录当中。其中有一部分可以归因于英国丰富的乳制品传统，这在我们阅读过的早期英国烹饪书籍中可以得到证实。然而，一项针对日常饮食习惯的研究结果显示，美国的情况有所不同。在这个到处都是小型农场的社会中，各种现成的动物制品在饮食习惯中发挥了万有引力般的作用。美国殖民者的饮食习惯接近苏格兰或法国的农民，但有一点不同：他们能从更加广袤的土地和牲畜身上获得更大的优势。这大概也是新大陆移民们饮食中乳制品

(和肉类)更为丰富的原因吧。

随着时间的推移,殖民者学会了如何最充分地利用他们的奶牛来获得丰富的食物。新英格兰人和弗吉尼亚人通过了一系列的法令来要求土地领主们搭建围栏,奶牛从此也得到了更加系统化的饲养。在这些地区,牛棚和奶牛舍随处可见。挤奶的工作也做得更加细致谨慎,然后再把获得的牛奶送往城镇。通过阅读当时的回忆录,我们了解到,许多新英格兰人和一部分切萨皮克的居民每天在早餐和晚餐时喝两次牛奶,必不可少。每天的第一餐通常包含热牛奶和面包,在17世纪的后半叶,又增加了咖啡或者茶饮。在农忙季节,从地里结束劳作回到家中的人通常都会吃上一大碗牛奶和面包来充饥。在春季和初夏时节,当腌渍过的咸肉开始出现短缺,黄油和奶酪就会成为必要的蛋白质的补充来源。

回想一下,在17世纪,乳制品是新的生长季节的助推器,当大多数其他形式的食物枯竭时,它提供了一个必要的桥梁,通向物产更加丰富的夏季。因为奶牛无处不在,新英格兰人意志坚定,殖民者们很快就能在冬季享用牛奶了。有个别记录显示,他们在12月和1月也能喝上牛奶。1704年12月的一个夜晚,莎拉·肯布尔·奈特(Sarah Kemble Knight)在纽黑文市(New Haven)附近躲避暴风雨时,她抱怨主人家里"除了牛奶什么都没有"。[15]这肯定不仅仅是解决储存方式的问题,因为在17世纪后期,池塘冰块的交易异常活跃,储存问题已经得到了解决。费城贵格会(Quaker)教徒伊丽莎白·德林克(Elizabeth Drinker)在她的日记中留下了一段多余但十分有意义的记录:"1777年1月31日,移交了小牛犊:于是我们也第一次获得了我们家奶牛产的奶。"[16]在这里,人们通过人工操控奶牛和新生牛犊的方式来在冬季获得牛奶。此外,如果我们接受费城社交名媛安·利文斯顿(Ann Livingston)在日记中的建议,牛奶就不会被降级为二等食品。1784年1月的一个寒冷冬夜,她记录下了愉快的晚餐经历:

"玉米粥、牛奶、肉馅饼,真是个愉快的夜晚。"她对"上好的奶油甜酒"的喜爱证明,乳制品还有更加高等级的使用方式。在寒冷的冬季连牛奶和肉类都能轻松获得,其他的东西就更不用说了。[17]

对本土植物的成功适应意味着牛奶将会被融入更多新的饮食方式中。新英格兰人开始享用印第安玉米制作的面包,这种食物迫切需要一些能起到润滑作用的饮品来帮助它易于咽下。1672年,《新英格兰稀有物品发现》(New-Englands Rarities Discovered)的作者在书中介绍道:"这种面包很容易消化,英国人把它做成火炬松的形状,配着牛奶玉米粥一起吃。"[18]艾美利亚·西蒙斯(Amelia Simmons)于1796年创作的《美式烹饪法》(American Cookery)是在北美出版的第一部由北美女性写作的烹饪书籍,书中介绍的食谱后来成为新式烹调的标杆:"美味印第安布丁""玉米饼"和"印第安薄煎饼",每一种食物的制作都需要用到大量的牛奶。糖浆和香料的添加让这些菜肴十分美味,各有各的独特之处。

苏珊娜·卡特(Susannah Carter)在新版的《节俭的家庭主妇》(The Frugal Housewife,1772年首次出版)中或多或少重现了一些英国烹饪方式,她公布了一份附录:"里面有几份适合美国烹饪方式的新菜谱。"虽然卡特补充说"如果你没有牛奶,可以用水来代替",但我们可以发现,在这里,牛奶再一次发挥了重要的作用。她写的玉米粥菜谱(玉米粉加水)表明,所有殖民地的饮食并不都是一样的。但是与《美式烹饪法》当中的菜谱相似,牛奶以品脱或夸脱为单位反复出现,推荐其作为寒冷天气的饮品和体弱者的食物。没有哪个家庭可以长期离开牛奶。[19]

美国人的待客之道也需要相应的菜谱,我们可以从艾美利亚·西蒙斯在她的《美式烹饪法》中加入奶油甜酒这一点得出这一结论。在宴会的准备工作现场,我们时常能看到家养奶牛的身影。有了它的副产品,使用家庭烹饪设备时就能为烹饪增添几分奢华:"用新鲜现挤的牛奶来制作品质绝佳的奶油甜酒。"与我们现代概念中的高端料理不同,它的引入强调的是新鲜的就是最好的。她开始介绍道:"用两倍精制的砂糖加入苹果酒,再加入一些擦碎的肉豆蔻,然后开始从奶牛身上挤下新鲜的牛奶加入这杯酒中。"这一项操作通常由女主人来完成,因为需要判断"到底加入多少牛奶才是最合适的量"。最后一个环节是大量加入"你能弄到的最香甜的奶油"。也许新式烹饪方式最奇特的地方在于,它再现了中世纪的英国庄园,在那里,没有那么多的禁忌限制,不那么优雅的奶牛出现在现场也不会令人感觉不舒服。[20]

对美式烹饪传统做出巨大贡献的多位新教徒将牛奶摆在了神坛之上;一位食品历史学家认为,牛奶是一种"既有营养,又不会使人过于沉迷放纵"的食物。贵格会信徒的菜肴就是个完美的例子:"早餐和晚餐一般都要用到牛奶,有时候把面包丢进去煮沸,或者用面粉和鸡蛋调成面糊再扔进沸腾的牛奶中,使其变得浓稠。"(所以,我们可以确定"贵格派食物"这一说法的起源了,现在它的意义有所降级,多指代煮熟的布丁或者饺子。)一位宾夕法尼亚州的贵格会教徒写道:"我们的饮食非常合理且有节制,对我们来说,一整天仿佛就是一个长长的早晨。"[21] 在独立战争早期,有一封夫妻之间的书信,它的内容也许是当时牛奶在美国的最佳广告。阿比盖尔·亚当斯(Abigail Adams)通过证明牛奶的好处,表明了自己对殖民地茶叶抵制运动的支持。1777 年,她在给丈夫约翰·亚当斯的书信中写道:"我们为什么一定要借用外国来的奢侈品?我们为何要以这样的方式自取灭亡?我早餐时喝牛奶也一样可以相当满足,跟喝红茶并没有什么区别。"[22]

从欧洲来的访问者们很快发现,美国人非常喜爱牛奶。查斯特勒克斯侯爵(Marquis de Chastellux)曾在独立战争期间到访美国,他一开始对美国人在用餐时饮用加了牛奶的咖啡这个行为感到惊奇,但时间久了就慢慢可以接受了。他发现,在粮食没有什么多余的地方,找不到任何烈酒或果酒;仅有的饮品就是水和牛奶。但即便在物质丰富时期,人们对牛奶饮品的渴望依然普遍存在。在纽约北部定居的法国杜宾侯爵(Marquis du Pin)发现他的邻居们非常钟爱一款用煮沸的牛奶和果酒混合制成的宾治酒,这大概就是英国奶油甜酒的美国版本。"酒里要加入5磅到6磅的糖,如果想要做得更华丽些,或者不喜欢糖,也可以用等量的糖浆代替,再加入一些肉桂、丁香或肉豆蔻等香料。"他反馈说道:"让我们感到欣慰的是,我那些好胃口的客人们喝光了一大锅这种混合饮品,还吃了大量的面包,一直待到早上5点才离开,用英语称呼我是'来自古老国家的出了名的大善人'!"[23]

牛在新大陆带来的第二个同样重要的发展是,促进了地理扩张。纵览整个美洲版图,殖民地的畜牧业比农耕需要更广大的地理空间。探究发生在坎布里奇社区的传说中的分裂,其原因大概就是渴望更多的土地来饲养奶牛,那里的一些定居者曾请求允许他们搬到康涅狄格(Connecticut)。约翰·温斯洛普的日记中写道,1636年的春天,他在路上遇到了一位由大量随从陪伴的官员:"他们的队伍里有160头牛,一路上就靠喝牛奶为生。"[24]为了争取更大面积的牧场,沃特敦和罗克斯伯里的居民们请愿要求更多的殖民地。温斯洛普分析道:"他们之所以想要搬迁,是因为海湾内的所有城镇彼此之间靠得非常近,牲畜数量又大量增加,他们的居住条件变得十分拥挤窘迫。"正如威廉·克罗农所言:"那些曾经支持了英国人定居活动的地区,现在之所以显得空间不足,与其说是因为人口拥挤,不如说是因为动物拥挤。对越来越稀缺的牧场的争夺,就像离心力一样让一个个的城镇和定居点分道扬镳。"[25]

如果要绘制一张关于早期美国奶酪制作发展历程的图表,我们会发现重点地区是逐渐向西移动的。位于罗德岛的纳拉甘西特湾是大规模乳制品业的发源地,那里饲养了100多头奶牛,并雇用了大量的奴隶劳工。不久,精工细作的奶酪制品开始在佛蒙特崛起,并一路拓展到纽约的山谷和湖区,最终抵达中西部的威斯康星(Wisconsin)和明尼苏达(Minnesota)。这种空间上的重新排布是由多种因素共同形成的,在接下来的章节中,我们会展开讨论。农业地理学领域出现了一个关键性的转折:在东北部的重点城市周边出现了"牛奶供应点"。虽然城市周边的地价逐渐上涨,经营大规模奶牛场的奶农将自己的阵地向西部搬迁,但城市市场周边出现了一种新型的液态乳制品供应方式。其结果之一是,新英格兰的奶农们在俄亥俄(Ohio)的西部保留地建立起了新的居所。到19世纪四五十年代,这个地区大量出产的奶酪已经成为其标志性产品,人们将这一带称为"奶酪王国"。乳制品农业的格局因此被液态牛奶市场重新分配,牛奶和黄油的经营活动开始逐步向内陆地区推进,向西一直延伸到大平原地区的边沿。[直到现代冷藏技术出现以后,加利福尼亚和得克萨斯(Texas)这些现代的美国大规模乳制品奇迹的创造者才开始崭露头角。][26]

牛、男人和女人,都不可避免地与殖民历史的另一个有趣的特征关联起来:美国人引人注目的平均身高。人口统计学家理查德·H.斯特克尔(Richard H. Steckel)在针对男性身高的研究中发现:"在18世纪的世界人口中,土生土长的美国人是平均身高最高的。"他将这一成果归功于美国人日常饮食中大量丰富的蛋白质来源(依照他的推断,应该指的是鱼类和野味)。任何针对殖民时代消费行为的研究都被强烈建议应该将牛奶和乳制品加入典型的高蛋白食物行列。利用20世纪的身高和收入关系模型,斯特克尔提出了另一种看待男性平均身高(5尺8英寸①)的方式:"殖民时期的美国人平均身高,比根据他们的人均收入预估出来的平均值高出了10厘米(4英寸)。"换言之,虽然他们的人均收入低于欧洲,但当地的环境因素一定提供了

---

① 约合1.73米。——译者注

能够促进健康生存的附加值。当人们回忆起 18 世纪殖民时代的景象,那满眼的牛棚和奶牛舍让人很难不产生这样的联想:这一重大的骨骼成就必然与奶牛有着密不可分的关联。[27]

18 世纪 80 年代,J. 赫克多·圣约翰·克里维科尔(J. Hector St. John Crèvecoeur)在《美国农民的来信》(*Letters from an American Farmer*)中完美捕捉到了奶牛所呈现的美国作为物资过剩的极乐世界的奢华幻象。在访问宾夕法尼亚州的一处"偏远居民点"时,他与一位拥有 150 英亩土地的农民互致问候,由此得知这位农民每天都在坚持不懈地学习如何充分利用新的生活方式来获利。克里维科尔问农民:"你们的砍伐工作进行得怎么样?"他得到的是典型的乐观主义回复,并表达了对牛的慷慨天赋的感谢:

> 先生,情况好得很呢!我们学会了怎样熟练使用斧子,肯定会成功的;我们每天都能饱餐,因为我们的奶牛会跑出去觅食,带着满满的牛奶回来,我们养的猪也能在树林里找到食物来让自己长肉:这地方简直太棒了!上帝保佑国王、保佑威廉·佩恩;如果我们的身体健康不出问题,肯定能过得越来越好的。

作为强大的食物引擎,奶牛似乎是自愿为这个历史性的殖民计划服务的,或者至少在北美人看来是这样的。随着时间的推移,他们找到了将如此丰富的资源销往世界各地的方法。[28]

第三部分

工业、科学和医疗

第八章
牛奶之于育儿，化学之于厨房

作为优秀的哺乳动物，人类女性哺育她们的后代，是大自然赋予的规则。然而，惯常蔑视自然规律的西方文化，从很早开始就对母乳喂养的传统发起了挑战。这个矛盾是历史上最大的困局之一，理应得到更多的关注，不能简单潦草地一笔带过。这一课题实际上属于更广泛的食品历史的范畴。正如玛丽莲·亚鲁（Marilyn Yalom）十分贴切地指出的，母乳喂养"为针对伊甸园的精神分析提供了一个范式"。而我们还可以补充的是，在牛奶的历史上，从母牛的乳房流出的牛奶就是伊甸园里的禁忌之果本身，1 000年来，一直是人们无尽的好奇与冲突的对象。它还提供了一种模板，人们将这个模板运用到了衡量所有其他动物奶的过程中。[1]

所有的医学权威都认同，对婴儿来说，母乳毋庸置疑是最佳的营养来源，大众实践又引入动物奶（主要是牛奶或羊奶，根据当地的传统习惯来选择）作为可靠的替代品。"人工喂养"（或"干式喂养"）作为已知的替代喂养手段，操作方式因文化的不同存在些许差异，但大多数的方式都依赖动物奶来担当关键的重要原料。（这也是为何奶妈的乳汁贡献给了其他的婴儿，她们自己的孩子依然可以存活下来。）根据地理环境和季节的不同，喂养配方可能有所不同，但大多数的"婴儿软食"都是用面包屑或小麦粉、牛奶（或麦芽精或水）和砂糖制作而成的。烹饪的技术和原材料的选择一样独特。例如，乔治·阿姆斯特朗（George Armstrong）于1771年解释道：

> 将面包屑加入软水中煮开后继续熬煮至浓稠,我们通常所说的"软食"或"薄面糊"就做成了。面包不能使用刚刚出炉的,而且我认为面包卷要比长条面包更适合一些;因为前者在制作过程中只添加了酵母,而后者则通常会添加明矾……这种软食必须现做现吃,一天两次……夏季则一天要做三次,并且牛奶不可以加入软食中一同加热,必须在每次准备喂养给婴儿时直接加入到做好的软食之中;否则,牛奶就会凝固,在孩子的胃里发酵变酸。还有一点必须注意的是,如果使用的是新鲜牛奶,那么完全不需要提前将牛奶煮沸。[2]

虽然制作方式多种多样,但无论哪一种,都表明新鲜且容易入手的牛奶是必不可少的。对牛奶进行加热煮沸通常被认为是十分可靠的净化手段;如果没有牛奶,烧开过的水或肉汤也可以临时充当"送服剂",确保软食可以用管子或勺子顺利地送入婴儿的喉咙。

欧洲西部人工喂养的历史表明,有两个独立的问题在起作用:虽然这一事实从医学的角度来讲有些令人费解,但确实有一些母亲不具备哺乳的能力;对母乳喂养的强烈反感在文化和环境因素的影响下逐渐形成。女性的身体拥有分泌乳汁的能力,这一现象在历史上曾经给无数科学和医学权威带来挑战。女性在分娩的第一天开始分泌黄色的初乳,虽然它的诸多好处并没有得到证实,但直到 18 世纪才开始得到医生们的认可。在 19 世纪以前,产妇们都会被要求在开始分泌真正的乳汁之前,将新生儿交给别的女性哺喂。(现代专家的观点却恰恰相反,分娩后应该立即开始并频繁进行哺喂,这样可以确保母乳的大量分泌。)母乳就算形成了,也很可能在困难时期突然消失:不充足的饮食很容易导致产妇失去分泌乳汁的能力,这是贫困地区的人民十分熟悉的自然规律。也有一些贵族女性吃得太少,所以无法维持稳定的乳汁分泌量。另外,毫不夸张地说,紧身胸衣也是阻断乳房和婴儿之间紧密联系的元凶之一。

然而,至关重要的是女性在分娩后的几个小时和几天之内接收到怎样的关于哺乳的各种建议。最初几周的哺乳通常会伴随一系列的乳房疼痛,包括撕裂伤或感染,产妇在持续哺乳过程中需要忍受这样的痛苦并逐渐痊愈。在这种情况下,精英家庭中过多的医疗介入和干预可能不仅没有帮助,反而会让情况更加糟糕。除此之外,还有一系列的其他环境因素:焦虑的丈夫和亲属。在各种因素的共同影响下,要成功进行哺乳确实希望渺茫。一些记录显示,要建立稳定的母乳喂养确实面临许多挑战;18世纪一位知名的法国权威人士甚至建议,可以考虑将刚出生的幼犬作为缓慢进入常规喂养阶段的过渡。[3]

对母乳喂养的反感是由多种原因引起的,其中包括相当重要的心理和文化因素。正如我在本书第一章中提到的,女性胸部分泌的乳汁是人类与其他哺乳动物的共同特征,其中蕴含了太多令人纠结的矛盾情绪。婴儿喂养的困境迫使欧洲人不得不面对一个令人深感不安的事实:牛奶再一次将人类与他们的动物本性联系到了一起,这将人类置于了一个与文明开化完全对立的领域之中。当母乳喂养被定义为一种"不文明、未开化"的行为,那么寻找乳母(母亲乳房的活生生的替代品)来代替哺乳的举动就显得更加合理了。

然而,母乳中隐藏着一个潜在的矛盾:虽然母乳性质独特且完美地适合婴儿食用,但它也像其他任何效力强劲的物质一样,完全可以转移。即便医学权威们始终坚持相信母乳就是母亲血液的另外一种形式,这一"事实"也没能阻止一个女人将自己的乳汁转移到另一个女人的孩子身上。18世纪,乳母代替哺乳的现象在整个欧洲和美洲都十分普遍。用历史学家乔治·萨斯曼(George Sussman)的话讲,"售卖母亲的乳汁",代表买卖双方达成了这样的共识:上层社会的女性对社会和性的需求催生了这种职业,而生活环境困窘、经济上有困难的底层女性又能从中获利,这种关系似乎仅仅局限在经济层面。而在中东,情况则不同,由同一个乳母喂养长大的"同乳兄妹"之间是禁止通婚的。与此同时,至少在19世纪60年代之前,欧洲人和美国人仍然忠于一种古老的信仰,即乳母会通过乳汁将不好的个人品质传递给接受哺喂的孩子。[4]

在与性别和社会阶层相关的男性当局权威的观念中,普遍存在着对母乳喂养的反感。17世纪,社会上有一种习惯说法叫作"平锅和调羹",皇家医生表示,比起不受欢迎的乳母,他们更倾向于使用这种人工喂养的方式。历史学家瓦莱丽·菲尔德斯(Valerie Fildes)表示,"丈夫们一早就没有预期或者允许他们的妻子进行母乳喂养",北欧贵族和绅士们早已建立了使用软食或婴儿半流食进行人工喂养的传统,认为哪怕使用这些人工替代品,也比将自己的婴儿放到一个陌生女人的胸部要好。[5]

关于这一主题,佛兰德斯人化学家扬·巴普蒂斯塔·万·赫尔蒙特(Jan Baptista van Helmont,1579—1644)有一篇著名的论文,他认为软食传统的形成背后隐藏着三个主要原因。人们之所以回避母乳喂养,是因为它极易导致溺爱;更糟糕的是,它还容易传播疾病,最典型的就是梅毒。另外,因为母乳是另外一种形式的血液,被认为会携带母体的各种人格特质,人工喂养的方式可以避免出身卑微的底层女性将自身不那么优秀的品质传递给上层社会的婴儿。菲尔德斯指出,"17世纪末和18世纪初,富裕阶层的父亲们的这种尝试"是人工喂养迅速得到"社会认可"的重要原因之一。赫尔蒙特推荐使用一种更加易于成功的婴儿喂养模式:"面包中加入少量啤酒一起煮沸,并加入澄清的蜂蜜或糖来调味。"[6]

自18世纪中叶起,通过法国国王路易十五的医生皮埃尔·布鲁塞特(Pierre Brouzet)的文献,其他的婴儿喂养方式得到了推广。这位博学的医生似乎在提醒我们适当拓宽一些视野。布鲁塞特以人类学家的思维方式来处理这一课题并报告说,在世界上的其他地区,比如莫斯科和冰岛,母乳喂养或乳母的喂养方式都是不存在的。"婴儿出生后不久就会整日离开自己的母亲,被放置在地面上,旁边摆着一个装满牛奶或乳清的罐子,里面插入一根吸管,当婴儿感到饥饿或口渴时,完全懂得如何自己找到吸管并把嘴凑上去吸吮……事实证明,他们用动物奶喂养婴儿的方式并没有什么危险,而且至少跟使用乳母喂养的效果差不多。"这些来自蛮荒之地的报告一定让大量巴黎人惊讶不已,他们原本可能期望从自然界的最前沿得到一些更加体面一些的喂养建议吧。[7]

18世纪的浪漫主义运动在它的守护神卢梭的努力下不断得到加强,它赞美和歌颂婴儿与母亲之间通过乳房建立起的亲密关系。在卢梭最负盛名的儿童教育著作《爱弥儿》(*Émile*, 1762)中,他敦促人们恢复父母与孩子之间最自然和真诚的纽带关系。他目睹了精英女性逃避责任的行为并深感气愤,将婴儿与母亲之间的羁绊定义为构建和谐社会中的美满家庭的基础。他的建议因其对母亲乳房力量的极度信仰而闻名:"当母亲们开始甘愿亲自哺喂自己的孩子,一场道德教训的变革便已经形成",他强调:"每个人心中的自然情感都将被重新唤起;我们的国家将不再缺乏公民;迈出这第一步,相互的情感都能得到恢复。"(需要补充的是,卢梭将自己的5个孩子都送进了孤儿院。)[8]

当然,卢梭的这首对母乳喂养的赞歌并不关乎乳汁和营养,但另外一位在这一主题上发表过举足轻重言论的男性的观点中,涵盖了这些方面的思考。一位名叫福克罗伊(Fourcroy)的法国律师引用了自己在美国访问期间的所见所闻,认为美国婴儿之所以普遍有强健的体魄,母亲的母乳喂养功不可没。他不带一丝讽刺意味,认为每一个家庭都应该在一位明智的家族长者的严格监督之下采用这种最自然的婴儿喂养方式。普鲁士人先行一步采取了父权家长制的母乳喂养，通过立法的途径来加强敦促这一实践活动：1794年，他们推出法令，规定所有身体健康的母亲都必须亲自进行母乳喂养；断奶的适当时机则由父亲来决定。对大量身体强壮的公民的需求使得政治家们产生了这样的警觉，认为母亲的乳汁才是新兴的王者。[9]

人们对关于女性乳房以及乳汁的出版物的关注程度无疑是一种确定的信号，这种自然的肉体源泉中必然存在着许多的谬误。问题主要在于，人们对母乳这种液体还知之甚少，它仍然保持着神秘和不合常规的色彩；在那个对不确定性缺乏容忍的时代，这些因素才是对它最大的打击。人们开始争论乳房的理想尺寸和形状，认为过大或过小的尺寸都会造成哺乳困难，讨论各种不同形状的乳头对乳汁有效哺喂的影响。为了协助哺乳任务顺利展开，各种各样的设备层出不穷。有一种特殊用途的定制小器具，它是一种由蜡、木头或其他材料制成的小帽子，盖在乳房上防止被婴儿贪婪的小嘴弄伤。几个世纪以来，助产士都在应对母乳喂养可能造成的那些众所周知的危险。到19世纪初，令人敬畏的医学权威的意见加入了讨论的行列，人们对母乳喂养是否可以为婴儿提供足够营养这一问题的担忧，也因为医学意见的出现而烟消云散了。[10]

一边是对乳母代替喂养的质疑，一边是母亲无法或不愿意给自己的孩子哺乳，最终还剩下什么选项呢？农民们直接从野生动物的乳房吸吮乳汁的做法，在法国和意大利的乡村是十分普遍的，这为人们提供了一种新的选择。在有关古典神话的文字描述或绘画中，从山羊、母马、驴子的乳房吸吮乳汁，即便不是现代文明的代表，也至少带有一些名门望族的血统。在欧洲，动物哺喂不止一次地使城市中的婴儿免于大范围的死亡。16世纪，梅毒这种"新瘟疫"在法国出现，母亲们通过利用山羊哺乳来避免孩子被患病的乳母传染。无独有偶，18世纪，被怀疑患有梅毒的弃婴并不会被母乳喂养（因为婴儿很可能通过这种途径将疾病传染给哺乳的护士），取而代之的是直接从动物的乳房接受动物奶哺喂。布鲁塞特认为,人们用来充当乳母角色的是乡下的四足动物,是像城市中牛奶一样纯净和健康的替代品。"我知道在有些乡村,农民们除了母羊以外没有其他的乳母选择,然而这些农民的身体也跟其他人一样强壮和精力充沛。"[11]

1816年,《山羊是最佳且最可接受的乳母》(The Goat as the Best and Most Agreeable Wet-nurse)一书在德国出版,着重论述了动物哺喂的优势。我们不免猜测,如果"最可接受"一词指的是羊奶或山羊这种动物的性情,显然在弃儿养育院管理者的眼中,山羊要比来自社会底层的妇女更不容易引起问题。在法国,这样的育婴机构会定期开展这样的实践活动,让一头山羊趴在地上,护士将婴儿一个一个抱过来靠近山羊吸奶。有一篇关于埃克斯(Aix)一家医院的报道让人印象深刻,山羊是能够接受管制且乐于奉献的新成员。"婴儿床被安排在一个大房间里,分成两排摆放。山羊们咩咩叫着走进房间,用头上的羊角推开婴儿身上的覆盖物,跨在婴儿床上让婴儿吸吮。在那家医院,被这样喂养的婴儿已经不在少数。"这个故事也许只是无稽之谈,因为在挤奶工眼中,山羊是出了名的不老实,然而,在整个19世纪的巴黎和伦敦,使用山羊和驴子哺乳的方式持续存在。[12]

直接通过动物的乳房哺喂似乎并不能作为一种普遍采用的解决方案,因为实际操作显然会十分困难,也许更重要的是,针对婴儿喂养问题的辩论的持续升温。在这场辩论中,医生同时担当着行医者和公共服务人员的双重角色,是更具现代专业意识的关键代表。随着医疗机构和弃婴养育机构数量和规模的增加,医生们找到了更多展示自己专业技能的机会。在19世纪40年代的巴黎,医生们忙于监督医院和孤儿院的所有与进食相关的活动。

随着新的医学知识的出现,婴儿喂养方式变得更加复杂,引入了很多外行人无法挑战的对化学和生理学的精确性要求。一套严格的制度从习俗的迷雾中逐渐显现出来:6个月以下的婴儿必须喝奶(母乳、山羊奶或牛奶），超过六七个月的婴儿才可开始进食婴儿麦片食品或婴儿米糊。牛奶中要求加入一种添加剂（小苏打）来延缓变质。用粗粒小麦粉或米粉做成的"牛奶汤"也是另外一种不错的选择。月份稍大一些的婴儿可食用加了黄油或啫喱的面包，但不可进食水果，根据医学原理，还未发育成熟的婴儿的胃的生理机能还无法消化水果。[13]

19 世纪中期出现了一个有趣的问题：虽然众所周知，人工喂养的婴儿死亡率明显高于母乳喂养的婴儿，但又有证据显示大部分母亲都在尽力回避母乳喂养自己的孩子。在不同的国家、地区和社会阶层中，人工喂养的范围可能存在差异，但对母亲放弃自己的"天然角色"的广泛批评表明，人工喂养是相当普遍的。据估计，19 世纪 40 年代，纽约市有 3/4 的婴儿都是人工喂养的，这种方式在其他地区的城市中也被广泛采用。并不仅仅是那些有工作在身的母亲们在努力寻求母乳喂养的替代方式。19 世纪 60 年代，人们对商业化的婴儿配方奶粉反应强烈，富裕阶层和营养状况良好的女性也会深受"奶水不足"问题的困扰。[14]

建议手册和轶事证据只能提供一些分析这些抱怨出现的原因的线索，特别是中产阶级女性的情况。无论是在公共机构还是家庭私人空间，与生理学相关的医学知识在决定如何解决婴儿喂养的困境方面都发挥了很大的影响力。随着医生在公众心目中的地位和权威的上升，从实践经验中积累知识的助产士的地位逐渐开始黯然失色。社会阶层的惯常习俗也起了作用。梅勒尼·迪普伊（Melanie DuPuis）指出，19 世纪对真正女性气质的崇拜使中产阶级女性脱离了社会和习俗的支持系统，而女性在这些系统的支持下才有可能成功实现母乳喂养。担心自己的乳汁不能给孩子提供足够的营养，陷入自我怀疑的母亲也很容易被他人说服，寻找其他的方式作为母乳的补充或替代。[15]

然而,如果认为医生和丈夫是造成19世纪女性不再进行母乳喂养的唯一原因,那就错了。女性本身可能也会选择回避母乳喂养,因为这项活动要求投入巨大的精力,也会带来不适感;在当时,这些困扰是如何影响女性生活的方方面面的,我们无从知晓。在那一整个世纪,生育和哺乳逐渐成了一种个人抉择,而不再是一个社会广泛讨论的话题。这也意味着成功进行母乳喂养所必需的知识将更加难以获得。随着物质生活日趋丰富,越来越多的商业化的母乳替代品可供选择,这使得女性在决定如何喂养自己的孩子时,越来越摇摆不定。到19世纪末,许多女性开始选择在孩子满三个月,甚至更早的时期开始转为奶瓶喂养。根据杰奎琳·H. 沃尔夫(Jacqueline H. Wolf)的介绍,从19世纪90年代起,医生开始向各个阶层的女性普及母乳喂养的好处,劝说她们尽可能进行母乳喂养,从而增加婴儿的整体存活率。关于婴儿护理的普遍观念中,包含一种对牛奶的信仰,认为她可以完全替代母乳,即便是刚刚出生几周的婴儿也是如此。[16]

19世纪的人们是如何理解牛奶的?要全面理解这一问题,我们需要继续探究另外一个对未来产生深远影响的新讨论区:化学实验室。虽然远离婴儿喂养的第一线,但实验室空间的特殊性产生了许多与牛奶相关的新思考,它改变了参与牛奶消费和分配的每一个人的语言和信念。到19世纪中叶,医生和生理学家们掌握了更多有关人类营养需求和消化系统的知识。借助化学,现代社会将这种对牛奶的科学理解与婴儿喂养的特定概念联系起来,使其更适应人类的体质。

牛奶到底是由什么成分组成的?直到19世纪的最初几十年,实验室也没有得出比奶牛场更加令人满意的答案。但有关牛奶性质的农场实践知识(例如,牛奶加热以后会产生怎样的变化?与其他物质结合以后,牛奶会产生怎样的形态变化?)与19世纪的科学研究结果大相径庭。化学的新领域通过不断揭示"微观世界"的奥秘而赢得了正统地位,该领域的实践者旨在将任何事物都剖析成自然界中的基本元素。牛奶既是身体的产物,又是一种食物,它对化学研究发起了独一无二的挑战。是什么让牛奶拥有如此完美且丰富的营养?它的完美性是否表明自然界还隐藏着某些更伟大、更巧妙的安排?对于第一代研究者来说,对这种乳白色液体的熟悉,进而出现的主观理解仍然影响着他们的科学探索。[17]

于是,一位默默无闻的英国医生写道:"生理学家一旦掌握了化学,他们就懂得如何充分利用这门学科的方法,毫无疑问,将变成他们能够操控的最强大的工具之一。"威廉·普鲁特(William Prout,1785—1850)一直忙于为病人诊疗胃部和泌尿系统的疾病,这也启发他在业余时间对人类消化系统展开思考和研究。"动物化学"是一门研究食物转化为人体组织的学科,在德国、法国和英国的精英科学家中被列为首选研究课题。普鲁特研究了血液、尿液以及重要的食物原型牛奶的主要成分,探求他后来称之为"简单食物的终极组成成分"的东西。为了能够进入伦敦科学一线,这位雄心勃勃的医生在1814年向公众贡献了一系列关于消化和代谢的科普讲座。他的出色表现为他赢得了来自学术界的尊重、极具影响力的社会关系,并最终于1819年被英国皇家学会录取。在接下来的20年间,他的新理论层出不穷,其中包括著名的"普鲁特假说",这个关于原子量的论题在19世纪后半段引发了不小的争论。[18]

普鲁特展现出了维多利亚时代对宏大思想的亲近感,所以他将牛奶也纳入自己的思想体系也许并不意外。他是一位致力于揭示新陈代谢基本原理的科学家,他耗费巨资购买设备,用于将有机物质浓缩成它们最基本的共同成分。他采用的方式代价太过高昂,无法广泛推广运用,1830年,著名的德国化学家贾斯特斯·冯·李比希(Justus von Liebig,1803—1873)在他的基础上改进出了更加廉价和简便的实验方式。然而,普鲁特成功地确定了人类生存所必需的三个基本元素,这是一种神圣生存三位一体学说。他断言:"人类和动物所必需的主要营养物质可以归结为三个大类,即含糖的、含油脂的和含蛋白的。"这种分类方式与盖伦在1 000多年前提出的描述性词汇并没有太大不同,但如今他在实验室中得到了实证证明。(后世的化学家进一步将这种分类命名为糖类、脂肪和蛋白质。)这些成分是构成人类肌肉、骨骼和能量的基石,而这三者恰好都存在于牛奶当中。[19]

事实证明,在维多利亚时代的科学和宗教大环境下,普鲁特的三位一体学说不仅仅是化学的象征。1830年,英国皇家学会指派给包括普鲁特在内的8个人一项任务,要求他们将现代科学与当时的神学思想结合起来,这就是后来颇有声望、获利丰厚的《布里奇沃特论文集》(Bridgewater Treatises)。由第八任布里奇沃特伯爵弗朗西斯·亨利·艾格顿(Francis Henry Egerton)的遗嘱所决定的这些作品,展示了"上帝在造物的过程中表现出的力量、智慧和善良"。碰巧,普鲁特与这位已故伯爵有着相去不远的兴趣:消化过程中体现出的上帝巧妙设计的证据。[维多利亚时代的人们总是会给智慧泼冷水:脾气乖僻的神学家罗纳德·诺克斯(Ronald Knox)将这个系列的作品蔑称为"臭污水论集"。]①普鲁特虽然不是神学家,但作为医生和化学家,他采用了一种启蒙式的论调,以传达地球上所有消化活动的内部组织结构之美。他的论著标题《借助自然神学开展对化学、气象学和消化功能的思考》(Chemistry, Meteorology, and the Function of Digestion Considered with Reference to Natural Theology),充分展现了维多利亚时代奇妙的混合型精神世界。

在诸多充满维多利亚式印象的文集中,普鲁特将存在的每一个

---

① 此处原文为"Bilgewater"("下水道、船舱底部淤积的污水"),该词与作品集原名中"Bridgewater"("布里奇沃特")谐音,罗纳德以此种谐音讽刺来表达自己对这系列作品的蔑视和不满。——译者注

细节全塞进了这一张巨大的相互交织关联的画布之上。他以完美的设计原则在自己的章节中对海洋、大气、植物和动物生活的方方面面进行了描述。这一特点在他关于人类营养的研究中尤为明显,牛奶在其中扮演了绝对主角。普鲁特认为,"在所有体现自然秩序中的巧妙设计的证据中,牛奶是最明确的实证案例之一"。

> 它是大自然直接设计和制备的唯一食物;在整个组织范围内,它是唯一的准备程度如此之高的材料。因此,在牛奶中,我们期望能够找到一种关于营养物质该有的形态的模型,可以说,寻找一种普遍通用的营养物质的原型典范。[20]

这里重申普鲁特对营养物质的三大分类理论——含糖类的、含油脂的和含蛋白质的——普鲁特强调,它们是广泛存在的,这又进一步证明了牛奶不可或缺的用途。生产牛奶的器官又进一步强调了这一点:

> 毋庸置疑,分泌乳汁的器官天生就是为了这一特殊功能而存在的。也没有人会坚持认为,分泌乳汁的器官是由拥有这一器官的动物的意愿或需求来驱动的,抑或是由某种想象中的非自然能量驱动的……简言之,分泌乳汁的器官和它的用途,显然是由宇宙的伟大创造者设计和创造出来的;除此之外,没有别的假设可以对它们的存在进行合理的解释。

普鲁特对牛奶(以及人类和动物乳房)的赞美歌在我们看来,多少有一点循环论证的意味,作为出自这样杰出的科学家的作品,它与同时代的其他人的观念一样,略微有些古怪。(在他论著后来的修订版中,他发表了一份声明,表明了自己对科学坚定不移的忠诚,这可能是为了回应一直以来对他的批评。)尽管如此,他的作品为大众读者提供了一种对自然世界的通俗解释,其意义重大。文章中针对牛奶的特别讨论也将为远在美国发生的牛奶改革运动注入新的活力。[21]

在化学的编年史上,普鲁特留下了清晰且高光的时刻。同行的科学家们立刻将普鲁特的营养物质三分类奉为成文的法典。在法国和德国,化学家们努力确定不同种类的奶液中各种成分的精确含量,以毫克为单位测量蛋白质和糖类的含量,以确定动物奶和人类乳汁之间究竟存在什么样的差异。然而,这仅仅是了解各种动物奶化学成分的第一步。事后来看,我们可以说,普鲁特对牛奶普遍性的赞美在实验室和科学真相之间筑起了一道障碍,且这个障碍在接下来的25年间仍然存在。直到1875年,化学家们才掌握了各种动物奶蛋白之间的本质区别。只有当他们在不同动物的奶液中鉴定出不同种类的蛋白质时,他们才能告别"所有动物的奶都是一样的"这种错误的假设。[22]

普鲁特启发灵感的力量传播得更加成功。《借助自然神学开展对化学、气象学和消化功能的思考》跨过大西洋,深刻影响了罗伯特·米尔汗·哈特利(Robert Milham Hartley)。他是纽约市一位深受宗教启发的改革家,他致力于改善贫困人群中婴儿的牛奶供应。一两部论著并不会改变历史的进程,但像哈特利这样的煽动者,有手段也有影响力来支持自己的信念,可以动员相当大的力量。作为10个孩子的父亲,哈特利本人无疑也对婴儿的喂养问题感受颇深。他还是一名坚定的禁酒运动改革者,决心破坏纽约市郊区奶牛场和酿酒厂之间存在的共生关系。哈特利对城市中的牛奶供应状况感到十分不安,他认为,城市中的奶牛都被喂食酿酒厂的"泔水"(谷物经过发酵酿酒后,液体被提取后留下来的废糟粕),这是纽约周边的婴儿健康状况受损的主要原因。在他于1836年至1837年间发表的一系列文章中,他成了在美国提出纯牛奶概念的第一人。1842年,他出版了《牛奶作为人类食物的历史性、科学性和实践性研究》(*A Historical, Scientific, and Practical Essay on Milk as an Article of Human Sustenance*),这是一本融合了该领域当时前沿知识的著作,也是第一本用英语探讨牛奶的书籍。

显然,值得信赖的奶牛已经从众多产奶动物中脱颖而出。在哈特利眼中,牛奶在美国并不存在其他的替代品。他尽其所能地描绘了地球上其他遥远地区各种动物奶的分布图,以此来表明只有异域民族才会饮用牛奶以外的其他异域动物的奶。他解释道:"骆驼奶主要分布在非洲和中国,而母马奶则主要是鞑靼和西伯利亚地区的人民在饮用。""在印度,野牛奶比家养奶牛的奶更受人喜爱。"拉普兰人(Laplanders)饮用驯鹿奶,意大利人和西班牙人更爱山羊奶。在美国,牛奶是唯一的选择:它被誉为"婴幼儿的最佳食物""几乎适合任何体质的人群""是任何年龄和任何身体状态都能适应的营养"。也许最重要的事实是,牛奶"产量最大且运用最为广泛"。[23]

城市地区牛奶产量的数据表明了这种需求量的巨大程度。据哈特利统计,纽约附近的奶牛们每年要为居民们产出"近500万加仑"牛奶。根据他的推算,1842年的纽约至少有一万头奶牛,主要分布在布鲁克林和皇后区。然而,牛奶变质、受污染或掺假的可能性却一如既往地居高不下。他质问,欧洲城市"有受到变质牛奶及其引发的各种后果的困扰吗?"他说,并没有达到美国这种程度,因为英国的工人阶级更依赖"土豆和小麦面包,配着茶或者咖啡下肚"。哈特利忽略了一个事实,虽然不大听他们提起,但其实伦敦人也是"随餐喝牛奶"的。据估计,19世纪30年代的伦敦大约有1.2万头奶牛,詹姆斯·费尼莫尔·库伯(James Fenimore Cooper)在目睹了奶牛们在格林公园勤奋地吃草场景时评论道:"这里是一大片被动物们像天鹅绒一样切割开的草地。"哈特利搜集了英美两国婴儿死亡率的最新统计数据,认为美国婴儿死亡率上升与存在缺陷的牛奶供应密切相关。[24]

据哈特利介绍，纽约城市的牛奶问题的根源在于 1812 年战争期间从加勒比海地区进口烈酒的贸易受阻。酿酒厂不断在周边区域涌现，城市扩张导致牧场面积进一步缩小，"现行制度的弊端"便逐渐显现出来：奶牛开始被圈养进牲口棚，并以酿酒厂产出的废酒糟作为喂养奶牛的主要饲料。在这些不合格的液体到达消费者手中之前，这些酿酒厂散发出来的"酒气"就足以让周围的居民感到窒息了。哈特利描述了接受泔水牛奶喂养的孩子身体状态每况愈下的事实，"孩子的母亲自身健康状况欠佳，如果继续坚持哺乳，实际上无论是对母亲本人还是对婴儿来说，都是相当危险的。"因为坚信牛奶是"大自然创造的最接近母乳营养的物质"，这位母亲开始采购本地牛奶，兑入水和糖后喂养自己的孩子。这种食品马上就引起了孩子的不良反应：起初，孩子只是表现出"烦躁、不安和无法安抚"，紧接着，孩子很快就看上去病恹恹的。孩子的眼窝开始凹陷，"脸色苍白、憔悴不堪；他浑身无力、失去了活力；紧接着肌肉也开始萎缩；到 15 个月大时，他那羸弱的身体如果得不到及时调理，最终则无法继续支撑他活下去"。当我们将这种吃酿酒厂糟粕的奶牛产的劣质牛奶换成使用新鲜天然牧草的奶牛产的奶，孩子的健康马上就开始恢复正常。哈特利质问他的读者："谁能想象，就连牛奶这种普遍又必需的东西，也潜伏着疾病和死亡？"[25]

纯净与危险：尽管哈特利的论点建立在对动物化学的广泛阐释之上，他仍然提醒读者应该注意带着辩证的态度来谨慎对待牛奶。由于城市中的奶牛没有得到优质的饲料喂养，"大部分都是被人工喂养刚刚从酿酒厂运出来的还冒着热酒气的残渣糟粕"，所以他们在消化这些物质以后也无法产出任何有营养的牛奶。哈特利解释，经过发酵提纯以后的谷物糟粕缺乏健康的哺乳所需的糖类物质。被圈养的奶牛们缺乏新鲜空气和身体锻炼，每天囫囵吞枣地吃下 32 加仑酒糟，长此以往，奶牛们自身也面临着体质衰退的状况。更重要的是，它们会产出劣质的牛奶。[26]

大自然创造的牛奶本身是没有错的。哈特利大量引用"富有贤明哲思的普鲁特"的观点,认为牛奶是完美的食物,它不仅仅适用于贫困家庭中的婴儿(这体现了它在慈善事业方面更广泛的用途),它适合每一个人。人类总是无意识地企图通过烹饪手段来制作出接近牛奶的食物,这位英国医生争辩道:"哪怕在最高档的奢华菜肴中、在最上等的珍馐美味中,也遵循着同样的伟大原则;砂糖和面粉、鸡蛋和黄油,无论是怎样的形式或组合,多多少少都在模拟着大自然馈赠的牛奶这一营养原型的结构。"哈特利作为讨论牛奶宇宙的《布里奇沃特论文集》的作者,向后人提出了他的灵魂拷问。[27]

化学家们担任着解释牛的益处的重要角色。在整个19世纪早期,化学为食品供应的阴暗面投去敏锐洞察之光,揭开了各种食品掺假的真相,刺激了消费者意识的萌芽。1820年,大受震惊的英国公众开始抢购弗里德里希·阿库姆(Friedrich Accum)的《对食品造假和烹饪弊端的讨论》(*Treatise on Adulterations of Food and Culinary Poisons*),这本书直言不讳地揭示了代表性消费品的真实成分。根据这位出生于德国的化学家的分析,几乎所有日常普通的食品和饮品都存在着欺诈行为。面包的细腻口感和洁白色泽并不是源于高品质的面粉,而是通过添加明矾实现的。啤酒更浓烈的口感也并不是经历了长时间的发酵而是通过硫酸实现的。而许多作为进口商品售卖的茶叶(可能占民众每年采购的茶叶总量的2/5)其实都是采摘自英国本地的茶园,在金属板上进行加工处理以呈现出恰到好处的绿色或黑色。阿库姆(Accum)的出版商十分懂得如何营销这种曝光内容:这本书的扉页上印着一个骷髅旗上常用的那种头骨和十字交叉骨头的图案,配上一行取自《圣经》的语句:"锅中有致死的毒物。"[28]

虽然阿库姆的努力并没有给鱼龙混杂的食品市场带来实质性的变革,但他确实成功为有文化的公众介绍了一个新兴的重要科学领域的实用价值。他的畅销作品《烹饪化学》(*Culinary Chemistry*)为那些渴望了解烘焙和酿造等古老手艺流程的读者概括了其中蕴含的化学反应原理。[29]"厨房就是一间化学实验室，"他对读者宣告道。为了把自己最爱的科学介绍给读者，阿库姆开始在自己的门店售卖化学实验器具，并附上基本操作指南，以此来赚取一些外快。他安慰道，大家不必对此感到害怕，因为这里的环境和设备都很常见且熟悉。我们在厨房中采用的"所有烹饪流程"实际上都是化学反应在起作用。很明显，厨房和实验室甚至依赖的都是相似的设备："厨师们使用的烘烤用具、炖锅、烧烤台对应的是化学家实验室中的浸蒸器、蒸发皿和坩埚。"虽然烹饪食谱数不胜数，但任何一个在厨房里常驻的人都知道："（与基本的化学操作一样）最主要的基本操作也无外乎那么几种。"这是一门面向所有人的科学（书的标题确实吸引了更多女性读者购买），它充满了奇妙又有意义的转换。[30]

将肉类与酸相结合，再将这种混合物放在炉火上加热，这相当于在模拟人类的消化系统：这不仅仅是威廉·普鲁特的研究课题，公认的实验室科学巨匠贾斯特斯·冯·李比希也对此倾注了大量的心血。他的贡献不仅涵盖了基本原理（他测定有机物质含量的方法一直沿用至今），还涉及其他周边领域（他的诸多发明创造中，包含一种改进镜子制造工艺的方法）。在他生活的那个时代，他因在吉森（Giessen）大学建立起实验室科学研究和教学的制度模式而闻名，1824年，他刚开始在那里教书时，吉森大学还是一个"默默无闻的小地方"。精通各个化学分支的李比希是工业时代科学发展的完美代言人。他在动物化学领域的诸多发现直接为食品和营养科学方面的研究带来了突破性的进展，他本人的几项商业投资也获利颇丰。在他从事的所有活动中，李比希最重要的贡献当属促进了对牛奶的科学研究兴趣的提升。[31]

在李比希的时代，他的大名在好几个大陆地区都家喻户晓（现代广告业的出现甚至让人们谙熟他的样貌)。起先,他发表了一篇有关肉汁的文章,1847年,又出版了名为《食品化学研究》(*Research on the Chemistry of Food*)的作品,这位化学家通过深入分析肉类中营养物质的确切含量,对家庭科学发起了一次突然袭击。李比希的结论颠覆了"几个世纪以来人们对传统烹饪方式的认知"。他的观点其实相当容易理解:肉类,一旦经过烹煮,其中的许许多多重要营养元素就会释放到煮肉的汤水中。为了最大限度地摄取营养,李比希强调,不光要吃肉,还要将烹煮过程中产生的汁水也全部吃下去。虽然听上去像是一种常识,特别是在经济状况不太富裕的家庭,即便不考虑营养吸收问题,人们也会将肉类连同肉汁一起吃掉,但李比希第一次以自己的方式将这一乡村知识赋予了科学的依据。他的名誉和威望是欧洲中产阶级知识基础变化的重要里程碑。

另外,还有一个重要转变也悄然发生,这与该阶层的欧洲人如何看待他们的饮食密切相关。根据李比希的传记作者威廉·H.布洛克(William H. Brock)的描述,我们可以看到一种变化:"从仅仅将食物视为缓解饥饿的手段,到更科学地将食物视为营养、健康、智慧和种族力量的关键因素"。维多利亚时代中期,英国和美国的烹饪书作者们已经准备好了全盘吸收李比希提供的信息,因为他们深知,一整套家庭内部管理的知识体系已经来到了这两个国家。在富裕家庭中,厨房担任着十分重要的责任。正如优秀的烹饪书作者伊莱扎·阿克顿(Eliza Acton)所言:"我们所感激的那些主要的进步和提升,都是来源于这些阶层。"[32]

对于牛奶的历史而言,更加重要的一点是,李比希的事业展现了中产阶级群众对治疗性建议的强烈渴望。他们热切欢迎从李比希的炉火烹制实验中进化而来的功效强大又让人胃口大开的疗愈方案。他推出了一种被称为"牛肉茶"的配方,要求将切碎的生牛肉首先浸泡在冷水中数小时,然后加入盐酸(一种与消化相关的液体)。这种药膳在 19 世纪 50 年代的行家中极受欢迎。在欧洲各地,患者们都可以从医生和药剂师那里获得这种珍贵且价格不菲的液体。[33] 接下来的十年见证了他的"牛肉浸膏"的巨大成功,也就是人们常说的"李比希肉类提取物"。这位化学家本人在三大洲勤勉而精明地掌控营销活动,建立了一个延伸覆盖到南美洲牛群的商业网络。这种油腻的棕色液体带有强烈的熟牛肉香气,小巧便携,不需要冷藏,满足的不仅仅是病患的需求。维多利亚时代的军队、组织机构和普通家庭都纷纷大量购买这种产品。弗洛伦斯·南丁格尔宣称这是她所见过的"最好的东西",这表明在李比希的牛肉浸膏之前,已经出现过不那么有说服力的同类竞品。即使医疗权威们撤回他们的证言,人们对这种牛肉提取物的辩护也成倍地增加着,甚至发展到认为这种产品可以用于婴儿喂养。这种液体便于携带,不易腐烂,来源于营养丰富的牛肉,成功为强壮的牛科动物塑造了能够满足期待的形象。[34]

李比希的处女作是用于人工喂养的婴儿食品,就像 19 世纪后期出现的婴儿配方奶粉一样,可以称得上是一种涉及近亲属关系的拯救行为。根据李比希本人的描述,1864 年夏天,他为自己无法亲自哺乳的女儿乔安娜·蒂尔施(Johanna Thiersch)调配了一种配方奶。值得注意的是,李比希是通过肉类提取物取得了巨大的成功之后,又开始这一特殊的冒险。就连负责他的研究出版发行的机构也指望完全采用相同的套路:李比希先是在学术期刊上发表了自己的研究成果,又于 1865 年以书籍的形式出版了著作,并命名为《婴儿的汤药》(*Suppe für Säuglinge*)。他的出版商大约是被书名中的"汤药"一词所误导,对这一研究课题产生了误解,认为这种食品是针对患病儿童,而不是针对新生儿的。但是,就像牛肉浸膏和牛肉提取物既可做食物,也可药用一样,这种新的混合物同样也可以满足患病或普通的婴儿的需求。无论是健康的还是身患疾病的,不管是小婴儿还是学龄前儿童,这种产品都声称可以为他们提供一流的营养。[35]

如今，我们知道，那个时代还有另外一位重要的化学家爱德华·弗兰克兰（Edward Frankland），他早在1854年就证明了自己的"人造母乳"配方的有效性。（然而，他的配方直到19世纪80年代才推向市场。）弗兰克兰的配方拯救了他自己的孩子和妻子苏菲，她生育了5个孩子，但都没能进行母乳亲喂。据描述，苏菲身体虚弱，易受疾病影响，符合维多利亚时代典型的精致女性特征，神秘地无法满足母亲这一特殊角色对生理和心理的要求。[苏菲·弗兰克兰后来在瑞士达沃斯（Davos）因肺结核病去世。]后来，从他与儿子通信的暗示中我们可以看出，弗兰克兰的性需求可能也在这件事情上起了一些作用。1854年4月，在第一个孩子诞生后短短一年时间，他们的第二个孩子腓特烈·威廉（Frederick William）便紧接着出生了。出生后不久，孩子便患有严重的腹泻，尝试各种方法都不奏效。快要满一岁的腓特烈因为疾病和缺乏母乳喂养，"瘦得只剩下一把骨头"。[36]根据弗兰克兰掌握的化学实验室知识，当下只有一件事可以有所帮助。

弗兰克兰开始研究如何通过牛奶模拟出最接近人类母乳的配方。起初，他通过凝乳酶使脱脂牛奶凝固，从而尽可能地去除牛奶当中的酪蛋白（蛋白质）；然后，他向处理过的奶液中加入一定量的乳糖、少量牛奶和奶油，以便使整个混合物接近人类乳汁中糖和脂肪的占比。"成果相当喜人"，小腓特烈的身体因此迅速地恢复。这样的成功是不容忽视的。后来，弗兰克兰向曼彻斯特文学和哲学俱乐部透露了自己的实验细节。他的课题与李比希的牛肉浸膏相似，但这种基于化学研究的创新发明声称与婴儿食品密切关联。他将婴儿人工喂养的方式作为补充叙述，这又一次证明，为了获取营养而对牛乳产品进行改良是十分有价值的。[37]

李比希的婴儿配方奶更接近真正的化学，需要大量的测量和混合配比。（该产品这一方面的特性给了消费者一些可挑剔的点，也让后来的竞争者找到了一些可以改进的方向。）他的配方依照的是一种

"人造"或肉类形态物质与母乳中的"关键呼吸"成分的特殊比例：10∶38。所以，10%的奶粉形式的牛奶需要与特定量的小麦粉和麦芽粉（添加后者是因为它可以将一部分淀粉转化为糖类）进行混合，再加入碳酸氢钾来降低牛奶中的酸含量。事实上，这样配出来的奶粉与人类母乳并无半点相似；它的碳水化合物含量是原来的两倍，但脂肪含量极低，因为在当时，奶粉只能使用脱脂牛奶制作。李比希无从知晓也无法理解的是，这一系列的混合操作怎么就无法提供婴儿健康成长所必需的氨基酸和维生素呢？

　　回首当年，人们痴迷于李比希研发的食品，我们则不免担忧，那些完全依赖李比希食品来喂养的婴儿们是否会遭遇一些健康问题。该产品的早期广告针对的是更加精确的基于历史过往经验的焦虑，这与配方奶的成分无关，而主要取决于扮演服务角色的人是谁。1869 年，一本美国杂志上出现了这样的通栏大标题广告语："乳母从此退出历史舞台！"这样的情绪是来自母亲、化学家还是经销商？事实上，这三者都参与了 19 世纪中叶这场消费文化领域的复杂舞曲。李比希在英国的分公司的商业活动努力适应消费者的偏好：最初的液体配方成分相对昂贵，销售业绩不佳，于是该公司采用豌豆粉研发出了一种价格更为低廉的配方粉。李比希的英国翻译伊利斯·冯·勒斯那-波斯堡（Elise von Lersner-Ebersburg）男爵夫人在伦敦的贝瑟尔·格林（Bethnel Green）弃婴收容所用这种产品来喂养婴儿，证明了该产品毋庸置疑的益处。她坚持认为："如果拒绝将这种生命的馈赠给予人类中如此可怜无助的一部分人，是一件非常残忍的事。"男爵夫人本身也曾经历无法母乳亲喂，这使她的慈善工作的意义更为重大。需要补充的是，勒斯那-波斯堡家族本身也是该项产品在英国的专利拥有者。她报告称，自己向贝瑟尔·格林贫困社区的家庭分发了 8 000 多磅李比希的"麦芽食品"。[38]

　　李比希的竞争对手们不久便推出了更加廉价和简单的配方：生

产婴儿及病患食品的美林(Mellin)食品公司在1866年由一位英国药学家开发了一款可以用热牛奶冲调的饮料。后来,一位移民到芝加哥的英国人研发了霍利克(Horlick)麦乳精,它最初的成分与美林的产品相似,但后来又推出了一种可以用水冲调的奶粉产品。正如历史学家利马·艾普(Rima Apple)给出的解释,这些食品公司十分清楚牛奶在供应链中受到污染的问题,因此,霍利克这样的公司推出的配方产品带来了科学的进步,回应(或引发)了现代母亲们的另一种担忧。医生和科学家们以现代消费者熟悉的方式为这些产品背书。与当今社会的情况相似,19世纪80年代,从《科学美国人》(*Scientific American*)和《美国分析师》(*American Analyst*)上刊登的关于产品制造过程的文章中,人们很难区分其中蕴含的究竟是商业化的赞誉还是基于正规医学的评价。信息和商业宣传已经融为一体。[39]

自19世纪60年代首次出现以来,人工制造的婴儿食品的发展依赖的是一种现代情感:对化学科学的崇敬。著名的亚瑟·哈索尔(Arthur Hassall)是维多利亚时代关于食品掺假的权威大部头巨著的作者,他似乎也对李比希食品的特性表现出极大的兴趣。他刊登在英国最知名的权威医学杂志《柳叶刀》(*The Lancet*)上的文章中描述道,麦芽"对淀粉的影响非常显著,它可以迅速将淀粉转化为糊精和糖,短短几分钟之内,食物就从黏稠和无糖的状态变得相对稀薄,味道也变得十分香甜"。毕竟,厨房里的化学并没有完全消失!哈索尔通过鉴别常见食物中的人造成分而建立起了自己的职业生涯,这样想来,他对人造婴儿食品的支持似乎有些许讽刺。然而在19世纪60年代,人们很少会这样思考,因为在当时,化学家在营养学领域享有无与伦比的至高权威。[40]

化学反应的奇迹已经被证实是一个强大的诱惑工具,生意人不可能会置若罔闻。20年后,《美国分析师》为读者提供了一扇窥探食品实验室的窗口。与阿库姆的时代不同,食品研究实验室不再总是局限于厨房,而是将大本营建在了美林这类食品制造企业附近。在这里,可以找到由"业务熟练的从业人员"监管的"最巧妙和完美的机械设备"。产品本身"从任何意义上讲,都不仅仅是将几种简单的成分混合在一起的化合物,而是……尖端的化学技术和多年实践经验的结果……且消耗了大量的金钱成本"。一位名叫哈纳福德(Hanaford)的医生为美林撰写了一本用来免费派发的小册子,命名为《婴儿的照护与喂养》("The Care and Feeding of Infants"),当中的话术与前面这段话如出一辙。"当代拥有最高科学造诣的生理学家和化学家们,都致力于仔细的研究和实验,以研发出一种最适合的母乳替代品",这样一来,便打消了人们的疑虑。而事实上,他们都是受雇于婴儿配方食品公司,这有助于提升制造商的信誉度;似乎没有人想到他们之间可能存在任何利益冲突。[41]

人们对经过化学调配设计的婴儿食品的热衷并不仅仅是基于有效的宣传推销话术。如果我们仔细查看1878年对牛奶进行的前沿分析,就会发现,当时学术界对母乳的思考是如何与化学科学和营养学深深地交织在一起的。瑞士医学枢密顾问亨利·勒波特(Henri Lebert)为瑞士沃韦(Vevey)一家蓬勃发展的新公司雀巢(Nestlé)针对该课题进行调查研究时,列出了所有必要的(且完全被接受的)事实。首先,他依据最新的科研发现解释了"人体对营养的需求"。紧接着,他选择了包含人类母乳在内的6种不同种类的奶液,并列表分析了它们各自成分中,水、酪蛋白、蛋白质、脂肪、糖类和盐类物质的不同含量。这样的准备工作为他讨论女性的乳汁如何满足人类营养需求,特别是婴儿出生后最初几个月的需求奠定了基础。

最终向公众透露的信息是,营养科学胜过了自然:或许可以预见,女性的母乳无论是从量上还是营养成分上都存在不足。勒波特的策略是,将母乳中的每一个单一成分与该成分含量高于母乳的其他动物奶液进行对比;为了达到效果,他必须在马奶、驴子奶和牛奶之间不停地来回切换分析。因此,他反复地将"匮乏、缺乏、不足"等词汇用在母亲的乳汁上。"母乳中,盐类物质极度匮乏,"勒波特指出,"这天生就导致母亲早早地开始给孩子添加其他食物作为自己母乳的补充,尤其是那些含有面粉和富含碳水化合物的食物。"在这个婴儿配方粉的案例中,有个小花招起了作用:尽管"盐类物质"指的是"盐",而不是"面粉"或"碳水化合物",但面粉和碳水化合物却恰好是雀巢婴儿食品的主要成分。勒波特判断,即便在最佳状态下,母乳也只能满足婴儿出生最初 6 周到 8 周的营养需求,之后,婴儿的身体会渴望更多其他的食物来补充。42

我们发现,在整个产品制造过程中,最受瞩目的并不是厂商,而是奶牛。勒波特对牛奶的高度赞扬反映了半个世纪以来营养学领域的时代教训,也预示了未来几十年的主流信念。他断言:"在所有的动物奶中,牛奶是最能与母乳相媲美的。""而且,牛奶的物质含量更为丰富,固态物质占比高达 14%。"在维多利亚时代,固态稳定性是被十分看重的特质。勒波特继续强调:"牛奶的可塑性是相当强的,且由于它富含高达 4.3% 的脂肪,因此可作为十分可靠的营养来源。"他最后总结道:"实际上,从方方面面来看,牛奶都比人类母乳更有营养,因此,有某些种族的人群全部使用牛奶来喂养他们的婴儿,也并不足为奇。"43

诸如雀巢这样的商贸企业当时正处在努力扩大企业规模,赢得国际地位的进程之中。然而更重要的是,共同的文化价值观使得大众对婴儿配方奶粉的兴趣扩大成为可能。带有科学性背书的营业学知识随着"方便快捷"这一新概念一起传播开来。对牛奶营养成分的新发现给原本就奶水不足的母乳妈妈们增添了新的焦虑,而这些商业产品则在很大程度上帮助她们缓解了一些担忧,并提供了经过精心测算的可预见性(同时也是这类产品的一大卖点)。

利马·艾普已经表明,女性杂志几乎异口同声地表达了那个时代特有的担忧：对健康的警惕，一种必须找到金钱能够买到的最好产品的迫切期望，以及不加掩饰地承认女性思想中可能存在的其他问题。这一切都以广告允许女性选择不进行哺乳喂养的方式得到了体现。1888 年，《妇女家庭杂志》(Ladies' Home Journal)刊登了一则建议寻求补给品的广告。"如果您打算母乳喂养，请确保乳汁的质量和您的奶量能够满足孩子的需求。如果您自己本就身体虚弱或疲惫不堪，那么您的奶水必然不可能富含宝宝所需要的充足营养，您至少需要使用品质好的牛奶或其他与母乳含有相同成分的婴儿食品来进行部分替代喂养。很快，您就能从自己身上感受到这样做的好处，从孩子身上就更容易看出它的益处了。"[44] 到 19 世纪末，欧洲和美国的上层阶级女性已经确信，她们自己的母乳无法满足新生儿的生长发育需求。她们并不是第一代拥有这种思想的女性，但她们是第一批感受到自己的观念得到了化学科学新发现和强大的商业利益支持的女性。

至少，化学仍然受困于某些令人难以启齿的局限性：无论是对人类母乳还是牛奶，当时的科学家还没能做到完全透彻地了解它们的全部属性。然而，婴儿食品的制造厂家并不是科学家，所以他们并不会像学术圈的某些成员一样保有谨慎怀疑的态度。1871 年，巴黎围城后不久，一种预言性的声音在婴儿人造食品的追捧喧嚣中响起。一位著名的化学家 J. A. B. 杜马(J. A. B. Dumas)在法国人经历的这场饥饿考验中幸存下来，并提出了自己对这场前所未有的、强加到人类身上的营养实验的观察结论。所有物资都极度匮乏，尤其是"奶制品和禽蛋类的稀缺"，导致"大量的少年儿童不幸夭折"。杜马追问，在这种情况下，"仅凭科学的力量"能提供什么呢？

这位法国化学家尤为关切的是：在牛奶已经无法获得的情况下，是否有可能通过一些糖精乳剂来代替，帮助新生婴儿们渡过难关？在这种情况下，不存在创造性化学的问题，而只是烹饪化学的问题了。杜马说,不需要什么特别的配方,"无非就是复制一种含蛋白质、糖和脂肪的乳剂"。然而,在这场强制的实验中,大量婴儿患病或死亡,从 21 世纪的现代视角来看,这明显是营养不良导致的。在当时,研究结果毫无疑问地证明,真正的奶(无论是人类乳汁还是动物奶)含有某种人造乳剂中所缺少的特殊物质。但在当时,人们并不清楚这种物质的真相究竟是什么。

事实上,杜马因为发现了维生素而收获学术权威是许多年以后的事了。虽然"维生素"一词直到 1912 年才被创造出来,但他是通过证明人造婴儿食品中不存在这种物质而反向证明这种物质存在的第一人。讽刺的是,他发表的文章中包含了对自己专业领域的建议。"有机化学的合成能力,甚至是整个化学领域的合成能力,都存在局限性。巴黎围城事件将证明,我们无法自命不凡地认为自己可以用面包或肉所蕴含的元素来合成出真正的面包和肉,并且我们仍然必须把生产乳汁的任务交还给乳母。"他补充道:"有时,和这些命题相关的作者们都带有一种信念,人们必须担心他们的信仰对未来产生的影响。"在杜马看来,探寻人为重造牛奶的过程仿佛是在暗地里警醒科学家们,你们对大自然的理解还并不全面。[45]

母乳的确切性质只是实验室科学家所面临的诸多谜题之一。到 19 世纪末,微生物相关知识的逐渐明晰,再次引发了人们对牧场和牛棚的担忧。时至 19 世纪 80 年代,牛奶已经明确被认为是一种暗藏危险的疾病载体。改革派和科学家们有责任提出一种降低风险的方法,以便城市人口、婴儿以及其他所有人群都能安全地从这种已经被广泛接受的来源中获取营养。

第九章
有利可图的牛和牛奶生意

古话说得好,"兵马未动,粮草先行"。根据一封美国内战时期的信件所描述,食物是战场上治疗伤员的第一道防线。1862年,一位名叫伊莉莎·牛顿·霍兰德(Eliza Newton Howland)的护士到前线当志愿者,她讲述了自己登上医疗船最初两天的见闻。第一批150名伤员送来的时候,所有补给物资都十分紧张。她在给丈夫的书信中写道:"我和伙伴将10磅玉米面熬成粥(这是船上唯一的食物),用两把勺子将它们喂给伤员,再想办法把他们都安置到床位上。"然而,不久,船员们找到了熟悉的治疗方案。"除了一桶新鲜的牛奶宾治酒,在'海洋女王'号(Ocean Queen)的船舱深处还发现了一壶白兰地,又在右翼位置找到了牛肉茶,还有其他各种各样的物资储备散落满地,"霍兰德记录道,"我将信纸垫在腿上草草写下这封短信,只想告诉你,我们一切都好。"对病患和伤员而言,这种有助于恢复体力的液体就和汤药、水以及绷带一样重要。牛奶宾治酒可以让疼痛得到缓解,因为里面的白兰地和朗姆酒让它香气馥郁。制作量之大让霍兰德印象深刻:"牛肉茶一做就是十加仑,宾治酒都是以桶计算的。"可以说,这大概是她第一次为这么大一群人下厨。[1]

纵观食物的历史,就难免让人想起苏菲派①的盲人摸象的故事。

---

① 苏菲派(Sufi),伊斯兰教的神秘主义派别,对伊斯兰教赋予神秘主义奥义,主张苦行、节俭和禁欲。"盲人摸象"据说最初是源于该教派的故事,几个盲人从不同的角度触摸大象,得出对大象不同的印象,形容以偏概全、以局部代替整体的偏颇思维方式。——译者注

为了更加适应西方文化,我们将故事中的动物换成奶牛,大西洋两岸的食物探求者都对其痴迷不已。正如本书第七章中介绍的,雌性的牛科动物促进了乳制品行业的繁荣,营造了家庭安全保障的氛围。而它的雄性伙伴也以提供牛肉的形式兑现了承诺。虽然这两种产品截然不同,但到19世纪中叶,牛肉和牛奶双双成为食品制造商和经销商的主要目标。乳制品被称为"白色的肉"不是没有原因的:早期的消费者已经完全理解了它们丰富的营养价值,以及它们令人满足的饱腹效果。然而,如何让牛奶变得像奶酪这样的乳制品一样方便携带,这一挑战一直困扰着食品供应商,尤其是在战争和殖民冒险时期。

城市和乡镇需求的空前增长使食品供应行业的企业家们大受鼓舞,而满足各类机构的需求,尤其是军队和医院,也能带来巨大的财富。19世纪后半叶,随着工业技术的发展,食品生产行业明显出现了向大规模生产模式的决定性转变。那几十年,开创了一个以市场为导向的新食品商业时代,其最主要的特征是统一性、便携性和"品牌化"属性。在这里,我们可以看到牛奶被引入了一个全新的商业领域,这将从根本上改变它的未来发展方向。

当李比希在乌拉圭监督工人将牛肉挤压成糖浆状时,得克萨斯州的一位企业家开始投资他自己研发的另外一种截然不同的便携式牛肉制品。盖尔·博登（Gail Borden）发明的牛肉饼干旨在改良已有数百年历史的硬质饼干配方。传统的做法是将普通的碳水化合物（面粉和水的混合物）压制硬化成坚不可摧的咸甜饼干。经历过内战的老兵将这种硬饼干描述为"铁片饼""磨牙器",简直可以装进枪膛里当子弹使,作为帐篷周边的铺压石块都能行（事实上还真有一队炮兵这样实践过）。博登的出发点不仅是改善传统硬饼干的口感,他还打算从营养成分上进行改良,或者说,弥补其缺少的营养。他开发的这种现代风格饼干来源于氮(即肉类),利用了当时人们追求"身体塑造"的时尚,这简直是需要空腹进行长途行军跋涉的男人们的理想之选。有了博登的产品,两磅饼干就相当于三磅得克萨斯州"最上等的牛肉"。多年来,这位发明家一直潜心在得克萨斯州加尔维斯顿(Galveston)的气候潮湿地区摆弄他的干燥盘,并终于在1851年得到了回报,他带着他研发的这款饼干前往伦敦,并在世界著名的博览会上获奖。[2]

要知道,博登与牛奶邂逅之前的"史前史"并不容易,他是个有点常识的怪人吗?还是被贪婪驱使的机会主义者?或者是一个目标明确的传教士?坦率地说,他早期设定的目标的确雄心勃勃:"我希望……有朝一日能被称为世界名厨,这是我对世俗名望的极致追求。"[3]然而,这位发明家的真实情况却消失在此后一个多世纪的美式圣徒传记的迷雾之中。白手起家、流浪的先驱、孜孜不倦的发明家、天生的商人、先知圣人:博登经历的每一方面后来都被夸张放大到超越现实的程度。与李比希不同的是,博登几乎一生都在与专利局和融资来源做斗争,这听上去似乎有些意外,因为他的名字现在已经成为商业化牛奶的代名词。然而,即便存在这样的事实,也不妨碍人们对这位为了追求进步而自我牺牲的英雄人物的歌颂式描述:根据某种固有观念,他的故事自然而然地这样展开,博登终其一生都在追求同一个目标,实现之前从未休息,他的终极梦想是制作出一款所有人都能负担得起的物美价廉的基础食品。

然而更确切地说,博登人生的头50年呈现出一种受时代洪流推动的躁动不安:这个毫无节制的占有欲盛行的年轻国家,造就了博登这样的美式男子气概,略带一些不成熟,又有着争强好胜的一面。博登似乎无法忍受在同一个地方长期逗留:他从家乡纽约州一路向西迁移,最终于1829年定居得克萨斯州。19世纪30年代,他参与起草得克萨斯州宪法,之后在山姆·休斯顿(Sam Huston)手下担任加尔维斯顿港收税员。但是,他并不满足于享受在当地的显赫地位,而是抱有取得更大商业成就的决心。他起先是痴迷于研究牛肉饼干,19世纪50年代,又决定获得浓缩牛奶工艺的专利。于是,他定期开始一种巡回流动的生活,这并不是出于任何特定的需求,而是因为他与物质世界之间存在的一种坚定的、不断索取的关系。

正是博登对空间和时间的独特洞察力,让他的创业天赋得到了发挥。作为一个四处游历的北美人,博登深知跨越遥远的地理距离长途旅行的必要性。他在加尔维斯顿港的工作让他认识到海上旅行的重要作用,意识到海上旅行对长期稳定食品供应的依赖。按照博登的说法,船舶上和军事上的物资供应补给,可以说是完全跟不上先进文明的发展,表现十分糟糕;他自诩为美国工业和创造力的推动者之一。不仅如此,他还摸清了一个事实,各大帝国的人们(尤其是英国人和美国人)都是野心勃勃的演员,在世界的大舞台上争相竞演。正如他向英国人推销时所说的那些巧妙话术一样,博登对国际事务和国家大事保持高度警觉,甚至早就预料到了克里米亚爆发战争的威胁。早在美国内战爆发之前,他就已经谋划设想了一个不易腐败的便携方便食品的全球市场。

牛肉饼干代表了一种便携的肉类替代品,与如今的背包客携带的脱水食物相似。正是看到了它这个层面的潜力,博登联系上了英国探险家以利沙·肯特·凯恩(Elisha Kent Kane)和约翰·罗斯(John Ross),以激发这类人群对产品的兴趣。另外,他还掌握了一个事实,为了充分实现目标,他还必须培养挖掘潜在客户。他将所有的可能性都一一罗列在一份宣传传单上,并用上了令人惊讶的现代广告形容词:"这种肉饼干可以做出最上好的汤;如果能跟蔬菜一起烹煮,则可以呈现它最完美的表现;加入馅饼中也是让人无法拒绝;加上米饭和砂糖再稍微搅拌,就是美味无比的布丁;也可以为肉馅饼打底;可以代替卡仕达酱或为任何你想要制作的甜点增添别样的风味……"显然,与现代一样,那个时候也很少有人会留意盒子底部的印刷内容。根据传记作者的描述,博登不得不使用挨家挨户上门推销的方法来亲口讲解产品的广泛用途。制造商本人"总是出现在医院的厨房或停泊在纽约港的船只的厨房,向人们展示如何使用这种饼干来烹饪"。但销售业绩依然低迷,因为"大部分厨师都不愿意听从他的建议"。[4]

博登收到了英国政府颁发的专利证书,但消费者和发明之间的交流显示出人们对这款饼干的实际接受和使用情况存在争议。英国人按照他们本地香肠的制作习惯,试图说服博登减少产品中添加的肉类比例,从三磅"最好的牛肉"减少到两磅。(博登态度坚决,始终坚持自己最初的配方。)然而,一封来自美国海军的信件措辞十分委婉:许多人发现这种肉饼干"味道不同寻常",简直"令人反胃"。尽管这封信中的测试结果是基于"赤道地带和中国的气候条件"进行的,存在局限性,但也体现出了"对这一物品的普遍反感"。显然无论到什么地方,这种饼干的味道都十分糟糕。即便是美国海军,对口味也是有要求的。[5]

博登的商业头脑远远超过了他的烹饪技巧:这位美国发明家抓住了一个重要事实,即食品制造商可以从涉及军用物资的政府合同中获得巨大利润。在克里米亚战争期间,博登雇用了一名代理,和他的兄弟约翰一起在伦敦推销这种饼干,不过并没有取得更大的成功。他们的通信表明,他们敏锐地意识到,自己提供的这项服务需要恰当的时机。1854年8月,一位旧相识在从伦敦给他写的书信中说道:"我简直无法想象,你有什么理由还不来这里。""现在正是做买卖的大好时机,我认为,你本可以把成吨的产品卖给政府,供应给军队和水手。"他们的团队并没有轻易放弃。博登的代理人将一盒饼干寄给了在斯库塔里(Scutari)负责品尝测试的权威人物弗洛伦斯·南丁格尔,并附上了详细的介绍资料。最终,他们至少收到了一份订单:"订购600磅肉饼干,每块重五又三分之一盎司,制作成半英寸厚的圆形。尺寸必须严格符合这个标准,不可大也不可小。"然而,针对这种饼干的太多质疑和不满妨碍了它的完全成功。尽管战场上确实需要更多的肉类(这一点在后来被人们广泛阅读的南丁格尔的作品《护理笔记》中得到了证实),但不知为何,肉饼干不适合。[6]

回到美国,博登的目标发生了重大转变:他往返于纽约州和新英格兰,开始学习研究浓缩和罐装牛奶的课题。这位发明家又再一次将自己的目光锁定在了牛科动物身上。据传闻,接触这个项目的灵感是他在1851年带着牛肉饼干首次在世界博览会上亮相之后,从伦敦乘船返回美国的途中产生的。他的偶像化传记作者这样写道:"故事大概是这样的。为了让船上的幼儿乘客能喝上奶,奶牛被带上了船。然而在航海途中,这些奶牛都不幸染病而死。有没有什么别的办法可以满足这种旅途中对纯牛奶的需求呢?基于这种思考,他开始朝这个方向研发产品……这是一种军队承包商无法垄断的产品,一种国内快速发展的城市居民难以获得的产品,一种无法进行远距离运输的产品,一种在自然状态下极易腐坏变质的产品,他考虑到所有的因素,便开始着手工作。"[7]博登意识到,自己正在参加一场寻求牛奶最佳保存方式的竞赛,于是他将自己彻底投入实验,并在很短的时间内就获得成果,开始围攻美国专利局。

在博登之前,在牛奶的保存技术方面的杰出的前辈有不少。首先是蒙古人,他们的干燥牛奶制品给马可·波罗留下了深刻的印象。更近代一些的当属著名法国厨师尼古拉斯·阿培尔(Nicholas Appert),19世纪初,他成功使用玻璃瓶储存了肉类、蔬菜和牛奶,供应给拿破仑的军队。鉴于当时生产真空容器的技术还并不完善,可想而知用阿培尔的方法储存的牛奶肯定颜色难看,味道更是不敢恭维。后来的罐装方式确保了产品质量的提高:1813年,由英国金属工人发明的镀锡铁罐被用来储存肉类,提供给皇家海军食用。对拿破仑战争的双方而言,这都是部队食品供给的分水岭。弗里德里希·阿库姆在《烹饪化学》一书中解释了这一过程的科学原理,并以第一人称的方式见证了这项技术在19世纪20年代的成功。在一次前往中国的航海之旅中,船长巴塞尔·霍尔(Basil Hall)对听装牛奶赞不绝口:"这种牛奶的品质简直太让我震惊了;老实讲,所有用这种方法储存的食物其实都不赖。"虽然食品罐装技术也抵达了美国海岸线,但听装产品并没有在短时间内开始流行,依然被认为有些不实用。这种容器有些笨重且打开比较费劲,更重要的是,消费者们对里面储存的东西还有些顾虑。方便快捷的开罐器好多年后才被人发明出来,大概也正是因为人们对罐装食品缺乏兴趣吧。[8]

跟大多数企业家一样,博登从技术熟练的一线从业人员那里了解到食物保存的方法,然后从中选取最佳方案。在研究牛奶冷凝技术时,他亲自前往纽约的新黎巴嫩(New Lebanon),震颤派①在那里成功研发出了长期保存水果的技术。其中的秘密武器便是真空锅,它可以形成一种"半流动的液体"状态,无须冷藏便可保鲜。博登并不是科学家,他童年时期接受过的正规教育加起来不足两年。路易·巴斯德此后发布了关于微生物的研究成果,但这对震颤派和博登来说无关紧要。没有人能够解释,为什么只要隔绝了空气,便可保障牛奶不易腐坏;人们只需要欣然接受这一事实即可。使用低温持续加热可防止牛奶变色。在将炼乳装进罐子之前,只需要一个简单的卫生习惯,就能多一层保障,确保产品的安全性并延长保质期。容器内细菌越少,产生各种危险的可能性也越低。添加砂糖又增加了最后一道防线。虽然博登始终强调他的炼乳制作工艺中不需要糖的参与,但他的产品始终需要依靠蔗糖来进一步抑制细菌的繁殖。基于这个技术要点,这款产品开始被许多想要限制甜食摄入的消费者

---

① 震颤派(Shakers),贵格会在美国的分支派别。——译者注

放弃了。正如现在的营销人员熟知的那样,一款经过再加工的产品,并不一定要与它的原料味道一模一样才能受到买家的欢迎。[9]

博登最终成功从犹豫不决的投资者手中募集到贷款,在康涅狄格州建立起工厂。1857年的金融恐慌差一点就毁掉了这位过度扩张的发明家的全部心血,但在关键时刻,博登还是像以往应对每一次僵局一样,成功扭转了自己的命运。在往返康涅狄格州和纽约市的火车上,他偶遇了纽约金融家和铁路大亨耶利米·米尔班克(Jeremiah Milbank)。米尔班克显然对博登这位传奇人物十分感兴趣,在火车到达目的地之前便决定支持他的生意。4年后的又一次命运转折,让他们的这次合作成为博登众多合作中最后一次,也是最成功的一次。[10]

博登和米尔班克将纽约作为他们的新基地,并为公司重新命名为纽约炼乳公司,且最终因为内战的爆发而得到彻底拯救。公司成立之初,尽管付出了极大的努力,但他们遭遇的仍然是"漠不关心的公众"。代理商们挨家挨户地派发样品,直到建立起一定的客户基础;然后,手推车送货的销售模式提供了稳定但不怎么令人满意的销售业绩。在某一时刻(有资料显示是1856年,这甚至是在博登遇到米尔班克之前),一种贴着爱国主义情怀标签的"鹰牌牛奶"出现在了公众视线中。这可能是商标赢得的最早的头等奖赏,好运最终眷顾了公司在纽约的办公室:1861年,一位美国陆军负责征用的官员走进这间办公室,"在询问了几个问题之后,宣布他想要500磅炼乳"供应给参与内战的部队。需求增长如此之快,以至于公司都无法跟上:于是又在纽约的布鲁斯特(Brewster)和伊利诺伊(Illinois)的埃尔金(Elgin)建立起新工厂。到战争结束时,博登和米尔班克发现自己得到了十分丰厚的回报。[11]

值得思考的是,美国内战期间,为什么罐装炼乳的销售会通过军队的采购而迅速增长。虽然这款产品早已经在婴儿食品市场占有一席之地,但远没有获得实质性的成功。战争前的 3 年,博登有这样的设想:弗兰克·莱斯利(Frank Leslie)的《插画周报》(Illustrated Newspaper)负责揭露牛奶贸易中的骗局,博登精明地在同一家报纸上刊登自己的罐装炼乳广告,恰好可以作为对报纸揭发的"泔水牛奶"的回应。但是,美国的母亲和婴儿们更加倾向于在自己居住的街镇向自己熟悉的街头商贩购买"新鲜"牛奶。产品在内战期间占领市场的秘密在于美国士兵独特的饮食习惯。"咖啡是我们主要的慰藉,"一位北方士兵回忆道,"没有它,确实相当痛苦。"根据一位历史学家的说法,"军队官员努力确保,如果只能发放一种补给品,那肯定得是咖啡"。正如一位军医所解释的那样:"它是艰苦行军一天的最佳储备,也是经历奋战后恢复体力的最佳选择。"(巧合的是,1866 年,李比希也在自己的一篇名为《一杯咖啡》的流行杂志文章中得出了同样的结论。)喝咖啡,就得配上牛奶和砂糖:博登的品牌炼乳,加入了蔗糖调味,一下子就解决了士兵们的两大需求。除此之外,只需要再准备几根生火用的棍子、一天配给量的豆子和一个咖啡杯。[12]

有关咖啡的证据(无关乎牛奶)在内战日记和历史记录中比比皆是,其中就包括约翰·D. 比林斯(John D. Billings)的《硬饼干与咖啡》(Hardtack and Coffee)。从比林斯的作品中可以发现,士兵们通过用咖啡浸泡或咖啡送服的方式让硬饼干变得可以勉强下咽。美国人显然更喜欢加奶饮用咖啡,但考虑到全国各地物资短缺,行军中的部队也不太可能得到补给,普通的军队消费者只能勉强接受黑咖啡。比林斯解释说:"对所有士兵们来说,喝不加奶的黑咖啡都是一种全新的体验,但他们很快就学会了心甘情愿地接受这一事实。我甚至怀疑,到战争结束前,是否有 1/10 的人出于自愿地往咖啡中加过奶液。军中小贩能常规供应的炼乳有两个品牌,路易斯(Lewis)和博登。偶尔也有迷路的奶牛被他们带进食堂,直接挤奶现场供应,但这仅限于战争早期。后来,战争肆虐的弗吉尼亚很少出现这种牲口,因为军队认为吃它们的肉比挤奶更能发挥价值。"[13] 由于牛肉可以养活更多的人口,所以更加受到偏爱,这也导致从牛身上获得液体营养的可能性基本消失。所以,喝咖啡的人别无选择,只能用水来冲泡咖啡豆。

博登在他纽约的办公室见证了咖啡的历史,并发现军队的消费习惯正在朝另外一个方向发展:对他的炼乳的需求正在攀升。政府总部的官员可能是第一批喜欢在咖啡中加入甜味炼乳来饮用的人。至少在送往前线的东西中,这类产品肯定包含其中。据介绍,来自家庭的礼物盒也有助于这种新产品的销售。口碑肯定已经开始影响人们的购物选择,如果销量是可靠的衡量标准,我们可以认为,此时的消费者已经开始适应这种产品。根据博登的记录:"不仅军队购买他这一品牌的炼乳,休假和退伍的士兵也会在平民中宣传它的好处。"在这段时间里,博登萌生了销售罐装液体拿铁咖啡的想法,但显然他并没有足够的时间来实现这一计划。截至1863年,他旗下的工厂的炼乳日产量已经高达14 000夸脱,但仍然无法满足日益增长的市场需求。博登随即建立了新工厂,并以更大的金融手段在新的竞争对手公司持股,向他们颁发专利使用许可,使这些公司也可以使用他的牛奶浓缩工艺进行生产。一个苦苦挣扎的公司由于政府的一份订购合约起死回生,并在美国商业领域名列前茅,这样的奇迹不会是最后一次。[14]

我们必须注意到一个事实,博登并不是第一个成功生产炼乳的人。早在20年前,一位名号响当当的英国人牛顿已经获得了一项专利,他通过间接的、"温和的"加热蒸馏方式得到了一种"蜂蜜状的"牛奶。但是他的产品并没有成功推向市场。在博登取得成功之前,至少还有另外两位英国人和一位俄罗斯人研制出了冷凝或蒸馏的牛奶制品。显然,时代需要这样的产品:一位英国生产商吹嘘说,他每年为"政府的北极科考队"提供5万品脱的半品脱听装炼乳。因此,博登的案例证明了人格因素对成功的决定性影响：我们可以将他顽强的商业进取心委婉地表达为"创业动力"。也许是美国消费者在内战后依然愿意继续接受这款产品，使博登从一个成功走向了另一个成功。炼乳的历史证明，影响一种商品最终成功与否的变量实在多不胜数。[15]

为了了解最真实的历史，我们首先必须认识到一个十分重要且有些反直觉的事实：在牛奶作为一种饮品真正流行起来之前，西方世界以牛奶为原料的制品的产量就已经呈现指数级别的增长。隐藏在其中的一个重要原因可能是，自19世纪50年代起，牛奶已经带上了工业产品的新身份。盖尔·博登已经证明，罐装的牛奶制品，无论是炼乳还是奶粉，都拥有液态鲜奶最为缺乏的便携性和耐储存性。随着他的制作工艺被广泛使用，陆续又有其他的专利工艺在世界范围内出现，因为坚定的实验者们企图通过添加和减少成分（主要是糖）来对他的工艺进行改良，以得出更好的产品。

1885年，英国首先开发出了奶粉，随后奶粉也逐渐作为一种商品走向了市场。起初是作为婴儿食品的补充，后来又成为制作巧克力和糖果产品的基础原料。在北美和瑞士，牛奶工业已经变成了一个利益丰厚的行业，产品的产量达到了惊人的水平。罐装牛奶制品的流行也引发了一些重要的质疑，首当其冲的显然是：消费者主要使用罐装牛奶制品来做什么？大多数买家都是将它倒进咖啡里吗？母亲们会用这些罐头制品为婴儿制作什么自己研发的特殊食谱吗？在售出的罐装制品中，有多少是出于烹饪目的购买的？所有这些多样化的可能性都表明，经过加工的牛奶制品为未来的市场化牛奶铺平了道路，这种市场化的液体鲜牛奶被认为是品质安全的，且其价格也在普通消费者可以接受的范围之内。无论如何，对奶制品需求的巨大增长对其行业自身也产生了整体性的影响：它改变了人们对奶牛养殖业的现代新观念,这一点在第一次世界大战时期尤为明显。

有一个重要的推动因素来自北美,那里的乳制品农业已经从中西部地区各州拓展到了俄勒冈州(Oregon)和华盛顿州等远西部地区。炼乳制造业的扩张速度在一定程度上反映了当时乳制品业的增长情况。从1890年到1900年,美国市场上的炼乳产品总量已经翻了接近5倍,从3 800万磅增长到了1.87亿磅;由于第一次世界大战爆发,这个数字甚至一度达到了8.75亿磅。战争期间,来自欧洲市场的需求使产品销量持续增长,1919年,美国生产了超过20亿磅的炼乳和4 400万磅奶粉。而这样庞大的数字也仅仅消耗了整体牛奶供应量的一半。虽然美国人均奶牛拥有量从1头上升到5头,但从1900年起,牛奶的产量早就具备了出现盈余的能力。[16]

随着行业销售和分销端的公司业务安排的兴起,在各种力量的共同作用下,生产出现了爆炸式增长。大型企业在19世纪末西欧和美国资本主义经济的重组中大获全胜。牛奶加工业是当时食品行业最成功的门类之一,得益于全球食品出口网络的便利,各类产品可以跨越重洋,进入往日尚未涉足的市场。各大公司利用廉价长途运输和冷藏技术等新的方式,开始在世界牛奶市场上激烈竞争。另外一个不容忽视的重点是,国际商业资本开始对国外的生产企业进行重组。瑞士开始立足挪威和西班牙;美国企业家又开始把眼光投向瑞士;来自瑞士的移民开始改变美国中西部地区的行业形态。为大型企业生产牛奶的新格局打乱了乳制品行业的既有版图,颠覆了牛奶作为一种已知的本土产品的固有观念。

例如,到1920年,博登牛奶公司已经跻身"美国和加拿大最大的制造业企业行列"。即便在当时,博登公司的垂直整合看起来也相当的现代化:博登旗下拥有并经营着31家炼乳制造厂、11家"原料供应厂"、11家罐头包装制造厂、2家糖果厂、2家麦乳精厂和2家牛奶干粉制造厂。该企业旗下的子公司博登农产品公司(Borden's Farm

Products)拥有"8个经过认证的奶牛场、156个乡镇装瓶厂和接收站、70个城市巴氏杀菌制奶厂和分销分支机构",纽约市、芝加哥和蒙特利尔消费的大部分鲜奶都由它们供应。[17]

在那个人人都在讨论程式化和对现代生活方式产生焦虑的时代,最聪明的营销策略是把重点放在产品的包装方式上。在广告公司的会议室里,牛奶的纯度并不会成为讨论的重点话题。(在博登芝加哥公司,这个问题通过对产品进行巴氏杀菌处理得到了解决,这是一种将公共服务和商业敏感性相结合的举措。)当康乃馨牛奶公司(Carnation Milk Company)发出它们传奇的广告语"心满意足的奶牛产好奶",世人对牛奶历史上的熟悉主题就已经被打破了。1906年前后,该公司正在为自己一年一度的促销活动寻找新的卖点。广告部主席E. A. 斯图亚特(E. A. Stuart)正在位于芝加哥的办公室与马欣(Mahin)广告公司的成员碰头。新加入团队的广告撰稿人海伦·玛·肖·汤姆森(Helen Mar Shaw Thomson)听斯图亚特阐述了自己公司最偏爱的自然资源——温顺的奶牛。25年后,她回忆当时的情景,说主席的表演堪比诗人朗诵田园诗歌。他谈到了"华盛顿和俄勒冈常年翠绿的草场,那里放牧着被精心照料的荷斯坦奶牛群,康乃馨公司的浓醇牛奶就产出于此";他还描绘了"这些牧场如画一般的背景环境——背后的高山常被皑皑白雪覆盖,纯净的波光粼粼的山泉在山间涌动,蜿蜒而下,这些山泉水不仅是牛群的饮水之源,也充分滋养了牧场,让这里的牧草更加鲜嫩多汁";"天气炎热时,牛群可以在繁茂的树荫下休息",斯图亚特的奶牛场狂想曲就这样完成了。

在参加工作之前,汤姆森在佛蒙特州长大,后又以优异的成绩从波士顿拉丁女子学校(Boston Latin Girls' School)毕业。她真正的志向原本是进入医学院深造,但由于家庭原因(父亲认为女儿最终不能成为医生),她被要求转变思想,从事更适合女性的职业。她能够出席主席和广告公司老板的会议,足以证明她是个拥有宝贵智慧的女性。她通过在佛蒙特州度过的童年时代的回忆,并结合她所了解到的古怪的生物学原理,产生了"奶牛在精神和身体都放松的条件下产出的牛奶"更加易于消化这一概念。在斯图亚特陈述完那番奶牛场狂想曲之后,她记得自己情不自禁喊出一句:"心满意足的奶牛产好奶!"当时房间里的所有人仿佛都意识到了这句广告语的迷人之处。她回忆道:"约翰·李·马欣(John Lee Mahin)手中的铅笔敲响了玻璃桌面","这就是我们的口号!"这句话实际上成了美国赞颂20世纪炼乳发展的虚拟标语。[18]

一个具有国际规模的现代产业竟然是从田园传说和押头韵的广告口号上蓬勃发展起来的。瑞士沃韦周边风景如画,山坡上点缀着可爱的棕色奶牛,这正是19世纪60年代德国人亨利·雀巢(Henri Nestlé)的灵感来源。随着人们对新的婴儿配方奶粉的热情高涨,雀巢将当地的色彩转化为一种具有广泛吸引力(且得到医生认可)的产品。这种产品混合了瑞士牛奶制成的奶粉和经过烘烤的谷物,起初是在欧洲各地的药店中出售。1868年,亨利向一位合伙人吹嘘:"相信我,同时在4个国家推广同一项发明,并不是件小事。"到1873年,他的产品已经横跨两个大洋,远销到包括墨西哥、阿根廷、荷属东印度群岛和澳大利亚在内的16个国家和地区。[19]

雀巢以生产价格实惠的瑞士牛奶为目标,带着诚挚和壮志雄心创立了自己的品牌。他说:"从我们这里采购最多牛奶的并不是那些有钱人。"(在该公司的历史上,雀巢从未改变自己简单粗暴的格言和唯利是图的算计。)"我们必须将婴儿食品的价格控制在每个人都能承受的范围之内。两罐的售价为3.6瑞士法郎就比一罐的售价为2瑞士法郎要好得多。"在这些精美的罐装容器上,描绘了一只鸟妈妈正在哺喂鸟巢中新生鸟宝宝的场景。代理商曾建议创始人使用著名的瑞士国旗上的十字图案作为品牌商标,但被他断然拒绝。一只鸟的形象构成了他的"盾形纹章"的主要图案,毕竟创始人姓名中的单词 Nestlé 在瑞士德语中的意思便是"小小的鸟巢",在这里,个人的形象胜过了国家的象征。在那个民族主义热情高涨的时代,雀巢的利己主义可能更有利于销售。1871 年之后,该公司工厂周围的地区居民开始指责雀巢抬高了当地的牛奶价格。在那个将廉价而充足的牛奶供应视为与生俱来的权利的国度,这样的指控并不算轻。[20]

附近的山区酝酿着激烈的竞争,这表明早在 19 世纪 60 年代,压力就已经相当明显。位于瑞士卡姆(Cham,离苏黎世不远的镇)的英格兰瑞士炼乳公司之所以取这样的名字,并不是因为它的创始人是英格兰人或瑞士人,而是因为这两个国家为该公司的产品提供了最有前景的销售市场。查尔斯·A. 佩奇(Charles A. Page)出生于美国,由于担任过美国驻苏黎世领事,对瑞士的农业生产有十分深入的了解。他和他的兄弟乔治(George)一起,花了一段时间在美国博登学习牛奶浓缩业务,返回瑞士后于 1866 年创立了这家公司。他们的计划十分成功:他们最好的客户是英国,这对从事国际贸易的销售来说,简直是一种额外的奖赏,因为英国除了本土以外,还有一个附属的殖民地网络。他们最差劲的客户是瑞士:因为那里的消费者都更偏爱新鲜天然的产品。

佩奇兄弟展现出了独有的灵活性,直到 19 和 20 世纪之交,雀巢这种产品单一的公司都无法与之相匹敌。牛奶是一种随着季节变化而产量出现增减的原料,这种特性导致工厂会周期性地出现原料供应过剩的状况,于是兄弟俩开始逐渐将自己的产品线多样化。在某些地区,他们用多余的牛奶来制作奶酪和其他创新奶制品,这些产品听起来简直不像是维多利亚时代存在的,而更像是星巴克时代才有的现代制品,比如咖啡牛奶、可可牛奶和巧克力牛奶。在经历了动荡不安和利润丰厚的 40 年之后,趁着 1905 年企业合并浪潮,英格兰瑞士炼乳公司与雀巢合并。从那时起,雀巢才开始着手生产它如今家喻户晓的牛奶巧克力。[21]

基于正确的市场营销策略和商业头脑，牛奶公司甚至试图将"劣质牛奶"的时代变成一种优势。瑞士历史学家托马斯·芬纳（Thomas Fenner）以上瓦莱州（Upper Valais）的酒店业大亨塞萨尔·里茨（Caesar Ritz）为例，记录了商业资本在错综复杂的国际舞台上的表演。里茨从戛纳（Cannes）霍乱疫情的影响中认识到，疾病是一个必须不惜一切代价与之战斗的敌人。他利用瑞士、法国和英格兰的关系网络，根据德国的一项新型技术生产出一种最先进的灭菌牛奶。他的公司贝尔纳阿尔彭牛奶集团（Berneralpen Milchgesellschaft）成立于1892年，企业形象是一只熊，是伯尔尼人力量和善良的象征。里茨甚至通过法国的一家报纸进行公开宣传称，埃默河谷（Emmantal）是"奶牛的天堂"，以此来进行产品推广。尽管里茨费尽心思地训练农民和工厂工人们"保持一丝不苟的清洁、守时和勤奋"，并以"严厉的惩罚"作为辅助，但这项计划最后还是以失败告终。19世纪末的经济萧条阻止了这种高端、纯净牛奶的市场扩张。[22]

世纪之交的帝国时代催生了一个巨大的罐装牛奶市场网络。作为英属殖民地的一部分，加拿大的农场和工厂为远近各地的消费者提供了供应。驯鹿炼乳公司（Reindeer Condensed Milk Company）位于新斯科舍省（Nova Scotia），为当地的渔业和伐木业社区提供服务，在那里务工的男人们的咖啡杯里迫切需要罐装牛奶产品。阿拉斯加和育空地区（Yukon）的采矿站也会采购这种产品。加拿大工厂的牛奶还会海运到其他遥远的大英帝国属地，连南非和日本的某些城市都能发现使用炼乳的踪迹。（澳大利亚市场已经被雀巢占领，在世纪之交，已经成为该公司的第二大市场。）1912年，加拿大公司的最大买家是古巴，当地的热带高温气候导致生产乳制品极其困难。全世界对罐装牛奶制品的需求从未停止，迫使北美和欧洲的奶牛不得不持续增加产量。[23]

然而也不仅仅是北美和欧洲的奶牛受到影响：炼乳工厂甚至在

远东地区兴起,利用运输来的奶牛的牛奶进行生产。1868年之后,经历明治维新运动的日本深受西方饮食和文化的影响,为本土乳制品行业的发展铺平了道路。尤其是咖啡饮用习惯的引入为日本民众接触牛奶提供了一个重要途径,并提供了相当大的乳制品需求缺口。到1890年,日本开始致力于促进本土炼乳工业发展的科学研究。同时,那个熟悉的模式出现了:1897年,日本占领中国的台湾,要求当地具备与本国家乡同样的配置;于是他们把奶牛从日本运到台湾的土地上。(不过,在当时的中国,饮用牛奶的习惯并不普遍,第二次世界大战后,中国的奶牛数量甚至减少了。)与此同时,日本本土的炼乳产量已经出现饱和,第一次世界大战后,中国大陆和南海诸岛成了日本炼乳的消费市场。根据一些不完整的证据来看,这些罐头产品很可能最终是被当作婴儿食品来使用的。[24]

与此同时,奶农们自己也在努力寻找通过工业手段制造出物美价廉、方便携带的食品来占领市场的途径。奶酪"工坊"贡献了一种大批量生产奶酪制品,并通过商贸代理整批进入城市市场的运作模式。其实,这种模式远没有听起来那么工业化:虽然他们使用的是可以进行大规模生产的设备,然而工坊获利的途径与其说是依靠机械化生产,不如说是依靠规模经济。工厂从个体奶农那里收购牛奶和奶油来进行统一加工,这样可以实现大批量出售品质规格统一的乳制品,这是城市经销商更愿意接受的模式。19世纪40年代,纽约州的奶农最先采用这种方式,并且取得了巨大的成功:不久,他们的产品就在伦敦市场上击败了最大的竞争对手——英国奶酪。就质量而言,他们的产品在大众市场上表现良好,这迫使大西洋彼岸的奶农不得不将谋生手段转向液态奶。基于同样原理的黄油工厂在英国如雨后春笋般涌现,以便吸收过剩的原料供应。在某些地区,黄油工厂还与猪舍结合在一起,用制作黄油过程中产生的废水(也就是我们熟知的白脱奶)饲养的牲口格外肥壮。[25]

牛奶的进化依据是企业家们在实践中摸索出的经验和跨国移民的规律发展而来的。消费文化历史上关键性发展在这一关键节点之后出现：19世纪的最后几十年里，出现了几种非常成功的以牛奶为原料的产品。麦芽糖和奶粉的混合物麦乳精便是其中之一，这是一种供成年人食用的类似婴儿食品质感的食物。发明人詹姆斯·霍利克是英国格罗洛斯特郡的药剂师，他于19世纪70年代移居芝加哥，进入销售婴儿食品业务的先驱美林公司。霍利克很快产生了为肠胃虚弱的人群研发合适的产品的想法。他有一位在美国从事会计行业的兄弟威廉，在兄弟的帮助下，他开发了一款新型的罐装食品，内容物是经过烤制的谷物粉和奶粉混合物，并为其赋予健康食品的概念，推向大众市场。现如今，我们想到麦芽饮品，更留恋它那种香甜的特殊滋味，并不会基于营养滋补或治疗的目的来购买。（实际上，麦芽饮品含有大量的核黄素，也就是我们熟知的维生素B2，但它的大部分热量都源自糖类。）19世纪晚期，麦芽类谷物会让人联想到热情（尤其是大麦）和啤酒酿造，但是霍利克却在此时提供了一种带有一丝节制意味的产品。他的策略立刻取得了成功。

霍利克最终研发出了一种以牛奶为基础的干燥产品，从而诞生了号称健康又方便的"麦乳精"饮料。19世纪末的一份行业评估报告显示，"麦乳精的高消化率、高营养价值和食用价值、保健功效使其成为婴儿和体弱多病人群的最有价值的健康食品。它轻巧便携、保质期长，有助于被运送到全球各地供人们购买食用。"著名的极地探险家罗尔德·阿蒙森（Roald Amundsen）在20世纪初的探险旅途中将麦乳精加入了自己的行囊，为这款产品增添了不少声望。它的便携性使它在第一次世界大战期间成为军用物资的理想选择。到20世纪30年代，霍利克的公司又开辟了一个新的零售领域：治疗现代失眠症的夜间安慰食品。该公司又利用帝国优势，在印度、加拿大和加勒比地区等地开设海外工厂。到20世纪60年代，位于印度旁遮普的一家工厂开始使用水牛奶生产霍利克产品。[26]

霍利克从"健康"产品发展到糖果产业,只需要一小步:在19和20世纪之交,冷饮饮料和巧克力糖果出现,扩大了牛奶改头换面、伪装进入市场的可能性。"麦提莎"①便是其中之一,制作方法是"把经过真空锅烘干的麦乳精切割成条状,外层再沾上巧克力糖浆,干燥后用锡纸包裹起来"。[27]随着富裕城市人口可消费收入的增加,19世纪的食品历史中,对牛奶的需求与糖类产生了密切且重要的关联。19世纪中叶,欧洲和美国的糖消费量激增:仅在英国,每年的人均糖消费量就从1844年的17磅上升到1876年的60磅。再加上粉状巧克力和块状巧克力的出现,它们都是需要经过深加工的创新产品,牛奶作为人们普遍渴望的商品中必不可少的明星原料,需求量自然大幅上升。[28]

巧克力的历史本身就是一个相当迷人的课题,直到19世纪末,它的发展几乎都没有牛奶的参与。范·豪顿(Van Houten)于1828年发明了荷兰工艺的可可,让消费者有机会接触一种更加美味的产品,这种粉末可以加水冲饮。在接下来的十年里,法国和德国的制造商相继研发出制造"食用巧克力"的方法——也就是说,这种固态巧克力不再需要消费者对其进行任何加工调制,食用时可带来别样的新奇感和满足感。瑞士西部的许多城镇都保留着制作手工巧克力的悠久传统,19世纪的头几十年,许多在法国和意大利接受过培训的糖果匠人在那里开店经营。需要补充的是,巧克力总是充满异域情调,这与奢华的法国精英文化密切相关。因此,当英国的吉百利(Cadbury)兄弟首次推出块状巧克力产品时,还不忘将其标记为"法式"巧克力。5年后,芳润(Fry's,一家英国贵格会公司)也用法语来

---

① 麦提莎(Malteser),我国有一种类似的巧克力食品叫"麦丽素",英文名称"Mylikes",是许多"80后""90后"年轻人的童年回忆,其名称的灵感来源大约就是这款名为"麦提莎"的巧克力糖果。——译者注

为自己的巧克力产品命名。① 这些产品价格昂贵,仅有少数买家可以负担得起,然而这反而提高了产品对贫穷人群的吸引力。29

牛奶使巧克力在 19 世纪晚期成为人们普遍能接触到的美食。这一状况得以实现,还要得益于场地和技术的一次偶然融合:在雀巢极为成功的牛奶公司所在地瑞士沃韦,有一位名叫丹尼尔·皮特(Daniel Peter)的手工蜡烛工匠,1876 年,他研发出一种方式,可以成功地将巧克力和奶粉结合在一起。如果没有雀巢在牛奶处理工艺上的技术革新,皮特的配方也不会如此成功,因为巧克力制造过程中涉及的神秘提炼方式与雀巢的牛奶处理工艺有异曲同工之妙。事实证明,巧克力和牛奶的结合堪称一次绝妙的尝试:牛奶使巧克力的醇度下降,变得更易被消化吸收,这意味着人们一次可以吃更多的巧克力,而不必担心给身体造成负担,这对制造商和消费者双方而言都是个好消息。另外,这样的巧克力还确保消费者(尤其是英国人)对牛奶中所含营养的需求。吉百利采用的广告标题"牛奶巧克力"充分表达了产品简单而纯净的特征,并且在包装上对关键成分进行图像化表达,更加夯实了消费者的认知。

第一次世界大战期间,军队的口粮物资中加入了巧克力,这无疑给该产品带来了又一次广告宣传效应,虽然对于已经在消费者中足够有影响力的产品来说,已经不太需要额外的宣传帮助了。更重要的是,随着生产成本的降低,巧克力的价格也开始下降,生产技术进步以及各大公司之间的国际竞争也开始起效。到 20 世纪初,巧克力已经降格为一种大规模生产、价格相对低廉的商品,其中,在美国(20 世纪 30 年代,占比高达 86%)和英国(85%)消费占比最大的品种仍

---

① 即"Chocolat Délicieux à Manger",在法语中意为"美味巧克力"之意,品牌为了增加产品的法式风情,特选用这一短语来为自己的巧克力产品命名。——译者注

然是牛奶巧克力产品。[30]

另外一种商品的出现使牛奶生产又开始面临新的巨大压力：冰淇淋，它被誉为"所有乳制品类食品中最成功的产品之一"。关于冰淇淋的近代历史揭示了一个有趣的悖论，将我们的目光引向了本章节所讨论的商品化过程。尽管冰淇淋有着悠久的多元文化历史，但这种产品最终还是获得了美式食品烹饪方式的特性，使之成了一种"美式"商品。这在一定程度上是因为从英国移民到美洲的人群对乳制品的依恋已经根深蒂固，并且以蓬勃的趋势移植到了北美大陆。然而，美国人对冰淇淋的热情还远不止于此，而是坚定地给予热情拥护。从某种意义上来说，对这种产品的热爱可以说是全民性的。1850年，一家美国杂志宣称："聚会缺少了冰淇淋，就好比早餐没有面包、晚餐没有烤肉。"这种全民性的热爱为市场影响提供了大量的有效策略。

尽管英国人一直以来都更喜欢以奶油为基底的冷冻甜点，而不是欧洲大陆更普遍的调味冰水，但到1900年，在美国人对冰淇淋的热爱面前，他们也自愧不如。当时，一位英国人这样写道："喜爱（用奶油制成的）冰淇淋的热潮起源于美国，在那里，人们不仅夏天吃，就连冬天也都大量食用。"蒸汽机船将美国冰淇淋带到了印度、中国和日本。据报道，时至1919年，美国平均每年的冰淇淋出口量已经达到1亿加仑，总价值高达1.4亿美元。按照现在的消费者价格指数计算，这一数字相当于今天的17.4亿美元，是本·杰瑞[①]在1997年利润的十倍。[31]

是什么让美国冰淇淋如此成功？也许仅仅是因为他们早早就掌握了大批量生产冰淇淋的窍门。早在19世纪40年代，南希·约翰

[①] 本·杰瑞（Ben & Jerry），美国冰淇淋品牌，是由两位童年伙伴本和杰瑞共同创立的，是美国三大冰淇淋品牌之一，2005年，该公司被收购以后，隶属联合利华旗下。——译者注

森(Nancy Johnson)就发明了一种手摇搅拌器,这种搅拌装置只需要在周围摆上一桶冰和一些盐,就可以简单实现家庭制作。这项使用搅拌器的技术创造了一种明显更加"轻盈柔软"的产品,这是因为在奶油冻结的过程中加入了大量的空气。有消息认为,在美国的各类冰淇淋产品中,这个"搅打"和"膨胀"的程序"可以使最终成品的体积增加为奶油原料体积的1.8倍"。机缘巧合的是,冰淇淋的加工过程也成功复制了这个国家的标志性特征——丰饶富足。[32]

然而,它的成功并不全部归功于产品本身的质量和数量,美国冰淇淋的成功在很大程度上得益于巧妙的营销策略。美国街头小贩们的各种销售策略十分值得一提,早在19世纪20年代,纽约街头就已经流传着类似"尖叫吧,冰淇淋"[①]这样的叫卖口号。20世纪初,一种新的大众市场需求出现。我们应该将所有的敬意献给这位传奇般的叙利亚移民欧内斯特·A.哈姆维(Ernest A. Hamwi),他是号称冰淇淋华夫筒发明者的几个人之一。在1904年的圣路易斯世界博览会上,他将冰淇淋装入华夫筒,使其具有了独一无二的便携性。

随后,又有其他几种创新产品很快加入了北美市场的竞争:1919年,外面带有巧克力涂层的脆皮雪糕问世;内含各种口味夹心,外层的脆皮巧克力中添加坚果碎的"好心情"(Good Humor)品牌雪糕于1920年上市;到1923年,迪克西纸杯装冰淇淋[②]已经获得成功,玛格丽特·维萨(Margaret Visser)称"迪克西"这一单词的发音,听上去兼具了爱国情怀、音乐性,显得生机勃勃、干净清洁又时髦。维

[①] 此处的叫卖口号英语原文是"I scream, Ice Cream"。巧妙地运用了谐音,有蕴含着冰淇淋好吃到让人想要发出尖叫的寓意,令人印象深刻。——译者注

[②] 迪克西纸杯装冰淇淋(Dixie Cups),是美国迪克西纸品公司研发推出的小型冰淇淋包装方式,也就是我们目前最常见的冰淇淋包装方式。小小的纸杯上附带一个可以掀开的盖子,完美解决了以往冰淇淋只能以大桶家庭装售卖的难题。——译者注

萨对美国的冰淇淋历史进行了十分有趣的描述,描绘了一种将牛奶和扩张的资本主义企业精神紧密结合在一起的消费文化。[33]

在乳制品看似势不可当的增长趋势背后,隐藏的是西方农业的根本变化。到19世纪70年代,北美洲的谷物等主要粮食作物和南美洲的牛肉进入了日渐扩张的全球经济体系。这种来自体量巨大的单一种植区(只种植一种农作物,或只养殖某一特定品种牲畜的地区)的产品,经由蒸汽动力交通工具运输到世界各地,因其价廉物美又产量充足而丰富了所有世界其他地区的物料供应,同时也给这些地区带来了巨大的威胁。因此,当普通甚至贫困的消费者可以获得更多、更好的食物时,廉价的外国进口食品的到来也对许多欧洲本地农民的生计发起了挑战。那些依然在小块土地上进行传统耕作,并以此谋求生路的农村经济边缘人根本无法在1870年之后的格局变化中生存下来。

一场全球性的经济衰退始于1873年,因其严重程度和持续时间之长而被称为"大萧条时代"。埃里克·霍布斯鲍姆(Eric Hobsbawm)称之为"维多利亚时代的1929年华尔街大崩溃"。低迷状态一直持续到1896年,到那时,欧洲的人口地图形态已经接近现在的样子了:农村人口持续向城市地区移民,甚至远渡重洋向海外移动,这导致本土某些乡村地区人口急剧减少。到20世纪初,居住在这片大陆上的人口数量还不足19世纪人口数量的一半。[34]

那些留下来的农民通过为远近的市场生产液态奶、黄油和奶酪来寻求出路,但这些市场根本不能相提并论:规模经济使进行大规模生产的农民得以蓬勃发展,而独立的小农户则更加举步维艰。在发展最成功的地区,尤其是英国和丹麦,乳制品合作社提供了一种新的解决方案。通过汇集分散的牛奶供应和资本,大大小小的农户联合起来,丹麦人称之为"活生生的民主精神"。这个国家以专注生产乳制品,尤其是黄油,而取得了胜利:到1924年,丹麦生产了3.08亿磅黄油,其中90%用于出口。然而,他们仍然有足够的液态奶来满足人均每年70加仑的消费量,这在当时是一个相当可观的数量。[35]

牛奶商业的历史是一个复杂的课题,有许多地域性和本地性的构成因素,本章都没有涉及。尽管牛奶和乳制品的传统用途一直存在,但人们对牛奶的看法却随着时代的变迁而不断变化。关于这种液体的医学知识在塑造19世纪牛奶清晰形象的过程中发挥了重要作用。接下来的章节,将提供一扇窥探牛奶另外一面的窗口,即它在治疗某些疾病方面的作用,这在很大程度上归属于现代商业的范畴。

第十章
消化不良时代的牛奶

历史上最著名的肠胃不适,或许发生在19世纪中叶维多利亚时代有"切尔西圣贤"之称的作家托马斯·卡莱尔(Thomas Carlyle)身上。鉴于卡莱尔在这个问题上的长篇大论,我们可以肯定,他将消化不良列入了维多利亚时代常见疾病的行列。在遥远的纽约市,当地报纸在一篇关于这种普遍存在的疾病的报道中甚至将卡莱尔作为典型患者来提及。(这篇文章将他的消化不良归咎于他吃燕麦片的习惯。)消化不良症能够充分说明那个时代普遍存在的对身体和食物的信仰。

在个人与这种疾病的斗争过程中,卡莱尔的主要武器就是牛奶。他从苏格兰写信给在伦敦的妻子,说了他尝试舒缓胃部不适的所有细节。"亲爱的,体内的那个小人儿又开始不正常了,于是我今天吃的是煮米饭和牛奶,明天准备再喝些鸡汤。"

对卡莱尔而言,清淡的食物配牛奶,是他对抗敌人的最强武器,其他任何动物奶都无法与之媲美。晚餐时吃热牛奶和粥、米饭和牛奶或者只喝牛奶,几乎是他肠胃不适的日子里最主要的吃法。长久以来,他的病情并没有得到明显好转。几年以后,他又一次从苏格兰给妻子写信:"我周四午夜时分来到这里……除了睡觉,什么也没做;然后就是变着花样地喝奶。我明天再接着给你写信。"

在切尔西,他与妻子简(Jane)共进晚餐时常吃的食物是在甜甜的热牛奶中泡过的面包,并取名叫"面包莓果",而他们的仆人安

（Ann）则称之为"东家的软食"。这种食物能给他带来慰藉，缓解有关工作上的和河对岸的火车发出的噪声的烦恼。他向他的兄弟直言："住在乡下，随便吃些简单的食物，喝点奶，呼吸新鲜的空气，享受安静。尤其是安静，这是我目前梦寐以求的东西。"现代城市生活的压力，迫使牛奶只能与乡村救赎相结合。[1]

无论是在乡村还是在城市，"消化不良恶魔"总是能找到并纠缠着卡莱尔。"最近，我消化不良的情况有些严重，"他在给朋友蒙克顿·米尔恩斯（Monckton Milnes）的书信中写道："周五早上，我完全吃不下早餐。"他在另一封给朋友的书信中又写道："在伦敦的这个夏天，我严重消化不良，情绪低落，感觉快要发疯了。"他还带着一种更加沉思的心情，将哲学的气氛倾注到自己的叙述中："消化不良确实是个棘手的毛病。对于心灵上的疾病，我们可以通过忍耐来对其进行修饰和美化；但这种疾病没有难以磨灭的污秽和卑劣印记，无论我们做什么，似乎都阻止不了它对我们生命庇护所的污染；它使我们的痛苦既彻底又可鄙。"[2]

有时，卡莱尔本人也确实可鄙：他出了名的易怒又挑剔，围绕他的妻子简的婚姻不幸，形成了一个充满同情怜悯之心的学术领域。永远宽容的朋友们（和传记作家们）总是能原谅他的恶劣行径，认为这都是他的肠胃疾病导致的不可避免的表现。然而，遭受这种病痛折磨的远不止他一个人：同时代的著名受害者还包括乔治·艾略特、查尔斯·达尔文和夏洛特·勃朗特。无论在19世纪这种内科疾病的波及范围有多么广，可以肯定的是，消化不良无论在任何地方都迫切需要一种治疗对策。[3]

那么，牛奶是治疗这种19世纪身体和精神灾难的合理手段吗？还是仅仅是一种安慰性的食物？如今，我们已经了解，牛奶对某些胃部不适起初可能具有一定的舒缓作用，但它的微酸性质反而会加重因胃酸过多造成的痛苦。在卡莱尔的时代，医疗技术的发展日新月异,但尽管如此,被痛苦折磨的病人仍然把希望寄托在15世纪普拉蒂纳使用的牛奶疗法上。当时的一位医生开出过牛奶泡饼干的处方,我们不禁怀疑,对消化不良这种神秘疾病束手无策的维多利亚时代医务人员,依靠的是传统习俗,而不是硬科学。对病人而言,即使从我们现代意义上来讲,牛奶也至少代表了一种对更加传统的治疗方式的替代方案。事实证明,定期地从奶牛身上汲取一副汤药,比去时髦的温泉水疗浴场更加实惠。在温泉浴场,人们会喝含盐的矿泉水,然后在含盐的浴池中浸泡身体,等待肠胃对施加在它们身上的各种疗法做出回应。还有一种更加省时的疗法是一种看上去十分有效的苦味瓶疗法。随便翻翻当时的报纸,就能发现用神秘的配方和苦味药丸治愈消化不良的成功案例。据报道,19世纪末,比切姆①公司售出了600多万盒据称可以缓解消化不良等疾病的药片。考虑到药片的主要成分(芦荟、生姜和肥皂),它的主要作用可能是通便。医学和大众观点似乎都一致认为,这是征服几乎所有胃部不适的意义非凡的第一步。[4]

某些特效药品后来被证实有致命的风险。查尔斯·达尔文经常服用福勒(Fowler)溶液,这是一种含有亚砷酸钾的混合物,可暂时缓解消化不良症状。但一位医学传记作家推测,从长远来看,达尔文的长期持续肠胃不适可能正是源于慢性砷中毒,其引起的症状与消化不良十分相似:紧张烦躁不安、情绪低落、失眠,并伴随强烈的胃部不适。事实上,鉴于伦敦的医疗机构开出福勒药剂的高频率,可以说一大批富裕阶层的男性病人实际上患的都是"福勒病",而并非消化不良。达尔文在相对过早的73岁便去世了,而卡莱尔直到85岁还在一直抱怨自己的胃病,就这两种不同的处理方式而言,牛奶显然胜

---

① 比切姆(Beecham),有时译作"比彻姆"或"必成",是总部位于英国伦敦的制药公司。——译者注

出了。[5]

消化不良的各种模棱两可的症状可以说都是反映勤勉时代的一面镜子。我们认为，胃之所以出现不适的反抗症状，是因为它劳累过度，或者我们的身体因为有太多事情需要去处理而感到焦虑。如果胃部不适真的是由于这种忙碌的行为，那么牛奶可能真的是一种具有现代合理性的应对方案。从19世纪30年代开始，牛奶就与一系列科学和营养建议联系到一起，在最前沿的营养学发现成果中赢得了一席之地。19世纪的医学权威们不再使用体液学说来解释疾病的成因，而是借用当代的比喻手法来表达问题：所有的生物都好比一辆"带有熔炉的火车"（这是李比希的说法），需要不断地添加燃料才能够正常运行，并且这个生化能量箱所需要的不仅是能够"制热"的材料：得益于一位德国理论家穆德（Mulder）的研究，当时的人们开始理解"蛋白质"是食物中必不可少的成分。一位医生解释称，为了"修复人体组织不断遭受的废弃物"，富含蛋白质的食物是必需的；这种特殊成分使人们能够从事繁重的体力劳动。分解和退化是我们任何时候都需要与之对抗的问题，尤其是当病患出现于老年时期。牛奶便可"履行职责"，替代身体因工作或焦虑而消耗掉的任何物质。[6]

但是，消化不良并不适合新的、流行的营养理论模型。通常在体重超标的消化不良患者中，退化现象并不是很明显，蛋白质似乎也并不缺乏；大多数患者所犯的错误，可能恰恰是给身体系统提供了过量的食物。事实上，许多人（其中不乏医生）根本不了解这种疾病的科学意义，而是选择紧紧抓住它的社会和道德层面因素。他们深信，消化不良就是对暴饮暴食的惩罚。一位声名远播大西洋两岸的内科医生表示，消化不良的真实成因就是"胃部负担过重"。法国人称之为"罪恶胃部的忏悔"。美国改革家玛丽·皮博迪·曼（Mary Peabody Mann）将消化不良解读为一种"卑鄙的食欲"出了差错，从而使这种疾病"变得像长期酗酒引起的震颤性谵妄症一样不光彩"。她推测，一旦"身体的福音被完全理解"，消化不良就会消失，"将民族从当前的堕落状态中拯救出来"的程序就可以开始了。[7]

玛丽·皮博迪·曼想必是赞同托马斯·卡莱尔的晚餐时间固定的牛奶程序的。虽然她拥护科学的饮食，但她的建议带有一丝神职人员般的禁欲气息。她谴责"融化的黄油、猪油、牛油"等任何脂肪凝结状的物质。华丽的蛋糕和葡萄干布丁，这种"含有一大堆难消化成分的食物"，都被列为无论如何都要避免食用的邪恶之物。居于饮食分类账册"无害"一面的是奶油和土豆。出于这种显而易见的饮食上的考量，玛丽认为牛是"一个有孩子的家庭最具价值的财产"。她以自信满满的语气给出建议，"在牛棚或谷仓里饲养一头友好的奶牛，最好买一块便宜一点的地毯，或者给烟囱增加些装饰，甚至可以给它戴上软帽、披上斗篷。"每一个美国人的家园都是对抗肠胃不适的堡垒：这里是理想的避风港，可以抵御现代饮食习惯的潮流。[8]

当代的医学权威对待消化不良的观点与玛丽并没有什么区别，但他们选择的应对方式有所不同。内科医生认为，给食物贴上好坏标签的做法是不恰当的。这种关于饮食选择的讨论为不良应试者开辟了道路，转移了人们对他们行为的注意力。如果我们的肠胃"在饱餐一顿后感到不适，应该受到责备的不应该是我们这些吃东西的人"。著名胃病专家安德鲁·库姆（Andrew Combe）嘲讽道："压在胃里让人不舒服的是鱼，或者你的胃很不幸地正好在与汤、土豆或其他的美味佳肴做斗争。对于这场闹剧，我们除了做个温顺谦逊的承受者，别无他法。"在他广受认可的《消化生理学》（*Physiology of Digestion*）一书中，这位医生认为，任何处于良好健康状态的人应该都能够毫无困难地吃下任何食物。然而，大多数抱怨有困难的饮食者都违反了至关重要的"消化定律"。于是，那块华丽的蛋糕就成了一系列更为复杂的问题网络的替罪羊。[9]

在一个还不了解幽门螺杆菌和食物过敏的时代,大众对胃病的理解还建立在一个相对原始的范式之上。观察就是一切。对整个宏观世界的关注和对胃的内部活动的关注采取的是同样的方式。有一位名叫圣马丁的士兵腹部中枪,伤及胃部,他同意医生通过他尚未痊愈的胃部孔洞窥视,从而观察他进食时胃里究竟发生了什么。然而,即便是如此直观立体的模型反映的也是意料之中的剧情:医生报告说,人的胃部仿佛一个虚拟的工厂,充满了肌肉运动和胃酸浴。胃部就如同我们每个人一样,有必须完成的工作,而想要它的工作能够完成得足够优秀,则需要在每一餐的前后给它留一些安静喘息的机会。进食活动(特别是咀嚼的动作)应该是十分放松的,且吃东西时不应该分心去做其他事。进餐时,应该平静而从容地享受食物。

库姆严厉批评了英国人一边吃饭一边看报纸的习惯:这一过程让世俗的忧虑渗透到了我们填饱肚子的行为之中。但最令他不满的还是美国人,因为他们是出了名的吃饭狼吞虎咽,"仿佛在跟时间赛跑"。

> 在匆忙和喧嚣之中,当人的大脑还处在工作的焦虑和兴奋状态下时,我们往往会不自觉地吞下比实际需求量更多的食物,并且咀嚼也不够细致完美。久而久之,结果就是消化不良在这些地方十分普遍,这在其他地方是闻所未闻的;于是人们都变得贫瘠瘦弱,要知道,他们伟大的祖先英国人可是出了名的大腹便便、面色红润饱满。在这方面,他们可比祖先退化了不少。

库姆认为,北美人患消化不良的人数比其他任何地区都多也不足为奇。与玛丽·皮博迪·曼的论调一致,他宣称这种疾病是"美国人对自己的惩罚"。[10]

事实上,消化不良是许多具有明显不同特征的疾病的统称。随着时间的推移,医生们仔细分析了他们所观察到的病例,归纳出了多达10种不同的类型。消化不良可能由身体虚弱、充血淤积、炎症、肝肾功能障碍、胃部肌肉或胃部化学物质紊乱等引起,我们统称为"神经紊乱"。然而,即便在不考虑营养的情况下,牛奶仍然与治疗胃病的药物之间存在某些奇特而持久的关联。

在"交感神经性消化不良"中,医生们认为,胃部成了人体精神紊乱和身体紊乱的受害者,这种疾病有时还伴随典型的女性化的癔症。胃服从某个看不见的主人(通常被认为是"子宫")的命令,承担起与其正常功能完全不同的角色。"代行月经"症状有时会伴随消化不良出现。在这些报告中,胃会通过引起吐血来代替月经时子宫内膜的脱落。此时的患者会对补充营养表现出不可接受的态度,要么拒绝饮食,要么将所吃东西全部呕吐出来。曾有一个相当严重的病例,一名19岁的女性被送往医院,她动弹不得,呻吟着拒绝进食。她的医生怀疑,她病情的根源是企图流产,但医生将注意力集中在了她拒绝进食这一更加直观的问题上。第一解决方案只有一个词——牛奶。这份报告简短到让人难以置信:"将牛奶倒进她的嘴里,并想办法让她咽下;通过这种方法,她吃下去不少东西。"紧接着,通过"一粒含有植物药草成分的蓝色药丸"来清理她的肠胃,然后将水蛭放到她的腹股沟处,"脊髓中的激烈诱因就这样被取出来了"。医生认为自己的治疗方案是相当成功的,因为她的胃已经能留住食物,且"病人已经能够下地行走了"。这与一位男性体力劳动者因酗酒而导致胃出血时的治疗方式并没有什么不同:相比之下,他的治疗方案更加精致,还包含了"灌注含酸的玫瑰和牛奶饮食"。[11]

如果是如此庞大的身体器官在胃部投下阴影,那么患者们可以稍微松一口气了。也许习惯性的暴饮暴食根本不是导致消化不良的原因。明智的医生们推测,可能还有一些意想不到的因素在起作用。无论这种疾病的根源是什么,最符合逻辑的治疗方案就是"调整性处理"。这便是牛奶可以发挥重要作用的地方。

自盖伦起,每一个时代的医生当中都有一个推崇"牛奶疗法"的先驱。19世纪,这一重任似乎落在了菲利普·卡雷尔(Philip Karell)身上,他是19世纪60年代俄国的皇家御医。他关于牛奶的见解通过驻扎在圣彼得堡大使馆的一位英国医生传入西方,这位医生拜读了卡雷尔向当地医学会投稿的一篇论文。在绪论中,卡雷尔提到了历史遗留下来的牛奶疗法的悠久遗产,并以一个故事来引起读者的兴趣:罗马皇帝曾授予盖伦一枚奶牛形状的奖章,以此来表彰他提倡的牛奶养生法所取得的卓越成果。

自3世纪以来,成功的经验不断累积,尤其是在法国,医生在治疗浮肿(水肿或身体某些部位的体液聚集)的病患时,通过全天候给予牛奶的方式取得了显著疗效。(有一名医生还有自己个性化的疗法,就是在每次饮用牛奶后再给予一颗生洋葱。)德国医生则表示,他们通过使用牛奶疗法战胜了肾炎和伤寒。曾在波兰和立陶宛大流行的伤寒病也是依靠牛奶和匈牙利葡萄酒扑灭的。在跟随皇帝一同访问俄国草原上的军营时,卡雷尔巡视了一个收容发热病人的病房,并欣慰地发现:"每一个病人的病床边都有一瓶牛奶。"牛奶的福音正在悄然传播开来。[12]

如果这个传闻让牛奶看起来像是某种噱头,或者更糟糕的是,导致科学领域的学生将牛奶当成万能的灵丹妙药,那卡雷尔第一个表示不同意。他声称,自己的牛奶使用方式具有相当的独创性,通过他精心设计的这套治疗方法,可以治疗系统性的疾病。莫斯科的这位同僚仅仅通过给病人喂牛奶就治愈了"近1 000例各类慢性疾病",而卡雷尔的方法有别于这种笼统的做法。他警告说:"如果我们不加限制地放任病人随意饮用牛奶,病人可能很快就会出现消化不良。"最好的方法是循序渐进,"非常谨慎"地应用。

他要求他的患者从2盎司至6盎司脱脂牛奶开始尝试,"每天三到四次，并且严格按照有规律的间隔时间来进行"。其他所有的食物都是被禁止的。"病人不应该一次全部喝下所有的量，而是要慢慢地、少量多次地饮用，这样唾液才可以很好地与牛奶进行混合。"牛奶最好选用"乡村喂养的奶牛"产的奶，冬天时加热饮用，夏天可直接常温饮用。如果饮用后，病患排泄的粪便是固体的，医生可增加剂量。第二周就可以调整为每 4 小时饮用一品脱牛奶，相当于每天喝两夸脱。在这个过程中，有规律的间隔时间是必须的，最好是 4 个小时。这里，我们可以看出卡雷尔十分了解常规化的操作流程对人的心理影响力："如果医生对病人说，你想什么时候喝就什么时候喝，想喝多少就喝多少，就无法激发病人的信心，也不指望能治愈疾病了。"卡雷尔承认，"除非病人有坚强的意志力，对治愈疾病有坚定的信心"，否则第一周对他们来讲是最艰难的。[13]

赢得了病人的信任，战斗就已经成功了一半。卡雷尔的病患们都在各类慢性病的折磨中痛苦呻吟着，他们已经寻遍了每一家诊所和温泉水疗中心。他们最常抱怨的症状就是肠胃不适：腹泻、体虚、肥胖、肝脏不适以及各种类型的胃肠不适。对牛奶有抵抗情绪的人也在持续增多：有病人坚持认为牛奶"让他们生厌，或者认为自己没有办法消化牛奶"。还有一些病人承认，他们担心这种疗法会让他们饿死。既然其他所有的药物都对此病束手无策，凭什么牛奶就一定能有疗效呢？对此，卡雷尔总结出了科学的理论依据："牛奶中含有我们身体所需的所有营养元素"，此外，他还补充道，只要服用得当，"牛奶中的这些物质十分容易被人体吸收"。他提醒病患，牛奶"是人类的第一种食物"，"即便不吃其他任何东西，只喝牛奶，也不可能会饿死"。

医生尝试在混乱中建立秩序。以病患 B 女士为例，她的症状是慢性腹泻和呕吐，医生开始给出的方案是每天喝三次牛奶，每次 4 汤匙。他嘱咐女士停止服用其他一切液体，包括她钟爱的牛肉茶。（卡雷尔不是牛肉茶疗法的追随者。)"自那之后,呕吐停止了,经过三天的治疗,腹泻的症状也消失了,"卡雷尔骄傲地汇报道,"此后,粪便的性状也恢复了正常,这是这几年都不曾有过的。"当 B 女士最终达到每天喝两瓶牛奶时,她也"完全康复了"。[14]

卡雷尔在许多方面都取得了成功:患者们的肿胀明显消退,腰围缩小,头痛症状减轻,去温泉水疗中心的频率也降低了。牛肉茶的市场占有率开始下降,销量开始减少,因为市场对牛奶的需求呈现螺旋式上升。卡雷尔的病人中不少都是年过六旬的男性,他们正遭受着过于丰富的饮食和器官衰老带来的副作用。还有一些年轻的病人自婴幼儿时期就一直体弱多病。根据后见之明,我们可能会意识到其中的某些病人所患的其实是结核病,但当时的医生们对此知之甚少。一位 16 岁的少女就表现出诸多这样的征兆:淋巴结核、腹泻、干咳且症状在夜间加重,身体消瘦、面色萎黄。卡雷尔为其治疗了 14 年,但病情并没有什么好转,于是开始采用牛奶疗法进行尝试。他因其他工作,离开社区一年后回来,在社区又遇到这个姑娘,发现她已经因牛奶疗法而"完全蜕变"。后来,她慢慢可以在日常饮食中增加粥、蔬菜和鱼肉,且不必再遭受腹泻困扰了。这是一个"治疗"起了作用的案例,首先,阻止所有营养物质的流失,然后又为身体提供营养物质。看来,在稳定规律的健康饮食作用下,病人便可不药而愈。[15]

但是,牛奶是否就是治疗消化不良这种现代流行病的良策呢?如果我们尝试通过为这个问题寻求一个科学的解答,那么答案可能就像卡雷尔和他同时代的医生们所相信的那样:牛奶之所以对病人能够起作用,至少在理论上是因为,它对某些病人来说是相当容易消化吸收的食物。卡雷尔认为,事实可能是因为牛奶的性质与帮助消化的"淋巴液"相似,所以它可以很好地被吸收。某些医生建议在牛奶中添加一些石灰水来中和牛奶的酸,这样"可以减少胃酸的参与,从而让胃部得到休息"。[16]关于乳糖不耐受的患者如何接受牛奶治疗，我们无从知晓，因为在资料中甚少有相关记载。医生们似乎认为，对于过量饮食的病人来说，频繁排泄并没有什么坏处，因此，如果某些病人出现了腹泻等消化道症状，医生也不会认为这是什么需要关注的问题。可以肯定的是，关于消化系统的知识是越来越多了，这确保了我们可以对牛奶的营养价值这一话题持续保持关注。"完美的滋养品"这一表达在有关消化的著作中反复出现，而因为它是一种液体，所以被列入了体液的大家族。它的近亲——血液——依然占据着王者的地位，或者借用维多利亚时代的金融术语来说，血液是"介于吸收和营养之间的流动资本"。然而，牛奶还是赢得了"人体宝库"可靠供应商的地位，而"人体宝库"又反过来补充"流动资本"。难怪牛奶不仅总是出现在病人的床头柜上，还频繁现身生理学家和化学家的实验室中。[17]

为牛奶赋予"疗法"这一魔法咒语，不仅帮助提高了它的知名度，甚至还可能提升了牛奶疗法的成功率。引用这一术语，就等同于得到了科学界的认可，给患有消化不良的资产阶级患者注入了强大的信心。卡雷尔医生深知，信仰对治愈能力的影响巨大。医生的权威、医嘱带来的慰藉庇护、疾病对病人周边环境的影响，都会对疾病治疗产生作用：这些才是对胃病患者真正有益的。牛奶的效用可能也完全是基于所有这些因素的共同作用而产生的。

然而，有规律的牛奶饮用所能产生的好处，绝不仅仅只存在于一个关于时间、效果和资本的想象世界。消化系统的身体疾病是真实而痛苦的，但通过减少作用于功能失调的消化系统的不良压力、只维持几种基本元素的供给，可以减少（或摆脱）痛苦。一位来自德国蒂宾根（Tübingen）的高明医生在一封表达祝贺的书信中向卡雷尔陈述，许多疾病会迫使我们的身体进入一种"既无法判定其程度，又无法界定其性质的反常的营养状态"。他的主要思路是改变身体处理营养的方式，同时持续对身体进行滋养。他还补充道："相比而言，诸如水疗、海水浴、含盐矿泉水等其他疗法的风险要大得多。"试想一下在卡尔斯巴德和马里恩巴德①接受温泉水疗的病人的遭遇。在那里,"冷雨淋浴"或更猛烈的"苏格兰淋浴"(一股巨大的水流通过病人背后的软管喷射到身上)可能伴随着强制性地吞下几口矿泉水和肠道的"灌洗"。相比而言,卡雷尔相信(我们也应该相信),牛奶提供了一种"无害"和"更有效"的治疗方案。[18]

19世纪针对消化不良的牛奶疗法主要有两方面的显著特点,准确地说是负面特征:这种治疗剂量的牛奶已经超越了自助的范畴,并且实施起来也并不简单和廉价。我们可以回想一下普拉蒂纳的牛奶消费情况,他的饮用量不会超过身边的奶牛一天的产奶量,花费并不昂贵。在我们身边也不乏选择自我医治的人群,他们决定尝试通过饮用牛奶来解决肠胃问题。但是在19世纪后半叶,适合肠胃不适人群饮用的必须是纯净且新鲜的牛奶,且必须在医生的监督指导下饮用才能达到最好的效果。在牛奶历史的下一个阶段,品质控制的问题变得迫在眉睫。随着市场环境的迅速变化,牛奶因为变成了更加广泛传播的商品而变得存在质量风险。在卡雷尔和达尔文的时代,大多数的牛奶消费者都对其来源没有太多(或足够)的意识,这注定了当时的牛奶供应存在许多需要被清算的问题隐患。考虑到牛奶运输的距离和它被转手的次数,产品在到达遥远城市的消费者手中之前,有被污染、掺假甚至其他更加致命的风险。到19世纪末,城市中的牛奶通常让人联想到的是疾病,而并非健康。而奇怪的是,正是这种更加阴暗的形象将这种商品成功引入了现代人的意识。

---

① 卡尔斯巴德(Karlsbad)和马里恩巴德(Marienbad)两地都位于捷克,是欧洲著名的温泉疗养胜地。有时译作"卡尔斯温泉市"和"玛丽亚温泉市"。——译者注

第十一章
劣质牛奶

在1900年巴黎博览会上出现的诸多著名奇迹之作中,有两件展品令人意外的朴素不起眼:从伊利诺伊、纽约和新泽西进口的牛奶和奶油,"未经加工、处于自然状态且未采取任何保鲜措施","就如同刚从奶牛身上挤下来的鲜奶一样纯净甘甜"。在两个多星期的长途旅行中,这些产品甚至经受住了巴黎和乳制品博览会附近万塞讷(Vincennes)耗时颇长的海关检验。美国人每天往展会上提供新鲜的样本(他们也是博览会上唯一这样操作的参展者),以强调他们精湛表演的可靠性。他们的成功更多的是源于简单的清洁卫生,而并非现代技术。这个故事体现的价值已经不言而喻:在1900年,无论与奶牛的距离相隔多远,纯净的牛奶都会引起人们的惊讶。[1]

实际上,在19世纪和20世纪之交,大众的普遍意识中多将牛奶与疾病联系到一起。这种看上去洁白无瑕的液体吸收和滋生细菌的能力堪比任何实验室的培养皿。持续不断的有媒体报道将它与结核病和其他流行病联系到一起:牛奶频繁成为白喉、猩红热、脓毒性咽喉炎和伤寒等病菌的宿主。(可以通过牛奶传播的疾病远远不止这几种,还包括其他许多病毒性和细菌性的疾病。)在这些疾病中,只有结核病始发于奶牛,其他病菌都是通过受污染的表面和人的双手与牛奶结合到一起的。牛奶腐坏变质一直是人们担心的问题,而工业化学时代,消费者又面临了一种全新时代的危机。农民和经销商依赖的添加剂在我们听来更像是汽车上用的那些液体,如冷却液、保鲜液、冷冻液,以此来延长未冷藏储存的牛奶的保质期。这些添加剂的主要成分是甲醛和硼酸,可以杀死许多被我们笼统地理解为"细菌"的杂质:包括在从奶牛到消费者之间的运输过程中混入产品中的粪便、死苍蝇和其他一些污垢。这就难怪,在 1900 年,博览会上出现的纯净牛奶可以引起如此之大的反响。[2]

19 世纪的人们对酸腐牛奶的味道并不陌生;更何况实际上在某些地区,酸腐的牛奶制品甚至是许多人日常饮食的重要组成部分。在牛奶变酸的情况下,其中所含的过量乳酸实际上并不一定会使消费者生病,但这种腐败现象通常表明,潜伏在产品中的外来细菌可以在短短的一两天之内成倍繁殖。然而,味道和气味并不是检验致病细菌的可靠标准;当公众对数字和数据无动于衷时,改革者就开始沉迷于用有关受感染的奶牛乳房渗出脓液的骇人听闻的描述来引起反响。隐忍或被蛊惑的消费者便可能在事后开始对牛奶的供应产生质疑:牛奶传播的疾病如果在某一个社区频繁发生,则可以准确定位该社区的地理位置,最终会发现,那里的某个牛奶供应商甚至是送奶工就是该地区白喉或肺结核大流行的源头。毋庸置疑,化学和医学研究人员在解决牛奶相关问题方面可以发挥作用,但令人困扰的问题是,指导方针和法律究竟应该如何规范这一角色。

现代消费者可能会对路易斯·巴斯德这位传奇人物在牛奶事业中所起的微不足道的作用感到惊讶。19 世纪 60 年代,他当然没有在实验室里彻底改变牛奶的营销方式。的确,他发现了一种叫作"微生物"的极小生命体,正是这种物质使消耗性液体变质。通常,加热可以杀灭微生物或降低它们的有害影响。但考虑到当时还处在一个没有接受现代流行病学教育的世界(更不用提自由市场意识形态了),这些研究的影响力有限,也完全可以理解。我们所熟知的巴氏杀菌法经历了 60 年才成为普遍被采用的生产工艺。微生物在被发现后,至少经历了 20 年,才成为牛奶改革者的关注目标。由于巴斯德起初的研究主要是基于葡萄酒和啤酒，所以要把研究成果运用到牛奶上，还需要大量额外的工作。值得称赞的是，一位德国农业化学家弗朗茨·里特尔·冯·索格利特（Franz Ritter von Soxhlet）在1886年就设计出了工作能力令人满意的设备。他之所以在编年史上显得默默无闻，也许是因为如果以他的姓氏来命名一个专业术语，那么听上去似乎并不那么专业。

巴氏杀菌法其实要求相当简单。这种工艺需要保留牛奶标志性的质地和口感，所以应避免过度加热。而且，由于温热的牛奶非常适合微生物的进一步繁殖，所以在用加热杀灭大部分细菌的过程结束以后，紧接着就必须对牛奶进行迅速冷却。整个灭菌过程大约是使用140华氏度的高温持续加热20—30分钟，某些制造商偏爱使用更高一些的温度，但后来证明过高的温度会破坏牛奶中的某些特性。（现代的操作使用温度更高，通常能达到162—165华氏度，但加热时间仅持续15—20秒。）随后，奶液需要马上进行冷却并倒进无菌的容器中，加盖干净、密封性好的瓶盖，并始终保持低温。另一种方法就是通常所说的"灭菌"，即将牛奶持续煮沸一段时间。经过消毒的牛奶配上带有白色涂层的牛奶瓶包装，以确保产品给人一种无菌的印象，还带有一丝实验室的光环。这一工艺在英国、德国、法国相当流行，在美国也算是相当流行。然而，在一般公众看来，这些特别的措施似乎太过昂贵和繁琐。利用商业设计的设备，并仔细注意操作程序的话，巴氏灭菌也可以在家中进行，但仍然是成本不菲。值得一提的是，在20世纪初，巴氏杀菌法的方方面面都存在费用和技术障碍，更不用说大众对它普遍存在的怀疑态度了。[3]

巴氏杀菌法发展缓慢，并不是因为缺乏化学家的专业建议、设备仪器甚至资源。100多年前的人们也像今天的大众一样，出于种种理由，支持和反对这一工艺的热情都极其高涨。一些热情拥护干净牛奶的人反对巴氏杀菌法，因为这种方法拥有原谅肮脏、包容邋遢懒散的能力。另外还有一些人质疑它对牛奶产生的影响,认为在加热的过程中,牛奶中的"酵素"(天然酶)会被破坏。(从这个角度来看,他们的观点是正确的,但考虑到当时维生素还没有被发现,我们不能补充说其实这一过程也会破坏一些维生素成分。)还有一些人不喜欢经过巴氏杀菌和灭菌的牛奶的味道,因为它们缺乏真正的牛奶爱好者从天然产品中很容易就能识别出的香味和醇厚感。许多奶农和供应商都坚持否认牛奶需要经过特殊的处理,声称他们的牛奶即便是以生牛乳状态直接供应也不会有任何问题。化学家们自己也开始对巴氏杀菌的正确程序产生了争议。也许最重要的是,在几个国家中爆发的地方斗争暴露出潜在的财政困难:实现无害牛奶的供应所需的成本应该由谁来承担?如何使这一生产过程规范化和接受严格的监管?由于在这一系列问题上缺乏共识,直到20世纪30年代,欧洲和美国的普通民众在市场上都没有获得安全牛奶的保障。[4]

这些都是现代牛奶摆脱困境的关键时期。疾病的威胁是这种商品及其生产者被迫进入了关于公共卫生和国家责任的新的重要辩论领域。最值得注意的是,由于牛奶和被广泛使用的婴儿配方奶粉之间的紧密联系,纯牛奶的问题被提上了所有食品安全问题的首要位置。科学和儿科医生在确定这种珍贵白色液体的未来发展方向上发挥了重要作用。这些年来,市场上出现了一个始料未及的后果:经过改良的牛奶生产方式将牛奶扩大成了一种普遍可消费的商品。由于纯度、冷藏、包装和运输的问题得到了解决,市场化牛奶的生产得以完成。对牛奶纯净度的追求把我们带入了20世纪,那时,牛奶变成了一种非常现代化的商品。

19世纪最后40年左右的时间,被一种特殊的偏执氛围笼罩着,它可以用一个意味深长的词汇来概括:卫生。稍微夸张一点说,如果当时世界上不存在巴斯德这个人,那么卫生学家们都有可能会想尽办法把他发明出来。历史学家布鲁诺·拉图尔(Bruno Latour)认为,巴斯德发现了微生物可能带来的威胁,这使得人们甚至在还不了解一滴牛奶的内部构成机制之前,就开始对物理环境产生普遍性的不安。老一辈的欧洲人使用卫生改革来应对一波又一波传染病的流行浪潮:这主要体现在对城市中"藏污纳垢"的贫困街区进行打击上。巴斯德之所以驳斥亚里士多德关于导致疾病的病原体是"自然产生"的这一理论(这一概念实际上引入了"疾病是由病菌引起"的理论),是基于长期以来对环境的焦虑。19世纪60年代和70年代新发现的细菌在自然界中无处不在,这引发了一场针对所有环境(包括普通家庭内部环境)的攻击。一个由医生、科学家和政府组成的大联盟全体动员起来对抗微生物入侵,仿佛在与成千上万隐藏的敌人作战。拉图尔告诉我们,"'传染病''瘴气',甚至'尘土'等模糊的词汇就足以让欧洲陷入困境。""食物、城市化、性、教育、军队,这些词汇反而激不起他们的兴趣,因为人们对它们感到陌生。"整个世界都不得不为对抗微生物的战争"腾出空间"。[5]

现代工业社会有足够充分的理由拿起武器与疾病对抗:随着数据收集和统计方式的进步,一些国家发现他们的人口不再出现增长。法国人敏锐地意识到,他们在普法战争(1870—1871)和随后几十年中损失惨重,人口力量在持续萎缩:1891年进行的人口普查结果显示,在过去的5年间,这个国家的人口死亡率已经超过人口出生率。(也并不是所有的欧洲国家都出现了这样的情况:相反,"1880年到1891年,德国的人口增长是法国的4倍之多。")在了解了自己国家在19世纪80年代和90年代的人口发展趋势以后,同样的状况也让英国人忧心忡忡:到1897年,该国的人口出生率在过去的20年间下降了约14%。[6]《英国医学期刊》(British Medical Journal)的一篇社论宣称,这件事"需要所有关心国家和帝国福祉的人集思广益"。一位观察家对美国态度的大逆转表达了讽刺:"从马尔萨斯叫嚷着'人口过剩论'到罗斯福担忧的'种族自杀',还真是个十分惊人的转变。"现代国家开始意识到中产阶级家庭限制带来的更严重后果。[7]

出生率的降低并不是造成"种族自杀"和其他人口焦虑情绪出现的唯一原因。统计学家们都十分清楚一个令人震惊的事实,婴儿的存活率低才是19世纪晚期人口增长的最大障碍。[8]多年以来,5岁以下婴幼儿的高死亡率一直是城市生活中存在的令人悲伤的事实:以纽约为例,城市巡检员报告称,1840年,这个年龄群体的婴幼儿的死亡率高达50%。[9]自那以后,无论生存环境如何改善,婴幼儿的死亡率一直居高不下,在英国、法国和美国的部分地区甚至仍在持续升高。改革家约翰·司博高(John Spargo)毫不隐晦地预估,每年大约有9.5万名婴儿死于劣质牛奶。一位波士顿官员在1880年援引了一段警惕性的关键语句:他不明白,为何在如此繁荣舒适的社会中,对"无辜者的屠杀"仍在继续。[10]

所有的数据都指向同一个目标。医生知道,大量的婴幼儿死亡都发生在一年中最热的那几个月份,也就是我们广义地描述为"夏季腹泻"的症状出现最多的时期。从出现这种意识,到将医学关注重点集中到牛奶的污染问题上,还只是一小步。与母乳喂养的婴儿相比,接受奶瓶喂养的婴儿中出现夏季腹泻的比例要高得多。正如丑闻揭露者约翰·司博高在他的《牛奶问题的常识》(*Common Sense of the Milk Question*)中指出的那样,对这个问题有过深入调查研究的人都清楚原因所在。英国伯明翰的一位卫生官员估计:"人工喂养的婴儿死亡率至少是母乳喂养婴儿的30倍。"[11]虽然有些言过其实(根据利物浦更精确的统计数据,这个数字应该是15倍),但这一数字揭示了母乳喂养倡导者的挫败感,这是一个由医生和城市卫生工作者共同组成的联盟,他们目睹了母亲群体中出现的一种特殊的现代疾病。19世纪晚期的一位伦敦医生同时拥有在穷人和富人群体中工作的经历,他认为:"我们有理由相信,在现代文明社会中,女性身上的母性功能正在萎缩。"他补充道,有一项在欧洲中部城市针对超过2 000名女性进行的研究,结果显示,"无法哺乳是一种退化的征兆……且是由母亲传给女儿的"。[12]因此,欧洲和美国的医生们越来越警惕"人工喂养"的风险。不洁的喂养餐具和问题奶是一对致命的组合,这些问题奶通常产自奶牛,大多都不新鲜且几乎都未经过严格的处理。

一位名叫皮埃尔·布丁(Pierre Budin)的法国医生公布了一份逐月对照的图表来说明这一点:他将夏末秋初的婴儿死亡率高峰称为"埃菲尔铁塔",且这当中主要死亡的都是奶瓶喂养的婴儿。这张图表很快就像它的名字一样成为标志性形象,跨越英吉利海峡出现在对岸的各类海报和杂志上。帝国婴儿协会(Babies of the Empire Society)在其分发的"拯救婴儿"大幅传单上建议,"不要在炎热的天气断奶"。为了切实解决这一问题,埃尔伯夫(Elbeuf)的一位法国工厂老板在一个专用银行账户中存入了100法郎,用于奖励那些成功用母乳喂养孩子到"合适的断奶年龄"的女性工人。[13]

"牛奶问题"自出现开始,就为我们提供了一扇窗口,让我们得以一窥现代最早的健康和食品改革。医生、科学家、农民、市场营销者、收集揭发丑闻的作者都活跃在同一个公共舞台,将印刷媒体的作用发挥到极致。改革者复兴了早期禁酒运动的口号:"玻璃瓶中潜伏着死亡。"要想终结"对无辜者的屠杀",需要有人倡导关注婴儿喂养的安全问题。一个专门设立的国际专家网络针对这个问题展开过研究,在医学期刊上发表了大量的文章,耸动的标题为《城市牛奶存在的大量细菌污染》("The Great Bacterial Contamination of the Milk of Cities")和《婴儿死亡率及其主要原因——劣质牛奶》("Infant Mortality and Its Principal Cause — Dirty Milk")。《英国医学期刊》上一系列相当晦涩难懂的文章后来以书籍的形式出版了,这足以衡量该世纪头几年,公众淹没在多大的信息量之中。[14]

在法国,成功已经初见雏形。政府和医生、慈善家联手,为各种卫生保健的新形式提供资金支持。布丁医生创立了第一家健康咨询诊所，专门为产妇提供母乳喂养和家庭卫生健康实践等方面的咨询辅导。1874年，著名慈善家泰奥菲尔·鲁塞尔（Théophile Roussel）发起的一项法案被通过，全国各地的母亲都可以在分娩和此后的新生儿护理方面获得免费的咨询和物质支持。出院后，产妇和婴儿的状况都会持续受到关注，接下来发生的事情都会有一个共同的政策来决定。母乳喂养至关重要，如果母亲的母乳供应不足，她就会被要求每天到医院领取经过消毒灭菌的牛奶回家哺喂婴儿。当时的一份报告详细记录了这一实验室般的操作流程：

> 牛奶分配部门位于医院底层，装修十分简单。房间内有一台铜制消毒器。牛奶被装进带有橡胶瓶塞的玻璃瓶中，从乡村运送到这里接受消毒，需要在沸腾的热水中持续加热45分钟。根据孩子年龄的不同，母亲们每天领取相应瓶数的牛奶……她们从医院一侧的特殊入口进入，从窗口领取当天的供应品。

医院的工作人员还会持续认真地记录婴儿的体重和存活率。4年的样本数据记录已经给出了相当清晰的证据：接受母乳喂养的婴儿死亡率为3.12%，而混合喂养或全人工喂养的婴儿的死亡率则在10%至12.5%。在参与研究的448名婴儿中，没有人感染坏血病和佝偻病。[15]

在法国的贫困人群中，还有一种类似的为婴儿供应消毒灭菌牛奶的方式。由慈善机构运营的分配中心对农村运来的新鲜牛奶进行长达一小时的消毒，并分装进专门设计的瓶子中进行密封保存。这些牛奶中的一部分是免费赠送的；剩下的以人们负担得起的价格来出售。未经消毒的牛奶也可以在某些牛奶仓库买到，主要是出售给婴儿喂养以外的用途。因为奶瓶喂养的婴儿需要一种"接近母乳"的牛奶,站点就会在经过消毒或杀菌的牛奶中加入水、奶油、糖和盐。母亲们可以领取一个特制的篮子,一次装好几瓶牛奶回家(白天6瓶、夜晚3瓶),第二天早上再回来归还篮子。[16]

19世纪90年代,美国的牛奶改革最初是由一位私人企业家发起的,并引起了广泛的关注。南森·施特劳斯(Nathan Straus)是一位德国犹太人移民,起初在美国从事瓷器生意,后来成了在纽约和布鲁克林都相当成功的百货商店老板。1892年,他因为牛奶问题萌生了从事慈善事业的念头。他对这一事业的热情至少有一部分是源于个人的亲身经历:在他与妻子孕育的5个孩子中,有两个都在不到两岁时就早早夭折,其中一个就是因为饮用了受污染的牛奶。早前的改革家们已经提出了19世纪40—50年代的"泔水牛奶"问题。例如,1858年春天,弗兰克·莱斯利(Frank Leslie)的《插画周报》上就刊登了一系列有关泔水牛奶产品的文章。施特劳斯深知疾病和健康受损正在折磨着可怜的消费者,尤其是那些为孩子购买牛奶的母亲们,因为除了这种最便宜的劣质牛奶,她们负担不起任何其他更好的替代品。

1893年,南森·施特劳斯巴氏灭菌乳供应站在东三街码头成立,纽约市成为全美第一个拥有公共婴儿牛奶供应点的城市。施特劳斯还建立了牛奶灭菌实验室,并确保其牛奶原料都产自经过定期检验的农场中养殖的健康奶牛。牛奶被放置在冰上运输到实验室,通过设备在167华氏度的高温中加热20分钟,这个过程足以杀灭结核杆菌和其他"牛奶中的有害病菌",同时又能最大限度"保留这种最完美的天然食品中的营养物质"。经过处理的牛奶一部分用来制作"婴儿喂养用调制乳",6盎司瓶装的售价为1美分,这个规格是根据权威儿科医生的建议确定的。同时,施特劳斯还会详细分析纽约市统计局反馈的有关5岁以下儿童的数据。尽管1894年的夏天格外高温炎热,但到7月份,儿童死亡率下降了7%。而到8月,两岁以下儿童的死亡率降低了34%。看来,他的计划起了作用,而他的宣传造势也确保公众都知晓了他的成功。[17]

施特劳斯在建立有影响力的支持者网络方面堪称天才,这在他的安全牛奶运动的成功中功不可没。他最初的盟友只有纽约市的医生亚伯拉罕·雅克比(Abraham Jacobi),一位长期倡导使用经过处理的牛奶喂养婴儿的先驱。雅克比被公认为"美国儿科领袖",儿科在当时的医学专业中还是一个全新的领域,他于1889年将索格利特开发的牛奶加热杀菌工艺引入美国医学界的讨论。[18]在他的职业优势加持下,施特劳斯又谋求到了健康委员会医生和医院的帮助,成功地在全城新生儿中推广了经过灭菌处理的牛奶。为穷人看病的医生都收到了讲解牛奶订购方法的宣传册,贫穷人群可在遍布全城的6个配给站点中的任何一个使用优惠券。施特劳斯特意在东三街底部的码头建立了一个"配有舒适座椅的场馆","从白天一直开放到午夜",让忙碌的妈妈们在方便的时候可随时到访。在等待医生的时候,她们可以顺便"享受新鲜的海洋空气"。施特劳斯还组织医生开展免费的公益讲座,介绍"如何正确护理和喂养婴儿",这也是一种变相增加灭菌改良牛奶需求的手段。最后,为了打消质疑者的顾虑,施特劳斯在炎炎夏日的纽约市公园里设立摊位,以1美分一杯的价格出售这种饮品。没过多久,市场需求就超过了产品供应,于是施特劳斯也开始售卖"纯净的"生牛乳,旨在证明,只要条件适当,新鲜、安全的牛奶供应是可以得到保障的。[19]

19和20世纪之交,英国的牛奶改革者们更乐于效仿法国的成功案例,在伦敦和其他省会城市开设"牛奶补给站"。但是跟施特劳斯的做法不同的是,这些站点的牛奶是用来出售,而非免费赠送的。尽管如此,大众对牛奶的需求也足以让站点的分布网络进一步扩大。例如,在伦敦南部人口密集的巴特西(Battersea)地区,仅在1903年的一年时间内,单个牛奶补给站平均每天就能提供约50加仑经过处理的牛奶,服务范围覆盖 300 位以上的母亲。站点夸耀自己拥有最先进的牛奶加热和装瓶技术,记者们努力使用读者能够理解的语言来描述这些新技术。巴特西地区的牛奶瓶塞与德国啤酒瓶上用的类似。改革家们期望这样的熟悉感能为牛奶带来更多的关注和重视。[20]

经过 10 年的激进发展,公众对生牛乳的担忧逐步提升,期望值也有了新的转变:有相当数量的母亲和负责照顾婴儿的护理人员、幼儿和病患此时都依赖经过处理的牛奶的稳定常规供应。然而,那个最大的疑问仍然没有得到解答:确保为消费者提供安全牛奶供应的责任,到底应该由谁来承担?地方政府曾经在其中担任过重要角色,后来又由慈善家接手。接下来的 10 年,激进主义运动将进一步提高标准,这要求地方和国家政府发挥最大的力量,将安全的牛奶推向市场。仔细考察后期的活动,我们就会惊奇地发现,美国形形色色的改革者们之间形成了联盟。

1912 年,波士顿的一家女性杂志宣称:"家中的女管家们已经全城出动。"富裕阶层的女性们发起了一项庞大的清洁计划,从她们所居住的比肯山(Beacon Hill)和联邦大街等豪华街区向外延展。"现在,科学已经证明了我们的民主政治,"文章这样写道,并同时警醒读者,现代疾病是不会划分社会阶级的。"当波士顿有 1 200 人死于结核病、1 600 人死于伤寒,后湾区(Back Bay)的情况也绝不会比这好。"这一现状激励着上层阶级女性展开行动。她们究竟要怎样掌握疾病的流行扩散情况呢?她们当中的一位领军人物在一本当代妇女杂志上表示:"主妇们开始停下来认真思考。""厨师玛丽往常都是在自己的厨房里烘焙面包,现在她会被严密监控,留意她是否有穿戴干净的围裙并频繁洗手。超精细烘焙公司也未必洗手吧。"

波士顿妇女组织活动的目的是在社会各个阶层中追踪违规者。早在市政府承担起这项责任之前,波士顿妇女市政联盟(Women's

Municipal League of Boston)就雇用了拥有韦尔斯利(Wellesley)学院和拉德克利夫(Radcliffe)学院正式学位的巡视员,安排他们"在街道上,尤其是小巷里巡逻",清理垃圾和蚊蝇。他们大张旗鼓地宣传"灭鼠运动"的印刷品已经传播到巴西、印度和俄国,并在全市范围内确定了"灭鼠日",敦促居民们将捕获的老鼠尸体投放到波士顿各处指定的收集箱中。他们将信心坚定的女性派往各个家庭,尤其是贫困家庭中。一位名叫克拉克的小姐"每天"走访各大公寓,在那里"耐心地向那些无知的主妇们解释美国文明……告诉她们灰尘其实相当危险"。公平地说,巡视员不仅考察移民女性,也没有放过后湾的主妇和不肯让步的房东。

也许最令人钦佩的是,他们对食品加工企业施加了不小的压力。周六夜晚,他们利用最新的技术手段,在到处都是悠闲散步人群的街区,使用"立体感幻灯机将卫生违规行为的图像投射在建筑物上"。其中,他们最喜爱的一幅图画描绘了细菌通过苍蝇传播伤寒的路线,"从马厩到婴儿的奶瓶"。这是立法者们需要了解的事实,因为婴儿死亡率在当时仍是十分具有新闻价值的话题。因此,他们的游行队伍经过市政厅,最终到达州议会大厦,要求为他们所信奉的卫生规则赋予法律效力。[21]

进步时代的女性,以及全欧洲的"母性主义"改革者,开创了一个提供福利的新时代。她们代表母亲和孩子们所做出的努力,为20世纪早期的政府创新政策铺平了道路。通过建设安置所、家政合作社、母亲互助俱乐部和母亲受教育运动,一代女性改变了千千万万个家庭的期望。尽管这个故事中的女性主人公在1920年之前还缺乏充分的公民权利(讽刺的是,她们当中不乏积极活跃的反对妇女参政主义者),但我们仍然可以看到她们是如何拓展当代社会对国家职责的理解的:确保包括贫困弱势群体在内的所有市民的健康和安全。婴幼儿是首要的保护对象。[22]

这一点在马萨诸塞州的牛奶改革历史上表现得最为明显。自1909年起,"牛奶问题"就一直困扰着改革者们,当时,不屈不挠的女性伊丽莎白·洛厄尔·帕特南(Elizabeth Lowell Putnam,1862—1935)成为波士顿妇女市政联盟牛奶委员会的主席,该联盟是她的妹妹凯瑟琳·洛厄尔·鲍克尔(Katharine Lowell Bowlker)创办的。与南森·施特劳斯一样,帕特南在开始投入牛奶纯净运动之前,也经历了丧子之痛:1900年,她的5个孩子之一,两岁的女儿哈里特因饮用受污染的牛奶而死。帕特南支持者的社交圈层包括一大批在波士顿极具影响力的人物:哈佛大学医学院的儿科医生弥尔顿·罗森诺(Milton Rosenau)、银行家兼慈善家亨利·李·希金森(Henry Lee Higginson),以及麻省理工学院院长理查德·麦克劳林(Richard Maclaurin)。毫无疑问,她的亲哥哥,也就是曾于1909年至1933年担任哈佛大学校长的阿伯特·劳伦斯·洛厄尔(Abbott Lawrence Lowell)也以自己的声望支持了这项事业。(市政妇女联盟本身的社会影响力也不容忽视:1909年1月,该组织决定"邀请贫困妇女加入联盟",《纽约时报》用"贵族"一词来形容她们。)伊丽莎白女士是新英格兰棉花产业大亨劳伦斯家族和洛厄尔家族的后裔,对于她和两个令人印象深刻的姐妹[除了凯瑟琳,还有著名诗人艾米·洛厄尔(Amy Lowell)]而言,只要时机成熟,便拥有掌握权力和威望的机会。[23]

该联盟作为改革运动的先头步兵,发挥了惊人的力量:这个由中产阶级女性组成的密集方阵闯入商店,警醒懈怠的商人,确保不合格的商品不会被售出。名为"市场整顿队"的社区组织在波士顿各地如雨后春笋般涌现,承诺"对她们日常购物的商店的卫生状况进行严密的监督。食品是否有很好的卫生保护,防止灰尘和蚊蝇的污染?地上是否存在会弄脏裙摆的尘土?"每一位调查员在回到总部后都要填写印有这类问题的"报告卡"。如果商店的卫生状况不符合要求,联盟就会向地方卫生局提起正式的投诉。自此,"对社区人群健康产然而，即便是联盟最英明的策略也无力影响困扰商业化销售牛奶的问题。污染往往早在商品到达商店老板手中之前就已经发生了：患病的奶牛、不干净的容器、高温的运输车、受感染的配送人员都与这个问题脱不了干系。事实上，公众对这方面的内幕也十分了解，因为在20世纪头10年，新闻媒体多以揭露丑闻为特色。但是，波士顿市政妇女联盟牛奶委员会还无法触及更加复杂的承包商和奶农网络，而城市市场中相当大部分的牛奶供应都来源于他们。当奶农从遥远的乡镇往城里运送牛奶时，他的产品就不可避免地会与其他供应商的牛奶混合到一起。在没有协调的法规和稳妥处理措施的情况下，一个供应商的产品受到污染，就可能破坏整个市场上的产品。在整个波士顿每天消费的36万夸脱牛奶中，有32.4万夸脱是由铁路运输而来的。承包商购买了铁路运输线路，并负责将牛奶分配给零售商。帕特南很快意识到，问题也许并不是出在牛奶本身，相反，出现在市场层面的协调供应过程中。

帕特南显然拥有退出普通牛奶市场的经济实力。如果她愿意，她完全可以从专门为城市提供高价、高品质牛奶的特定农场采购品质有保障的乳制品：用我们现代的话来说，就是"产自精挑细选的优质奶牛、在接近手术室标准的无菌环境下，由合格的专业人士指导、通过开水煮沸无菌容器的方式进行灭菌处理后的牛奶"。[25] 然而，帕特南的思维已经超越了普通的市场逻辑判断，她要求为大众提供更高标准的好牛奶，这在当时是一个极具争议的立场，甚至连儿科医生对市场都没有这么高的期望值。当时波士顿最有名的儿科医生之一C. E. 罗奇（C. E. Rotch）都认为施特劳斯在纽约的做法是一种不切实际的模式，这种劳动密集型的模式由于成本过高，无法广泛地推广。也有一部分知名的健康专家支持帕特南针对牛奶安全问题的先进观点。正如巴尔的摩的J. H. 梅森·诺克斯（J. H. Mason Knox）主张的那样,不是只有"舒适和奢华阶层的小小继承人"才配拥有安全的食物。[26]

在为婴儿谋福利的基本前提下,帕特南和其他牛奶改革者们代表广大社会采取了一种新的富有公共社会责任感的态度:用帕特南的话说:"确保天真无邪的小消费者拥有免受疾病和死亡威胁的权利。"[27]帕特南意识到,自己是全国范围内更广泛的女性运动浪潮的一部分,但她并没有声称这些运动是她自己的原创。诸如简·亚当斯(Jane Addams)和弗洛伦斯·凯利(Florence Kelly)这样杰出的改革家们通过引发人们对芝加哥移民、贫穷人群、母亲和儿童需求的关注,已经赢得了公众的赞誉。

与美国和英国其他从事移民运动的积极分子相比,帕特南的政治观点相对保守:她否认自己对女权运动和社会主义运动有任何兴趣,也无心组织为妇女、劳工和非裔美国人争取平等权利的运动。她将大部分的精力都放在了中产阶级妇女身上,她认为在提供工人阶级生活水平的努力中,这个阶层的女性的需求被忽略了。然而,出身上流社会的她走上了一条意想不到的道路,即在健康和卫生领域对公众展开教育。在她自己意识到这一点之前,她已经深入改善全社会所有人命运的领域。她作为牛奶改革者的职业生涯,是对贵族冒险的精彩展示。[28]

1909 年,帕特南向牛奶委员会报告说:"我们波士顿的城市污水中每立方厘米的细菌含量是 280 万。""而在华盛顿,他们最近发现当地供应的牛奶中的每立方厘米细菌含量已经达到了 2 200 万,有一部分牛奶甚至超过了 2 亿。牛奶的这些细菌中包含多种结核病菌。一个儿童慈善机构购买的牛奶中的结核病菌数量,足以让饮用了这种牛奶的实验豚鼠染病。"她充分了解了其他城市的卫生状况,以达到最佳的对比效果。"据说,柏林每天消费的牛奶中要混入总计 300 磅的牛粪,纽约牛奶中每天混入 10 吨污染物和垃圾。"她不断引用专业人士的言论。"正如乔丹博士所言,香槟和啤酒中混入牛粪,是一种有效帮助戒酒的手段。"[29]最终,她选择与在美国和欧洲已经成为重要卫生权威的儿科医生群体结盟。

帕特南制作的宣传册揭示了有关细菌最新研究成果的工作知识,以及一种揭露惊人价值的天赋。她的演讲和著作也不可避免地展示了阻碍纯牛奶运动顺利发展的城乡势力之争。即便是意志坚定的佛蒙特州社会主义者约翰·司博高,在尝试用细菌学的新闻来吸引农村人的注意时,也难免流露出一丝恼怒的情绪。帕特南无疑拜读过司博高的作品《牛奶问题的常识》。该书花费大量篇幅讨论了典型的农场工人在挤奶过程中可能会遇到的诸多陷阱,即便这名工人拥有丰富的、珍贵的工作经验。("难道只有大学毕业生才有资格当挤奶工了吗?"司博高在回顾了整个挤奶过程中的卫生程序的必要性之后,不带讽刺地承认了这一事实。)

司博高兴致勃勃地说:"农民雇用的工人比尔走了过来,两手提着桶,准备给奶牛挤奶。"在测量了与粪堆的距离,以及亲眼看到了比尔在挤奶前清洗牛奶桶的不当方式,司博高补充道:"可怜的比尔连细菌和大象这两个词都分不清,你怎么能指望他知道自己洗过的奶桶并不是真的干净呢?"我们还听说,比尔会在裤腿上擦手,用手背擦鼻涕,然后坐在一个"肮脏的、满是污垢的凳子上挤奶"。他在挤奶之前不会清洗奶牛的乳头,也不会用消毒剂清洁自己的双手。苍蝇"忙着将粪堆里的细菌带到牛奶里去",而奶牛还会偶尔给牛奶桶里贡献一堆粪便。"农民杰克逊在乳制品展上买回来一个新的镀镍过滤器",可以过滤掉牛奶中的"粪球和毛发"。这些牛奶会在一个没有盖子的桶中静置一段时间后送到火车站,在那里还要再放置更长的时间。司博高解释了这个行业的每一个步骤,这些已经让读者感到生理不适了。在书里的插图中,标致的荷斯坦牛后腿上沾满了粪便,从照片中探出身子。该书是以文字揭露丑恶真相的杰作;它还记录了农村与城市的卫生改革水平之间存在的巨大差距。[30]

对帕特南而言,两件决定性事件的发生使她成为一名积极运动的领导者,要求国家参与协调清洁牛奶的供应。立法改革已经停滞了两年,马萨诸塞州牛奶改革法案的领袖查尔斯·哈林顿(Charles Harrington)博士请求帕特南帮助这项法案通过。1908年,哈林顿突然离世,这使得帕特南意识到自己必须接任这项活动的领袖之位。1910年春天,波士顿爆发了一场牛奶罢工运动,引起了州立法委员的注意,她的信心此时达到了顶峰。委员会传唤证人到州议会大厦,但帕特南发现,牛奶的纯净度问题根本不在他们讨论的范围之内。考虑到当时性别歧视仍然严重存在,女性参与的慈善事业被边缘化也是意料之中的。然而,帕特南对自己的专业和实践知识怀有十足的信心。她对这种"漫不经心"的待遇深感不满,现在,她把目光锁定在了州政府和农民身上,准备直接对他们进行游说。她以自己位于比肯街的家为总部,组织成立了马萨诸塞州牛奶消费者协会。经历短短一年时间,该组织就自称已经拥有了约1500名成员,其中大多数是"杰出的男性,还有约10名女性",这进一步证明,帕特南拥有动员特权圈层的能力。该组织的一份报告称:"本机构的目的,是通过立法,确保社区有品质合格的牛奶供应,并将这种供应的控制权交到国家卫生局手中。"[31]

只有国家卫生局可以协调必要的检查工作,最重要的一点是,他们有执行统计细菌数量和疾病数据的统一标准。帕特南以战争来作比喻,她指出,为国家监督立法,就好比是"将一位将军置于军队之首,从事疾病防控工作"。在整个改革活动中,除了她的卓越贡献,紧随其后的是具有权威的医生。弥尔顿·罗森诺在他那本广受认可的关于牛奶的著作中说:"巴氏杀菌工艺是一项至关重要的公共卫生措施,不能任由个人随心所欲。""这一流程应该受到严格的监管,并受卫生相关法律法规的保护。"他书中的这些语句其实已经属于现代范畴了。[32]

帕特南和不断扩大的牛奶改革者队伍在运动的头几年取得的胜利,着实是付出了沉重代价的:随着公众意识到牛奶供应可能对健康产生的威胁,牛奶的销量一落千丈。到1912年,相关新闻报道开始在整个州内引起广泛关注。州议员们反复就牛奶相关法案进行辩论和投票,其中就包括由医生和立法者联盟起草的最严格的法规之一——《埃利斯法案》(Ellis Bill)。但是,在第一次世界大战期间,马萨诸塞州州长否决了一个又一个牛奶法案,声称现有的法规已经完全足够。他认为,新的法规将使马萨诸塞州的奶农在跨州竞争中处于严重的劣势。

究竟是什么因素阻碍了这些为公众提供安全牛奶的常识性措施的通过?容易被遗忘的是,我们现在对牛奶的概念是20世纪的法律塑造的,它属于工业化食品供应的范畴。1912年,波士顿的消费者也有从众的本能心理。买主们要么已经习惯了现有的安排,要么被迫顺从接受既定的选项,已经丧失了想象另一种选择的能力。大城市是牛奶问题的重灾区,因为它的市场供应依赖于大型承包商长途运输的牛奶。但在波士顿、剑桥和萨默维尔(Somerville)等城区之外,许多社区的牛奶都来自附近农村地区的可靠奶牛群(虽然这些奶牛其实也未经检测)。小商贩仍然是这些乡镇市场的主导,这意味着农民得自己负责收集和销售自家农场出产的牛奶。短距离运送牛奶的小商贩并不认为他的产品必须采取巴氏杀菌法,其中的一部分原因是设备成本过高。针对奶牛群的检测是少有的,经过检测的奶牛大约只占马萨诸塞州全部奶牛的1/10。正如1915年公布的《特别牛奶委员会报告》中所指出的那样,如果只有通过了结核病检测的奶牛所产的牛奶才允许进入国家供应链,那么"牛奶饥荒"肯定会随之而来。[33]

在20世纪的最初10年,外行人对巴氏杀菌法的认知是这样的:

停止理性的思考,对一个稍有了解的操作方式保持长久的信念。虽然医生们已经发表了一系列有关这一过程的内容详实、热情洋溢的文章,但调查结果显示,承包商、经销商和奶农对这一工艺仍然知之甚少,且存在各种不同看法。他们当中有一些人认为,巴氏杀菌牛奶可以说是一种"细菌汤",里面充满了"死亡的有机体",严格来讲,"这与销售生产日期不详的牡蛎汤并没有什么区别"。(据说,牡蛎是唯一可以像牛奶一样"生"食的食物。)[34]事实上,经过消毒的牛奶确实也会腐坏并产生与生牛奶中截然不同的新毒素。这同样也给大众带来了疑虑。一部分经销商否认巴氏杀菌法可以杀死"导致结核病的细菌"。对于牛奶经过巴氏杀菌后是否会致病,人们的看法不一。而鉴于巴氏杀菌的具体操作方法也多种多样,结果可能也存在一定的差异。按照专家的说法,经过适当巴氏杀菌的牛奶应该与生牛奶没有区别,但现实可能与理想相去甚远。[35]

改革的批评家轻描淡写地将喝牛奶看作每日必须面对的勇气考验,认为最好由身体健康的成年人来承受。帕特南努力让那些对这一问题采取优生学观点的人闭嘴。她对一位州议员表示:"有一位牛奶生产商家的官员提出了一种理论,认为经不起劣质牛奶毒害作用的婴儿死亡反倒是一件好事,因为这有利于民族整体生命力的提升。""你是否认为应该故意使用劣质有毒牛奶来测试婴儿,决定你的孩子是否有资格存活长大?"帕特南表示,她对这种言论的推理方式十分熟悉。她接着说:"有毒的牛奶可能会杀死未来的菲利普斯·布鲁克斯①和罗伯特·路易斯·史蒂文森②,只因为他们没有足够强壮

---

① 菲利普斯·布鲁克斯(Philips Brooks),出生于波士顿,是 19 世纪美国圣公会主教。1855 年毕业于哈佛大学,1891 年担任马萨诸塞州主教。——译者注
② 罗伯特·路易斯·史蒂文森(Robert Louis Stevenson),19—20 世纪英国著名小说家,出生于苏格兰爱丁堡,代表作有长篇小说《金银岛》《绑架》等。——译者注

的体魄。它也能杀死缺乏思想教育的收容机构中潜在的罪犯,但只因他们恰好对病菌有足够的抵抗力而得以幸免。"

那个时代,许多思想进步人士都赞同优生学的观点,然而实际上它充满了种族主义和阶级偏见。还有许多农民也怀有这样的思维,认为帕特南和她的改革者同伴们都是来自城市精英阶层的软弱又无知的入侵者。[36]

现实问题依然存在并持续到20世纪30年代。巴氏杀菌法能否消除进入市场的牛奶造成的死亡,专家们仍然持怀疑态度。正如牛奶特别委员会指出的那样,牛奶供应链中涉及的"大量人员"仍然会使牛奶处于受污染的风险之中。伤寒、白喉和其他传染病仍然在普通人群中缓慢流行,这当然也包括送奶工(他们也并不是不会生病的圣人)。[37]实际上,许多牛奶都是在经过灭菌处理以后才被污染的,比如冷却不及时,或被倒入了未经消毒的容器。一部分牛奶在到达消费者手中之前会经历两次消毒,但仍然可能腐坏和被污染。1931年,整个纽约市有大约一半的贫困家庭会从大型金属容器中购买"散装牛奶"。虽然这种最廉价的牛奶只占整个牛奶市场的25%,但这个数字并不能完全代表它对相当一部分人口的重要性。[38]

最大的挑战是对所谓"市场化牛奶"的大宗贸易实施有效的监管。到20世纪初,许多奶农将牛奶送到远离实际销售市场的农村回收仓库,承包商在那里集中收购分散的小批量牛奶,积攒到一定量后运送到遥远的城市。1910年的波士顿牛奶罢工事件揭示了这一系统的发展程度。由于承包商的中间介入,牛奶生产者和消费者都变得相当被动。农民们抱怨奶牛、饲料和劳动力成本不断上涨,而两年来,他们的牛奶出售价格并没有什么变化。这场罢工爆发于1910年5月初,由于夏季牛奶供应充足,所以承包商开出了低于冬季牛奶的价格,他们对这样的"夏季价格"表示拒绝。如果消费者认为他们购买的牛奶价格过高了,奶农会说:"你们应该去怪承包商而不是我们生产牛奶的人,如果按实际价值来折算,我们的收入实际上年年都在减少。"[39]

甚至在罢工爆发之前,马萨诸塞州政府就放弃了实施强制使用玻璃瓶的规定。现代的牛奶瓶成了争论的焦点:这意味着更加高昂的成本和维护费用,这是农民和消费者都不愿意承担的。1886 年,赫维·D. 撒切尔(Hervey D. Thatcher)在纽约的波茨坦发明了美式宽口奶瓶,目的在于解决欧式细颈牛奶瓶无法彻底清洁的问题。但是,这种特殊设计的容器需要生产商的初始投资,以及对清洗、消毒和灌装所需设备的投入。许多贫困的消费者一次只会采购几分钱的牛奶,因为他们没有自己的冷藏设备,无法储存大量的牛奶。新法规要求牛奶商店必须配备牛奶冷藏设备,这对一部分小商贩来说也的确负担不起。奶瓶的清洗问题也层出不穷:商家希望消费者在归还前将奶瓶"烫洗"一下,而现实中并没有多少消费者可以完美做到这一点。(正如罗森诺博士所言:"无论生牛奶还是熟牛奶,把它装进没有适当消毒的瓶子里简直就等同于犯罪。")牛奶经销商又抱怨说,每次疾病暴发,牛奶都往往成为替罪羊。毫不意外,在罢工期间,猩红热暴发,他们又把责任归咎于麻烦的玻璃瓶。[40]

在持续了长达 40 天的罢工运动中,伊丽莎白·洛厄尔·帕特南向负责调查冲突的州委员会发表了讲话。她表示:"如果消费者确信牛奶是干净又新鲜的,他们肯定会愿意支付合理的价格。"[41] 考虑到牛奶消费者之间的贫富差异,当中还包括那些每天只购买两美分牛奶的人群,她的预测不可能代表全部的真相。然而国家针对的是大宗牛奶生意的调查,所以她的观点显得没有意义。帕特南的声音在波士顿的报纸上黯然失色,大承包商占据了舞台的中心,以有关书记员和利润的俏皮话娱乐读者。(一位承包商声称,利润就像牛奶中的细菌,"有时多一些,有时少一些"。据说,在聆听格劳斯坦这番机智的评论时,委员会和现场的听众爆发了"长达几分钟的笑声"。)[42] 最大的经销商H. P.胡德(H. P. Hood)坚持反对奶农的时间最长,为后来对罢工的评价提供了大量的素材。一旦协议成功签署,每年有11个月按照冬季价格采购农民的牛奶,农民协会的书记员马上就公开发表他自己的言论。"消费者必须正视这一问题,并愿意支付一个合理的价格,以确保生产商获得适度的利润,并为分销商提供公平的补偿,否则,在不久的将来就会面临牛奶饥荒。"[43]

1914年,马萨诸塞州政府又批准了一条附加的牛奶法案,任何"未经卫生局授权的牛奶销售或运输行为"都是不合法的。然而,由于法律并没有得到严格执行,所以成效并未能让帕特南这样的牛奶改革者们满意,过去的十年中,他们仍然一直按照自己的方式在努力推行这项改革事业。[44] 1916年,纽约州有关巴氏杀菌法的相关法规开始生效,其他的许多州和城市也开始通过巴氏杀菌法来保护消费者免受污染牛奶的侵害。1908年在芝加哥公布的法令虽然没有全面强制进行该杀菌方式,但是芝加哥是第一个迈出这一步的美国城市;1910年,纽约市紧随其后。而在欧洲,改革者和农民之间的僵局持续了好几十年以后,国家才开始以立法介入,推行巴氏杀菌法。在英国,自发性的灭菌标准效果并不理想,牛奶并没有统一可靠的标准产品,等级品质参差不齐。1926年,全英国的牛奶中只有不到1%获得了正规的分级和认证;在那10年间,平均每年都有超过2 000名儿童因饮用劣质牛奶而死亡。大萧条时期,民众对资本主义市场的反感情绪增加,牛奶导致儿童死亡的问题也仍然存在争议。当消费者被提醒应该在喂给婴儿食用之前先将牛奶加热煮沸时,一位国会议员建议应该将牛奶供应商也丢进锅里煮一煮。直到1949年的《"拯救儿童"法案》出台,英国广大民众的牛奶安全才开始得到保障。当时任职食品管理局议会秘书的伊迪斯·萨默斯基尔(Edith Summerskill)称,该法案的通过是"战胜无知、偏见和自私的胜利"。[45]

历史学家对巴氏杀菌法的曲折发展之路又有不同的解释。大多数人并不认为借助法律手段来对其进行强制推行是不可阻挡的进步,意味着能够扩大优质牛奶的大众市场。我们已经看到波士顿的例子,采用巴氏杀菌法不仅在技术知识上落后,也跟不上对物美价廉的安全产品的广泛需求。20 世纪头 20 年,纯牛奶规模化生产的出现并不是不可避免的,甚至可以说并不是特别值得肯定的。然而,政府基于坚持以低成本履行责任的考量,作出了这样的决定,确实对后来的牛奶历史产生了巨大的影响。一旦巴氏杀菌法通过技术手段变得更加高效,通往大规模消费的道路就被扫清了。从长远来看,这意味着小农户将遭受损失,而大农户则可更加兴旺繁荣。[46]

也许最值得注意的是,纯牛奶之争所带来的隐性变化已经悄然发生:儿科医生、牛奶改革者以及后来的婴儿配方奶粉供应商共同督促奶农提供清洁的牛奶,母乳喂养的争论已经悄然平息,话题被置于讨论的边缘。"专家"的崛起(总归是除了生育孩子的女性本人以外的任何人)意味着像美国和英国这样的现代社会已经暗中将信任给予了医学对婴儿喂养最新趋势的解读。[47]大多数女性已经不再依靠母乳喂养来哺育自己的后代,母乳喂养持续的时间已经缩短到几周以内。只有像约翰·司博高这样的最直言不讳的批评家才敢于揭露事实。1908 年,他写道:"谦卑温顺的奶牛是现代婴儿的养母和奶妈。"伦敦的健康官员 G. F. 麦克利里(G. F. McCleary)博士的发言则更加单刀直入:"人类的婴儿变得越来越像奶牛的寄生动物。"[48]

第四部分

现代牛奶

第十二章
关于牛奶的基础知识

1910年,牛奶改革者围攻马萨诸塞州立法机构,要求为少数人群(即婴幼儿)提供纯净的牛奶,这是值得我们铭记的历史时刻。当时首屈一指的儿科权威弥尔顿·罗森诺将这种液体描述为"对成年人来说太过完美的食物",意思是牛奶缺乏健康完善的消化系统所必要的部分。于是改革者们不得不引入另外一位医生来为更广泛的消费者群体辩护。医生证实:"牛奶是患病人群的主要食物。""牛奶作为患病人群(成年人)食物的重要性,怎么强调都不为过。"

虽然在当时,牛奶已经作为烹饪原料在厨房中被广泛运用,但将它独立作为饮品来直接饮用的做法并不普及,尤其是在城市地区。因此,改革者将工作的重点放在了为天真无邪的婴幼儿争取纯净牛奶上,而并没有怀着为全体公众争取利益的意识。认为牛奶是人人都适合选用的食物的观点,出现在第一次世界大战之后的特殊背景下,当时,营养科学领域发现了牛奶有益健康的新证据。[1]

尽管1873年至1896年的全球经济萧条给农民带来不小的困难,但相反却给消费者带来了福音。在那一时期,农产品的价格下跌了40%,食品价格也随之下降。于是,相较之前,越来越多的人开始享受肉类和乳制品等奢侈食物。[2]全世界范围内的农业产量都持续提高,但实际上负责让这一切发生的实际参与者越来越少。尤其是牛奶生产领域,正处于走向现代化的边缘,无论是生产还是消费,都被调到了最高音调。

那么,当时的"现代"牛奶生产究竟是什么样子的?其实它并不是一个大规模机械化的运作模式:即便是在美国,截至1920年,也只有3.6%的农场拥有自己的拖拉机。美国国家农业部预估,"一个农民只有拥有130英亩以上的土地,才有可能负担得起一部拖拉机"。这就排除了大多数纽约、康涅狄格和威斯康星等乳制品丰富地区的农场。所以,产能的提升主要源于三个方面的因素:廉价劳动力(通常都是无偿劳动的家庭成员);及时出现的几项发明,其中多数都是适合用在驮运重物的牲畜身上的;农业科学研究成果的注入。[3]

劳动力和生产过程的变化究竟是科学起了作用还是机器的功劳,这取决于看待这个问题的角度。在辽阔的美国农耕地区,这种变换存在着它们自己的内在逻辑。威尔伯·格洛维尔(Wilbur Glover)曾写道:"在一个几乎每个人都拥有土地,但人口资源稀缺的国家,制造新的生产机器几乎是必须的选择。"格洛维尔曾长期担任被奉为中西部乳制品产业圣经的杂志《养牛》(Hoard's Dairyman)的编辑,他这里所说的"新机器"指的是麦考密克(McCormick)收割机,以及新设计的耙、铲和脱粒机,这些都是19世纪50年代便开始由马、牛和骡子拉动使用的。这些发明"可以制造多余的产量,从而补贴机器本身的支出",格洛维尔解释道,"不断增加机器的投入,可减少劳动力支出,增加农场的收入。"那些开始走上技术革新道路的人们发现自己致力于为市场而生产,并依赖铁路运输进入市场。尽管在过程中遇到了一些阻力,但他们逐渐认识到,他们的生存依赖于通过集体组织和定期获得最新的科研成果来跟上时代。[4]

尤其是威斯康星州适宜的环境让这里成为由联邦政府资助的农业试验基地。1883年,威斯康星大学农学院由于自告奋勇地提供了符合逻辑的选址依据,遭到了来自全国农民的猛烈抨击;有了新的发展计划和每年4 000美元的政府补贴,这里可以期待一个更加美好的未来了。它的任务是：通过发表文章和讲座，推广农业科学研究中获得的必要最新知识。许多农民仍然抱有疑虑（一位反对者称："一个受过教育的傻瓜是我人生中能想到的最恶心的事情之一。"），但那些在乳制品行业投资巨大的人认为，这个做法值得一试。除非他们能跟上现代创新，否则他们可能会遭遇与新英格兰人相同的命运——当时的新英格兰人在生产力和产量上双双被更西部地区的农民超越。一位农民争辩说："最有必要的是，敦促奶牛场工人作为第一阶层，认识到更科学的教育和比以往更广泛的商业知识的重要性。"[5]

通过新命名的"实验站"以及"短期课程"（该课程分别在两个冬天开设，因为此时农民和他们的家庭成员都会因农闲在家。）这样的创新场景，改革后的农学院给农业人口留下了深刻而不断发展的正面印象。课后，一位农民热情洋溢地反馈道："通过短期课程的学习，我的乳制品产量大幅提升，平均每头牲口的黄油产出量提高了75磅。"还有一位劳动者甚至声称："它让我的赚钱能力翻了一倍。"得益于农学院的科研成果，产量持续提升的玉米每年可以带来约 2 000 万美元的营收。美国记者林肯·史蒂芬斯（Lincoln Steffens）于 1909 年到访该学院，报道该学院不断增加的成就和课程参与率：学生人数从 1885 年的 19 名上升到 1907 年的 393 名，其中包括参加"家政研讨会"的农民妻子们。他宣称："麦迪逊也需要一个可供任何人学习任何知识的地方"——"这就是大学最古老的理想状态。"[6]

理想是一回事，而现实又是另外一回事。起初，许多农民对学术研究持抵制态度。他们最不愿意相信的科学事实是，疾病是不可能被肉眼发现的。例如，1892 年，实验站向农民展示了最新的科赫（Koch）淋巴注射法，在实验室挑选的牲畜群中进行结核病检测，并向他们介绍结核病的危害。这一戏剧性事件还登上了当时报纸的头条。新闻报道称："数以百计的农民涌向麦迪逊观望检测结果。"淋巴检测结果出现了惊人数量的阳性病例，这要求实验站根据自己的科学信念来采取适当的行动。"这些看上去毫无异样的奶牛被牵到聚集的人群面前，人们目睹在他们看来十分优秀的不同品种的奶牛实验标本被宰杀，忍不住发出了反对的声音。然而，此后的尸检报告又呈现出另外一种结果。"在30头看上去十分健康的奶牛中，有28头体内检测出结核病。新闻一时间引起了民众的巨大恐慌，尤其是因为该实验室出品的牛奶已经进入了麦迪逊市场。但是，这项检测在农民中达到了预期的效果，他们很快就涌向该实验站，希望获得对他们农场牛群的检测。与当时欧洲各地的奶农一样，许多人加入了奶牛检测协会，基于自愿的原则监测自家牲畜的身体状况。[7]任何有关20世纪初期牛奶供应增加的讨论，都不能忽略那个直接负责生产牛奶的生物——奶牛。

人工育种繁殖实验在20世纪并不新鲜，但现代遗传学更注重严格的记录保存和牲畜群筛选。如今的农民们已经明白，万能的奶牛，如果一会儿用来挤奶、一会儿用来吃肉，那么两种用途下都不一定能产出最好的产品。科研人员最大的兴趣都集中在牛棚里的"灰姑娘"——荷斯坦牛身上。它们的毛色是黑白相间的，体型并不那么讨喜，产出的牛奶颜色白净，乳脂含量（3.5%）低于19世纪牛奶品尝者所偏爱的量。尽管如此，荷斯坦牛是打破纪录的高产品种。19世纪80年代早期最重要的项目之一，就是对荷斯坦牛和泽西牛所产牛奶中的乳脂含量进行长期对比评估。（养牛协会每年都会提供有关荷斯坦牛的可靠性的证明：例如，1888年，有一头名叫皮特杰的优秀奶牛产出了惊人的30 318.5磅牛奶。）育种专家们希望将这两个品种的奶牛进行基因混合，这给实验站增加了一个新的目标。[8]

威斯康星大学的实验站仍然在进行牛奶生产领域的研究工作，而在改变牛奶的未来发展方向上起到决定性作用的，是针对牛奶消费的研究。特别是一位研究员埃尔默·V. 麦科勒姆（Elmer V.

McCollum)的工作,让营养科学家们提出的假设具体化了,这是他们能够对每一个人具体应该吃什么、喝什么提出的最普适性的建议。在健康和有机饲养条件下,牲畜的生长难题一直困扰着那些以饲养牲畜来获取肉类和副产品的农民。然而,同样的问题也延伸到了人类的健康领域。麦科勒姆关于牛奶的观点虽然并不是全新的,但却引来了广泛的国际关注,还为并不起眼的奶牛创造了一种崭新的职业性描述。是时候让这种益处良多的动物来养活全世界了。

麦科勒姆在《有关营养的新知识》(The Newer Knowledge of Nutrition,以下简称《新知识》)一书的封面上公布了一则坏消息。"作者最近和朋友共进晚餐,菜单里有牛排、不加牛奶的面包、黄油、土豆、豌豆、肉汤、风味果冻、甜点和咖啡。"这位生化学家的民族自豪感通过这份菜单得到了具象化体现,但麦科勒姆认为这是缺乏营养的饮食的典型案例。他解释说,实验已经证明,这种"只有种子、根茎和肉类的饮食"在很长一段时间内"都无法促进实验动物的健康生长"。有些东西显而易见,但却被忽略了。[9]

没有牛奶参与的饮食是不完整的,麦科勒姆强调道:"牛奶及其制品的消费是保护人类的最重要因素。"[10] 在 1918 年那个时代,这些见解代表了国际上在生物化学、疾病和营养学方面研究的最前沿成果,由来自诸多学科的科学家组成的竞争团队共同创造。麦科勒姆的发现可以被认为是所有成果中最重要的一个:存在于全脂牛奶脂肪中的一种物质,在促进动物和人类的生长过程中起关键作用。他称其为"维生素 A",并将它归属于近几年刚刚发现的"胺类"(又称"氨基酸类")物质。"A"很容易让人联想起早前人们追捧的牛奶中的物质——"白蛋白"。从此,牛奶开始以脂肪含量的高低来划分优劣等级。

麦科勒姆的发现是针对被营养匮乏威胁困扰的一代人的。第一次世界大战耗尽了西欧人的粮食供应，美国人的粮食储备也在一定程度上减少了。麦科勒姆创作《新知识》一书时，基本生活必需商品短缺的问题仍然存在，这使得威斯康星大学的动物实验看起来像是对战时菜单的滑稽模仿。如果每天都只吃同一种肉类，日复一日，会变成什么样子？如果饮食中没有糖，会怎么样？那么糖类的作用又是什么？大众读者十分愿意将他们自己的饮食习惯与实验室动物的饮食进行类比。正如法国化学家杜马在1871年普法战争爆发后所评论的那样，战争使所有人都成为营养实验的对象。尽管麦科勒姆在牛奶中发现维生素A实际上早在第一次世界大战爆发之前，但对他研究成果的全面评价必须等到适当的概念工具（科学史家称之为"范式"）出现之后才能进行。

"在遇到麦科勒姆时，人们会不由自主地想起林肯。"他的一位同事多年后回忆道。当时，麦科勒姆已经从约翰·霍普金斯卫生与公共健康学院（Johns Hopkins School of Hygiene and Public Health）的重要职位上退休。尽管麦科勒姆取得了成就，后来名声大噪，但他个人始终保持着"朴素的风度"和"淳朴的体面"。一位著名的荷兰儿科医生在访问巴尔的摩时与他共进晚餐，惊呼道："我终于遇见了一位美国人。"[11]

麦科勒姆的人生故事显然带有一些典型色彩。他的父母文化程度不高，为了经营农场，他依靠自己的智慧从田纳西（Tennessee）一路搬迁到阿肯色（Arkansas），再到堪萨斯（Kansas）。麦科勒姆在5个兄弟姐妹中排行第四，虽然是父母的第一个儿子，但意外地并不怎么受父母的喜爱。他并没有接受多少正规的学校教育，阅读的书籍也不多，18岁以前都没有进行过有教育意义的交流；他的童年时光大部分都在劳动中度过，显然他对此并没有什么怨恨。麦科勒姆在犁地时背诵自己记得的诗歌［他后来成了艾米丽·狄金斯（Emily Dickinson）的狂热粉丝］，还设计了一个聪明的捕鼠器（当威斯康星大学教务长拒绝资助购买实验室老鼠时,他复刻了这个装置来捕捉实验用的老鼠)。他的姐姐们有幸被送到一所偏远的神学院接受高中教育时,麦科勒姆和弟弟不得不再等自己长大一些。他们的母亲带着自己残疾的丈夫举家搬到了堪萨斯州的劳伦斯。麦科勒姆为了支持家庭,在一个有1.2万人口的小镇当起了点燃街灯的灯夫(有月光的夜晚不必工作)。他的整个前半生,身体都十分瘦弱,时常受牙周脓肿和扁桃体炎折磨。身高6英尺的他体重不足122磅[①]。与林肯一样,个子很高但看上去营养不太好。

麦科勒姆亲身体会过这些不足之处,不是因为战争造成的稀缺,而是因为美国与世隔绝的农村环境。远离资源供应,被迫只能依靠特殊的智慧来谋求生路,农民家庭往往对自己正在经历的食品短缺毫无知觉,这在很大程度上取决于一位母亲的实践生活智慧。麦科勒姆在婴儿时期就患有坏血病,但当时没人知道为什么这个婴儿的皮肤上会有褐色的斑点,关节肿胀、牙龈也肿胀出血。这个疾病的根源可以从他断奶的过程中找到,那时他还有四五个月才满一周岁。麦科勒姆的母亲认为,如果在婴儿断奶期间喂食生牛奶,毫无疑问存在致命的风险,这个观点也是麦科勒姆本人后来高度赞同的。(他在自传中表示,农场牛奶存在的真正问题是,谷仓里的苍蝇会将粪便和农场里悬挂的不干净的抹布上的病菌传播到牛奶里。)作为替代品,母亲在牛奶里加入土豆泥,并加热煮沸,制成了她自己风格的美式农场婴儿流食。他后来意识到,这种高温烹煮的过程已经破坏了他的饮食中必要的营养成分。他在满一岁后不久吃的布丁突然让身体有所恢复,就是证明:母亲在准备冬天储存的苹果时,一边给苹果削皮,一边弄了一些苹果碎屑喂给他嚼着玩,没想到他还挺喜欢,于是

[①] 身高6英尺,即约1.82米;体重122磅,即约55千克,的确相当瘦削了。——译者注

母亲又多喂了他一些。短短两三天时间，他的身体状况就大有好转。5月的草莓彻底治好了他的病。虽然本人并没有意识到这一点，但麦科勒姆已经发现了一种重要元素——维生素 C。[12]

牛奶和他在农场接触到的生活实践经历一样，深深镌刻在麦科勒姆的人生故事中。1879年，也就是麦科勒姆出生的那一年，他的父母在堪萨斯州斯科特堡（Fort Scott）附近建了属于自己的宅子，是当时方圆6英里的艰苦农村地区"最好的房子"。他们家拥有的物质财富就是25头奶牛。麦科勒姆在自传中解释说："挤奶、把奶油搅打成黄油、清洗并做成一磅重的饼，都需要耗费大量的体力。""邻居们都不愿意被照顾牲口的繁重劳动捆绑，所以我们家在这一带实质上算是独家垄断经营了。"麦科勒姆的父亲并不是那种不在乎牛群的消极农民。当他意识到奶牛是个能挣钱的好工具，便开始煞费苦心地计算每头奶牛的产奶量，挑选优质的牲口，把"产量不佳"的那些奶牛卖掉。家里的每一个成员，包括小孩子在内，都要参与制作黄油出售到市场上，每两周家里就能有一笔额外的收入。麦科勒姆给小牛犊喂脱脂牛奶，这是一堂让他永生难忘的营养课；他还负责教它们如何从桶里喝奶，这是为人类提供牛奶供应的基本行为。后来，这位科学家把他在农场看到的许多操作流程，包括黄油的制作，都当作一种实验室观察的训练。毫无疑问，麦科勒姆在他后来的研究生涯中所获得的成就，在很大程度上可以归功于黄油。[13]

在堪萨斯大学就读期间，麦科勒姆是一位相当勤勉的学生，午饭都在实验桌上解决，阅读指定书目以外的文献资料来拓展知识。被耶鲁大学录取为研究生，开始从事有机化学研究以后，他努力适应新环境，长时间工作，刻苦研读教师论文。为了证明自我价值，他还参加了不少比赛。显然，求学的这些岁月于他而言并不容易。为了挣钱，他在本地的基督教青年会教化学课，依靠耶鲁大学食堂提供的无肉饮食计划度日。一些微妙的信号暗示了他低人一等的地位。到校报到后，他发现自己被分配到本科实验室，而其他博士候选人被分配到的是更加私人的工作空间。有教授建议他最好从熟练掌握外语开始努力，可见当时他在这方面是相当欠缺的。（尽管麦科勒姆为了升学考试，已经努力自学了德语和法语。）

在研究生的最后一年，他完成了研究课题，但另外一位教授却表示，对麦科勒姆来说，三年时间不足以让他取得学位。（最后教务主任从中协调，麦科勒姆在那年春天获得了学位。）当麦科勒姆的同届学生都在医学研究和教学领域谋求职位时，这位从前的农场男孩又重新回到实验室，以博士后的身份学习生物化学。一年后，他的导师，只比他大 5 岁的德国人拉斐特・B. 孟德尔（Lafayette B. Mendel）在威斯康星大学农学院为他找到了一个职位。也许在孟德尔这个雄心勃勃的神童看来，他这位来自堪萨斯州的勤勉学生应当属于这里。[14]

这两个地方的精神氛围是完全不同的。威斯康星大学的研究人员几乎无法抑制地对这位来自东海岸堡垒的纯粹科学家的言论表示鄙视。麦科勒姆过去在耶鲁大学的老师 R. H. 齐腾登（R. H. Chittenden）在《养牛》杂志上发表文章，提出硼砂可作为"无害"防腐剂添加进牛奶的言论，这位曾受人尊敬的教授受到了口诛笔伐。威斯康星的研究人员们知道，化学物质如果被动物吸收，是会对身体造成伤害的。斯蒂芬・巴布科克（Stephen Babcock）这位举世闻名的发明家，站出来抨击耶鲁大学教授的实验室数据。[15] 然而，科学世界的强弱排序依然是不可避免的现实。比如，女性学生往往会被排挤出有机化学实验室，转向营养学领域，在那里，她们又可以霸占学习家政的女学生的教室。在威斯康星大学，动物营养学甚至可能比家政还要更加边缘化。

然而，后来的一些事件证明，威斯康星大学在很多方面是走在前沿的。在那里，麦科勒姆可以将他过去的经历与生物化学研究相结合。他的标志性方法——食品的生物分析法——相当于一种精心设计的农场牲畜喂养系统。麦科勒姆一定知道一句农业谚语,"牛用嘴产奶",换言之,一头奶牛能有多少产奶量,取决于它吃的是什么样的食物。1907年,他一到威斯康星大学,就以教材的形式接触到了W. A. 亨利(W. A. Henry)创作的《饲料与喂养》(Feeds and Feeding, 1898)。该书的扉页上印的又是一句谚语:"主人的眼睛可以养肥他的牲口。"亨利将它解读为"喂养牲口是一门艺术,而不是科学"。按照中西部地区的方式,他认为,实践经验以及实践中获得的智慧(即农民的"艺术")应该优先于从实验室传出来的信息。纯理论科学和应用科学之间的较量是自古便存在的争论,但麦科勒姆此时开启了一种不同寻常的对话,让这两个分支惊奇地发现,它们研究的实际上是同一个课题。[16]

威斯康星大学对东部地区的院校表现出朴素的反感,但实际上它的定位要远比这深刻。麦科勒姆身上的某种怀疑主义似乎是该院校精神的具象化体现,认为实验室科学家所珍视的所谓真理并不能说明事情的全部。神秘力量(或者也许只是大自然的难以捉摸的潜力)潜伏在当代科学神圣真理的边缘。亨利是饲养实验的著名倡导者,他认为,农场动物从食物的原始形态中获取的营养物质的纯化学分析中缺少了一些东西。例如,用燕麦喂养动物,研究人员发现,这种植物所提供的营养"远远超过了对这种植物进行化学分析时体现出的价值"。麦迪逊校园中流传的一个笑话也是这种怀疑论引起的,这个笑话是由乳制品研究员斯蒂芬·巴布科克发起的。他在向当时著名的人类营养学家W. O. 阿特沃特(W. O. Atwater)提供建议时指出,如果仅仅根据对烟煤中氮含量的化学分析,那么烟煤将成为一种极佳的喂猪饲料。我们可以想象,插科打诨式的笑话本身就是检验真理的试金石。选择相信实验室还是谷仓经验:你笑还是不笑,这取决于哪里才是你的真正大本营。[17]

接下来,奶牛闪亮登场了。麦科勒姆在他的自传中把自己转入威斯康星大学的原因归结为他对有利可图的牛科动物的追求。多年以后,他写道:"我认为,威斯康星大学进行的奶牛实验清楚地表明,还有某些基础性的东西等待我们去发现。"[18]在这里,人们十分善待奶牛。19世纪80年代和90年代,关于是否应该让奶牛站到柱子上,用钳子卡住它们的脖子这一问题,争论的热烈程度已经惊动了州议会。在全州农民协会会议的横幅上,也能看到"用对待一位女士的方式对奶牛讲话"的格言。[19]自1883年威斯康星大学实验站建立以来,乳制品行业的主要关注点就把针对牛奶的研究摆在了首要位置。威斯康星州的农民组成了一个相当具有前瞻性的团体,他们愿意与一群优秀的实验室科学家们携手合作。什么饲料喂养效果最好?哪种奶富含最多的营养物质?有些实验人员甚至会调查奶牛乳房上的哪个奶头产出的奶品质最好。这是一个有待发现的领域。[20]

麦科勒姆加入农学院时,新的发现已经开始大量涌现。1890年,巴布科克发明了乳油分离器,尽管这个装置从来都不是这位永远忙碌的发明家最优先考虑的事情,但它的确是凌驾于其他发明创造之上的卓越成果。尽管在英国和世界其他地方出现了别的奶油检测方法,但巴布科克的发明从各种标准上来看,都是同类型中最优秀的。很快,他的产品开始在欧洲和美国得到广泛运用。作为化学家,巴布科克成功计算出了把奶油从全脂牛奶中分离出来所需要的硫酸的准确用量和离心力的适当速度。每一位农民和牛奶商贩都迫切需要一个答案:我手上的牛奶到底包含多少脂肪?有了可靠的乳油分离器,农民就可以按照牛奶的品质来给奶牛划分等级;然后,他们就可以踢出自己牲口群中的"寄宿生"(中西部地区对产奶量差的牲口的蔑称)了。[21]牛奶本身就是按照不同的脂肪含量来调整定价的,所以农民和商贩们有了可靠的手段来检测他们的产品。最终,随着这一发明的普及,买手们也不再那么容易受到欺诈。猜测牛奶脂肪含量的问题一直困扰着法国和比利时的消费者,以至于他们在城镇购买牛奶时,不得不先从街头小贩那里购买乳比重检测器(一种相对便宜但做工相当粗糙的乳脂肪测量仪器)。[22]

事实证明,威斯康星大学农学院的所有人都逃不过牛奶的万有引力。巴布科克似乎一直没有远离过牛奶及其制品。他早期的实验之一就是为了解答一个古老的问题:牛奶与血液属于同类吗?巴布科克偶然发现,事实的确如此。因为他研究发现,这两种液体中都存在一种叫作纤维蛋白的成分,这种成分决定着液体是流动还是凝固。在另一项重大发现中,巴布科克和他的同事 H. L. 拉塞尔(H. L. Russell)发现了一种与奶酪固化有关的酶,确定这种酶"本身就存在于牛奶之中",并将其命名为半乳糖酶。揭开这种酶的特性,指导了奶酪行业确定奶酪成熟的最佳温度。在这个过程中,巴布科克还确定,奶牛分泌乳汁的活动是与挤奶同时发生的。对于一个深切关注牛的健康的国家来说,这是一项具有深刻时间价值和哲学价值的发现。这简直是连上帝都要为之喝彩的成就。[23]

不久,麦科勒姆也被这股力量吸引过来。不过,当时巴布科克开创了一种用单一植物饲养母牛和小牛犊的方法,这在生物化学领域是一种"与激进背道而驰"的观点。而麦科勒姆的第一个历史性贡献是提出使用老鼠作为实验对象的想法。[24]德国生物化学家当时采用小鼠来进行实验,是因为它们生长速度快、寿命相对较短;而根据麦科勒姆的研究,大鼠的好处在于它"尺寸适宜"(方便抓取起来进行每日称重),"杂食性的喂养习惯"(能够适应每日持续变化的菜单),以及"没有更多积极的经济价值"这一事实。麦科勒姆首先向巴布科克吐露了自己的想法,尽管遭到了院长的否决,巴布科克还是鼓励他实施这项计划。毕竟,老鼠是农业社会的头号公敌。正如麦科勒姆多年后回忆的那样,这位院长担心,如果"有人说我们用联邦政府和州政府下拨的资金来喂养老鼠,那我们将永远也抬不起头"。得到了巴布科克的秘密支持,麦科勒姆甚至开始在实验站的马棚里抓老鼠。当他发现这些老鼠太过"野蛮",就花费 6 美元(按今天的价值来计算,大约是 140 美元)从芝加哥的"宠物经销商"那里购买了 12 只白化老鼠。他于 1908 年 1 月开始实验,这是美国历史上首次进行该类型的实验。[25]

实际上,威斯康星大学的所有实验人员都在探究由营养缺乏引起疾病的病理:如果动物的饮食受到严格的限制,它们是否能够生长并进行繁殖(这是健康的终极证明)?巴布科克在小母牛身上进行的实验结果表明,如果只吃小麦或燕麦,奶牛的体型会相当瘦小、患上皮肤病,有时甚至会导致失明,无法生育出健康并能成功存活的后代。但是 4 年后的麦科勒姆对这项旷日持久的项目已经"失去了信心"。他没有继续采用巴布科克的"单一植物来源"方法来测定营养素,而是想尝试纯化物质的组合。以老鼠为实验对象,成效很快就显现出来了。

到那时,麦科勒姆已经有了一名助手玛格丽特·戴维斯(Marguerite Davis),她毕业于伯克利大学,"没有任何报酬地无偿全职工作了 5 年"(周六下午和周日休息),负责照顾实验用的鼠群并以老鼠为对象来做实验,而麦科勒姆自己则继续完成他的职责,做小母牛实验。以现代的眼光来看,戴维斯的这种无偿工作显然是一种剥削:她是一名女性,童年时的一次事故导致"身体有残疾"。当麦科勒姆要求为她支付薪水时,学院院长却"觉得她没有接受足够的正规培训,不适合担任教职人员"。(麦科勒姆也表示,"她又不需要养活自己",这说明,他的思想也是那个时代的。)在她工作的第六年,也是最后一年,麦科勒姆说:"我给了她 600 美元。"按照现在的货币计算,大约相当于 1.35 万美元。在他的自传中,他将戴维斯在实验室一天的表现形容为"来自天堂的福祉",他的确没说错。[26]

与大多数实验室动物一样,老鼠通常也会吃某些品种的乳制品。

一开始，麦科勒姆犯了不少错误，认为味道对老鼠来说很重要（他和戴维斯煞费苦心地用培根和奶酪给老鼠们的化学口粮调味），并没有意识到这些啮齿动物也会吃自己的排泄物。经过三年的不懈努力，在各种各样的食物中加入乳脂和蛋黄的做法似乎有了一些成效：在这种情况下，老鼠表现出良好的生长势头。与加入橄榄油和猪油时相比，麦科勒姆和戴维斯发现了明显不同的结果：食用猪油和橄榄油的老鼠健康状况不佳。显然，在那两种黄色的脂肪中，隐藏着某些特别的东西，即使是十分微小的量，也能促进健康。1912 年，实验室终于产生了令人兴奋的结果，发现了这种微量元素的存在，他们后来将这种物质命名为脂溶性维生素 A。[27]

也许对于 21 世纪微量元素补给品饱和时代的读者来说，要理解这一发现的重要性实在有些困难。在当时，即便是麦科勒姆和戴维斯本人也并没有完全理解他们这项发现的全部影响力。首先，他们只是被一个简单的结论震惊了，即"并非所有的脂肪都是一样的"。根据从李比希时代一路流传下来的公认知识，化学家们认为碳水化合物（糖类和淀粉）和脂肪提供的是相同的营养价值，即"能量"。蛋白质是营养物质界的王子，是"肉体的创造者"，在三位一体的生物化学宇宙中占据至高无上的地位。历经半个世纪的观察，人们发现了氨基酸的存在，从而也揭示了蛋白质的多维特征。与此同时，化学家族的其他姐妹元素们直到 20 世纪初，仍然没有被揭开神秘面纱。就在此时，麦科勒姆和戴维斯发现，脂肪也是一种具有多面性的物质。

关于"维生素"的概念，这一词汇最初出现在 1912 年的科学文献中，也就是同一年，威斯康星的科研人员意识到了他们发现的究竟是什么。波兰生物化学家卡西米尔·冯克（Casimir Funk）创造了这一术语，尽管他对维生素的工作机制并不完全了解。冯克将饮食中的必要元素与能够预防脚气病的特定胺类物质联系到了一起；于是，他将"vita"（"生命"）和"amine"（"胺"）结合在一起，创造了这个词汇"维生素"("vitamin")。在当时,人体的 20 种氨基酸中只有 12 种被发现了。直到 1916 年,麦科勒姆和另外一位研究员科妮莉娅·肯尼迪(Cornelia Kennedy)才提出用字母来为不同的维生素命名。那时,麦科勒姆和戴维斯已经从小麦胚芽和米糠中提取出了一种水溶性维生素 B。[28] 然而未解开的谜团仍然存在,研究人员并没有确定维生素的确切功能。又过了好几年,他们才明白,维生素具有帮助人体从食物中汲取营养的作用。[29]

早在 1893 年,《养牛》杂志的读者已经了解到,"牛奶中存在某种几乎无可替代的特殊物质,可以帮助消化吸收,促进生长发育"。前提可能并不完美,但结果比什么都重要。据中西部地区的养猪传奇人物西奥多·路易斯(Theodore Louis)介绍:"如果给猪额外补充喂养脱脂牛奶,效果可以超越品质最好的纯谷物喂养。"[30] 农民们是不是早就懂得了某些生物化学家"不懂"的道理? 20 年后,麦科勒姆在耶鲁大学的导师拉斐特·孟德尔也得出了同样的结论,只不过是从化学实验室中得到的。1906 年,麦科勒姆曾在康涅狄格实验室短暂任职,与托马斯·奥斯本(Thomas Osborne)合作,他们针对"无蛋白牛奶"进行的实验得出结论:"牛奶食品中含有对生长发育和维持健康都至关重要的物质。"当时,即便是耶鲁的科研人员也开始想要将关注的重点从蛋白质转向脂肪。[31](研究小组曾质疑麦科勒姆和戴维斯是脂溶性维生素 A 的发现者,但经过在专业期刊上旷日持久的辩论,麦科勒姆和戴维斯最终获得了胜利。)

有些事物,农民是通过实践懂得的,而化学家们是通过实验了解的,另外一些人持续抗拒,情况就是这样简单。1917 年,麦科勒姆转职到约翰霍普金斯大学新建的卫生与公共健康学院,将自己置身于冲突的最前线。一位统计学教授在晚宴上听取了麦科勒姆关于补充性营养的即兴演讲后,直截了当地反驳道:"如果你祖上先辈都很长寿,那么你吃什么都没有多大区别。"麦科勒姆回忆道,这名男子是如何以"缓慢、一字一句、强调的"口气说出了最后这句话。[32]当时,关于脚气病①病因的新理论引发了关于"缺乏性疾病"的争论。一位因殖民主义运动移居到东南亚的荷兰医生曾用小鸡做过实验,严格限制饮食,只以精米喂养,结果产生了脚气病的神经性症状。当时的主流医学界人士对此表示反对,他们认为这种人类疾病要么是传染性的,要么是由环境中某些还未被发现的毒素引起的。但是,生理学的研究人员可以通过往小鸡的食物中添加和去除米糠中含有的化学物质来让这些症状出现和消失。病理学家们对这些动物饮食实验避之不及,而儿科专家的思想则要开放得多。在约翰霍普金斯大学,研究儿童佝偻病的专家们后来与麦科勒姆合作,确定了佝偻病本质上是一种缺乏性疾病,涉及一种此前尚未明确的物质:他们将这种物质命名为维生素 D。[33]

到 1912 年,麦科勒姆已经明确了食物之间存在相互补充关系的概念:一种食品中缺乏的营养物质,可以通过同时食用另外一种富含该物质的食品的方式得到补充。各类食物就像一张由不同形状的小片相互锁扣而成的大拼图。[34]麦科勒姆的观点部分基于英国生物化学家 F. G. 霍普金斯(F. G. Hopkins)的先锋开创性研究,他提出了饮食中的"附属品"概念。霍普金斯使用的主要样本就是牛奶,把它添加进纯净物饲料中作为补充时,它在促进实验室动物的生长方面发挥了神奇的功效。[35]普鲁特早已证明,牛奶可以提供蛋白质、碳水化合物和脂肪(最近尤其受到重视)。在《新知识》一书中,麦科勒姆又重提了这三位一体的学说,但这次他强调的重点发生了变化:"牛奶的作用主要在于,当它与其他动物或植物来源的食物结合使用

---

① 脚气病(beriberi),是当时全世界都流行的一种神经性疾病,虽然当时的人们称之为"脚气病",但与我们现在所理解的脚癣皮肤病并不相同,它的主要症状是足膝酸软、肌肉无力,病情严重者无法站立行走,甚至有生命危险,发病率和致死率都相当高。——译者注

时,可以纠正它们的饮食结构缺陷。"他尤其推荐:每个人都应该每天饮用 1 夸脱牛奶。[36]

1918 年,牛奶的福音开始传播,它将不同的研究领域联合起来,并拓展到科学界以外的大众领域。日益壮大的儿科医学领域热情地接纳了麦科勒姆的观点,相信牛奶对预防儿童缺乏性疾病存在至关重要的意义。1918 年,麦科勒姆应《牛奶问题》(The Milk Question)的作者弥尔顿·罗森诺的邀请,在哈佛大学公共卫生学院发表了著名的演讲。后来,罗森诺对演讲内容进行了编辑,于是就有了《新知识》一书。

麦科勒姆的追捧者中,最重要的是时任美国食品管理局局长的赫伯特·胡佛(Herbert Hoover)。同年,胡佛在费城的一家剧院与麦科勒姆同台演讲。在战争的最后几个月,食品供给成了问题;胡佛呼吁国际社会开展合作,关心"欧洲的饥荒人民"。紧接着,麦科勒姆进行了 25 分钟的演讲,主题是"正确和错误的食物搭配组合,以及坚持错误的饮食观念可能带来的严重后果"。演讲中包含了他对土豆和牛排的强烈谴责,但也不乏积极性的建议。基于辅助食品的相关知识,麦科勒姆建议对食物进行合理搭配,"互相弥补彼此的不足"。最重要的是,他呼吁"将牛奶和绿叶蔬菜作为日常主要饮食的有效补充",也就是我们广泛定义的"保护性食物"。胡佛的反响和台下的听众一样热烈,后来,通过食品管理局的安排,胡佛请麦科勒姆到全国 18 个城市进行了演讲。[37]

牛奶与优质营养——在第一次世界大战结束后的几年中,这两个话题犹如野火燎原般在美国各地引起热议。《新知识》一书在出版后的头三年,就售出了 1.4 万多册,到 1939 年,已经推出了 5 个版本。1922 年,麦科勒姆开始与《麦考尔》(McCall)杂志长期合作,最终成为该杂志的营养学编辑。《周六晚间邮报》(Saturday Evening Post)和《纽约时报》采访并推广了他的"保护性食物"理念,以及他推荐在饮食菜单中特别加入乳制品的建议。国家和地方政府开始赞助牛奶推广活动,甚至举办了"牛奶周",牛奶消费在当时实际上已经变成了一项社会责任。麦科勒姆的一些观点引起了大众的共鸣,他们渴望了解如何通过饮食来预防疾病、获得健康。[38]

毫不夸张地说,麦科勒姆开始透过牛奶看到了全世界。《新知识》的第一版还带有较浓重的美国沙文主义色彩,这在当时并不罕见,但显然是他潜在的奶农意识造成的。作者在讨论关注"公众健康"的迫切需求时表示,"我们可以把人类大致划分为两类",一类是中国人、日本人和"热带地区的民族",他们把植物叶片作为"他们唯一的保护性食物",再用几个鸡蛋来做些营养补充。另一类是欧洲人和北美人,他们虽然也吃植物叶片,但是"占据他们食品供给绝大部分的"是牛奶和其他乳制品。(他判断这一部分占比达到了 15% 至 20%。)这两种不同饮食结构造成的结果显然是不同的:

> 那些将植物叶片作为唯一的保护性食物的民族人口身材矮小,寿命相对更短,婴儿死亡率高。他们坚持使用祖先发明流传下来的简单机械进行劳作。而与此相反,在饮食中大量摄入牛奶的人群明显身材更高大,寿命更长,后代成活率也更高。他们的性格也比不食用牛奶的民族更加进取好胜,在文学、科学和艺术领域都取得了更大的进步成就。他们发展出了更高等级的教育和政治制度,为个人发展自身能力提供了更多的机会。这样的发展是存在生理基础的,且我们有充分的理由相信这从根本上与营养有着密不可分的关联。[39]

美国人和欧洲人将他们的牛奶福音带到世界各地。麦科勒姆写道:"牛奶不存在其他的替代品,考虑到它的低成本,牛奶的应用显然应该更多而不是减少。"[40]

对奶农而言,这个时机再好不过了。战争对美国农场提出了巨大的需求,一旦欧洲农业复兴,那么新的丰产将需要寻求更广大的市场。尽管失去了欧洲的买家,美国的牛奶生产规模仍然在扩大。多年后,麦科勒姆指出:"在 1919 年到 1926 年,我国的牛奶产量提升了 1/3,冰淇淋产量提升了 45%。"这种强大的白色液体的前途看上去一片光明。一股牛奶潮流正在这片大地上涌动。[41]

第十三章
人人获益的 20 世纪

到 20 世纪 30 年代，牛奶已经在欧洲和美国作为公共必需品赢得了头等重要的地位，在这个过程中，改革者们的一致努力功不可没，且他们当中包含许多女性。有关牛奶营养成分的新情报成为一项重要国际性运动——致力于改善大众的健康——的组成部分。麦科勒姆关于牛奶是一种保护性食物、含有所有重要维生素的学说，在一个被饥荒和食物短缺困扰的世界里引起了广泛的共鸣。就像巴斯德鉴别出微生物一样，重要的并不是他们发现了什么，而是他们的发现什么时候能够被广泛理解。第一次世界大战改变了公众的意识，它使生活必需品的供应受到限制，并将政府塑造成了供应链管理者的角色。国家机构很快吸收了麦科勒姆《新知识》的学说，并将其付诸到新政策的制定当中。一种具有现代性的假设悄无声息地出现：如今，某些商品已经被理解为所有人群的必需品，政府已经做好准备来协助这些商品的供应。

牛奶已经完全准备好接受它的现代身份：得益于巴氏杀菌法和生物化学家们的认证，这种液体刷新了自己的形态，变得适合每一个人。牛奶经过制造商的加工和装罐，再经由政府采购供应给陆军和海军部队，还有的被加工成黄油、奶酪、巧克力和冰淇淋出售，可以说，牛奶已经无处不在。消费者们已经学会了如何通过更简单的方式来获得这种现在已经成为公众应得之物，这一切都是依靠 20 世纪国家的"使徒"——现代科学——实现的。争取安全、廉价牛奶的运动在大洋彼岸也开始兴起。1943年,温斯顿·丘吉尔发表了他的著名声明,通过广播向听众宣布:"对于一个社会来说,没有什么比给婴儿喂奶更好的投资了。"[1]

事实上,20世纪见证了西方食物象征主义的结构性转变。第一次震动发生在战后英国的食品抗议活动中,一品脱牛奶取代了一块长面包,成为人们享有基本食物权利的象征。生活必需品的短缺很快教会了英国人如何利用市场运作来对牛奶等关键商品产生影响。对战后市场行为的质疑促使美国消费者坚持购买价格较低的主食。另外一些改革者也加入了他们的行列,他们迫切希望解决城市移民人口的外来饮食习惯问题。再加上有关母亲和儿童权利的母性主义论点,争取物美价廉牛奶的主张收获了一种无可匹敌的光环。战后的民众质问,既然市场这双看不见的调节之手已经明确地将牛奶端上了我们的餐桌,这种熟悉的大自然馈赠现在又为何被大企业把持操控?要知道,牛奶与其他食物不同,它并不需要什么特殊的加工处理。[2]

我们倾向于将英国的乡村看作永恒的乳制品源泉,然而1900年的消费者有更深刻的理解。牛奶行业的自由贸易使英国人均鲜奶消费量降至全欧洲最低:1900年至1902年,每年人均消费量仅14.5加仑,1910年至1912年,也只是小有增幅到16.3加仑。而形成鲜明对比的是,同时期萨克森(德国城市)的人均年消费量高达46加仑,瑞典和丹麦也有40加仑。德里克·奥迪(Derek Oddy)已经表明,战前英国劳动阶级的消费量"还不到同时期美国纽约和巴黎消费量的一半"。其中的原因其实不难理解:当地牛奶的价格高得令人望而却步。在北部工业城市布拉德福德(Bradford),还有22%的人口根本买不起牛奶。因此,值得思考的是,像英国这样的国家凭什么在乳制品方面号称自己拥有得天独厚的自然资源?[3]

第一次世界大战给全世界的乳制品行业都带来了沉重的打击;

在与军事需求的竞争中，乳制品行业对繁重劳动力、大量饲料和运输设备的需求只能做出让步。整个欧洲的畜群都遭受了严重损失，一方面是军队对牛肉的需求量增加，另一方面是在战火中死亡。在德国占领的三个月时间内，比利时的奶牛数量从 1 800 万下降到了 70 万。[4] 与此同时，消费者必须为鲜奶支付更高昂的价格，否则就只能选择其他的罐装产品。液态奶经销商们继续像其他的企业一样将其当一门生意来经营，这导致民众对他们牟取暴利的质疑此起彼伏。1917 年到 1920 年，忍无可忍的女性消费者终于爆发了。

此时，正是这群家庭的守护者们主张她们作为消费者的基本权利的最佳时机。她们认为，牛奶商人的做法是以牺牲人类共同的、无可辩驳的需求为代价来谋取利润。全英国的女性们联合起来抵制鲜牛奶，在一个城镇坚持了整整一周，还策划了一场"蒙混式抗议"，每天不停变换她们的购买模式，让分销商和供应商们难以捉摸。在布里斯托尔（Bristol），女性们一边高喊着"我们需要更便宜的牛奶"，"上帝拯救孩子们"，一边在街头游行。在伦敦，成千上万的女性们聚集在海德公园这个备受尊崇的社会正义集会场所，听取和抗议包括牛奶分销商联盟在内的大型食品企业的垄断行为。一种新的公民意识正在觉醒，它将民主与获得物美价廉食物的权利联系到了一起，并请政府保证将"定价机制和利润的透明政策"适用于食品，尤其是牛奶。[5]

事实证明，在某些危急时刻，女性可以担当娴熟的国际网络工作者的角色。英国的女性了解到，纽约市的妈妈们"已经被告知牛奶是一种生活必需品，且可以买到品质更好的牛奶"。曼彻斯特流传的一本小册子以通俗易懂的语言阐述了这个问题："英国母亲们也有权利为她们的孩子争取到干净的牛奶，政府必须做出安排，不仅要为群众提供合适的住宅，还要对孩子们的食物（干净的牛奶）进行适当的生产和处理。"[6] 战时对食品的管制已经揭示出，国家就是公民的保护者：一位妇女合作组织成员坚持认为，"如果男性需要被征召入伍，那么为了保证社会民众的健康，牛奶也应该被积极征召调用。"[7]

很快，政府开始意识到，它们需要担当保护者的角色，提供廉价而丰富的牛奶供应，而不应该指望自由市场。在战争的最后一年，英国政府开始接管牛奶的供应链，但这并没有马上解决牛奶价格过高和受污染的问题。英国工人阶级妇女组织"妇女合作协会"的成员慷慨激昂地投资了本地的合作商店，以不屈不挠的抗议精神成为当时的头条新闻。她们的言辞显示出了对战时经济措施的极度不信任，这些措施旨在抑制普通民众对生活必需品的过度消耗。妇女协会的报纸揭示了牛奶价格如此之高的原因：当战时政府将牛奶价格定在高位，农民们错误地认为这种价格反映了有限的市场需求，因此开始控制牛奶产量。但是协会的妇女们坚持认为，牛奶是一种特殊的商品，它应该为了人民的利益而受到管控。1919年12月的一篇社论表示："我们从某天的报纸上看到，好几千加仑的牛奶就这样被白白倒掉。这让我们感到十分困惑，甚至都不知道应该责怪什么、责备谁。每当看到那些可怜的婴儿，我们才意识到，我们如此浪费、为之争论不休的牛奶，正是他们迫切需要的、上帝赐予他们的食物。我们不想过多地指责农民，但看在上帝的份上，让我们行动起来，设法把牛奶的价格降下来。如果政府曾犯了一个错误，他们难道不应该勇于承认并设法尝试一些其他的补救措施吗？"倡导为所有人提供廉价食物的热心人士竭尽全力，描述饥饿的婴儿对牛奶的渴望，并询问读者是否还记得童年时期吃过的"奶油米饭或布丁"的味道。每一个与牛奶有关的感伤的心弦都成功被拨动了。[8]

在美国，围绕食物的紧张气氛也同样被激化，即将爆发。欧洲人认为美国人对大型垄断企业过于纵容（中西部地区5个大型肉类加工企业被英国人称为"美国肉类托拉斯"，恶名远播海外），但是即便是美国消费者也拒绝再忍受战争接近尾声时爆发的食品价格的猛涨：波士顿、纽约和费城的男女老少们都涌向街头。尤其是1917年2月，民众集体要求当地政府控制零售商店的过高物价。由于对土豆的极度需求，警卫不得不包围停靠在波士顿港的一船土豆。像英国女性一样，美国母亲们也发声要成为孩子们的保护伞，联合起来反对社会工作者的介入，要求为小学生提供早餐。许多消费者直接开始停止采购牛奶，以"谴责生产者和销售者牟取暴利的行为"。由于担心价格上涨会对纽约市大量的贫困居民造成伤害，市长任命了一个委员会调查不同社区的牛奶消费情况，并将调查结果与"儿科医生"建议的最低摄取标准进行对比。[9]

然而，牛奶危机比任何一个地方所面临的其他挑战都要更加严峻。各国政府都要面对一连串的请愿者：除了前来寻求帮助的奶农和请求制定规则的牛奶经销商，还有炼乳生产商、冰淇淋公司、黄油和奶酪厂、地方和市政机关，当然还有消费者联盟，他们全部都要求政府保护自己免受牛奶高价的影响。鉴于"问题的严重性和持续失控状态可能带来的危险性增加"，美国政府感觉已经到了不得不介入的时候。1917年11月，美国食品管理局在全国范围内任命专门委员会来担任乳制品公平价格的决定机构。这一解决方案为日后与奶农之间的协商谈判奠定了重要的先行基础。[10]

显然，对"牛奶饥荒"的恐惧一直困扰着战时政府。然而，产生这种状况的原因正是战争大量征用了现有的牛奶供应品。美国食品管理局眼睁睁地看着高价牛奶滞销囤积在农场里，担心无人购买的牛奶会让农民减少宝贵牛奶的生产量，这种担心是完全有必要的。然而，母亲和婴儿们怎么可能离得开牛奶呢？在英国，食品管理部门让生产奶酪和其他加工产品的工厂转产液态奶，从而增加市场上的液态奶供应量，并授权奶农"以较低的价格向母亲和婴儿销售牛奶"。虽然液态奶的价格仍然不便宜——1夸脱售价10便士，这个价格几乎是战前价格的两倍了——但表面上的价格控制措施诱使消费者重返市场。与此同时,在芝加哥等城市,美国人都习惯于以每夸脱14美分的价格购买,这如果放在将非技术工资作为衡量相对价值最佳指标的现代市场上,则相当于每夸脱6.84美元。[11]

即便在寻常环境下,为大众消费者生产便宜的液态奶也并不是奶牛场农民的第一要务。即使不考虑劳动力成本,单纯从自己的家人那里榨取免费劳动力,牛奶的生产成本依然很高。陷入困局的农民永远在评估不同产品的选择,每一种都有不同的收益回报率。用于直接消费的液态牛奶与加工成奶酪、黄油或炼乳的牛奶之间存在一定的竞争关系。例如,用于制作奶酪的牛奶的价格会根据采用的生产工艺而有所不同,往远了说,国际竞争的激烈程度也会对产品的最终价格产生影响。用于直接消费的牛奶的价格还会受到运输成本波动和稳步发展的卫生法规的制约。

更复杂的是,尽管我们有办法可以使奶牛在冬季也持续产奶,但牛奶仍然是一种季节性产品。牛奶产量一般在春季达到峰值,并于12月开始萎缩,因此农民们一方面需要在产奶旺季为出现盈余的牛奶产量寻找销售出口,另一方面又要设法在不可避免的冬季牛奶枯竭时期生存下去。最后,需要考虑的是奶牛的饲料成本问题,它也会基于所有相同的变量产生波动,尤其是商业领域已经开始将盈利关注点投向了为奶牛生产高营养"配方蛋糕"上。毫无疑问,19世纪末的运输改革给各地的乳制品业造成了严重的破坏,因为有实力的竞争对手即便在困难时期也有办法将产品送到消费者的家门口,这让本地农民顿时陷入了债务危机。

一只特别有影响力的看不见的大手似乎正在为牛奶的新时代铺平道路。即使在战争这种物资供应不断被消耗的时期,纽约市具有进步思想的学校改革者们还是在学童中展开了评估,推动扩大免费捐赠的学校午餐计划。在1914年至1915年的经济衰退期和关键的1917年,饥饿是全国人民的心头之患。当时,一股人体测量的"热潮"

席卷了整个健康改革领域,他们计划给纽约最贫困社区的儿童测量体重、评估健康。哈维·利文斯坦(Harvey Levenstein)在论述美国饮食文化历史时指出,许多移民儿童被定义为"未得到充分喂养的",或者用更加现代的词汇来说,就是"营养失调",这个词汇暗示了食物中存在的好坏之分。利文斯坦还表示,在营养学领域最新研究成果的启发之下,新一代社会工作者开始从贫困的角度来看待这些移民后代的问题,即便我们一贯对意大利和犹太人母亲们存在固有的刻板印象。有时,标准看上去有些可笑,并不那么恰当:如果用苏格兰邓弗姆林(Dunfermline)的卡内基(Carnegie)研究所设计的"关键指标"来评价意大利和犹太移民儿童,那么许多受检者都会被评价为身高、视力和肌肉不足,更别提"红润的肤色"了。调查结果促使卫生官员们得出了这样的结论:超过10%的学生都"营养不良"。无论这种情况是误判还是真实存在,营养方面的诊所和课程都随之涌现,以应对缺食性营养不良的爆发。到 1917 年,纽约市的 100 万学童中,有四分之一被归为了"严重营养不良"的行列。[12]

美国儿童局(United States Children's Bureau)做好准备协助摆脱困境。到那时,思想进步的女性已经接手儿童局这个新创建的政府机构,并充分利用现代媒体将她们的信息传达给广大民众了。在朱莉娅·拉斯罗普(Julia Lathrop)的领导下,儿童局编创了一系列的小册子,以每份 5 美分的低廉价格出售给有需要的母亲们,向她们传递营养科学家们的最新发现,其中大多数都来自麦科勒姆的研究室。桃乐茜·门登霍尔(Dorothy Mendenhall)于欧洲战争即将接近尾声的 1918 年出版了《牛奶:儿童不可或缺的食物》(*Milk: The Indispensable Food for Children*)。小册子中的声音充满了自信、热情和母性。它传递的带有爱国主义情怀的信息其实十分简单。门登霍尔认为,孩子是社会中十分特殊的一类人群,他们是国家未来的希望,值得被关注和保护。与成年人不同,幼小的孩子们承受不起营养需求满足不了所带来的后果。她强调:"牛奶,是孩子们的饮食中不可或缺的组成部分。"[13]

门登霍尔警示说,"我们自己的大城市"正在逐渐显现出"喂养不足"的有害影响,并对美国人均牛奶消费量的不足深表遗憾。根据美国农业部门的数据,全国每天生产的牛奶量为人均1.15夸脱,但门登霍尔表示,其中只有40%以液态奶的形式被直接消费,并且由于近年来的粮食危机导致奶牛数量不可避免地减少了,这个人均消费量还在持续下降。1917年,每夸脱牛奶的售价上涨了2美分,这导致美国的牛奶消费量又出现了惊人的下降。因此,她采取了相当大胆的举措,建议美国人"学习德国人控制牛奶市场的方式",确保"年龄在6周岁以下的儿童的营养","在战争早期固定牛奶价格,并确保哺乳期的母亲、断奶期婴儿、幼儿和患病人群的牛奶需求得到满足"。门登霍尔要求固定或控制牛奶价格,并对全国的牛奶供应链进行严密的监测,确保婴幼儿在任何时候都能获得足够的液态奶。[14]

一条巨大的河流在每一个拐弯处都有支流汇入,牛奶事业也在发展途中获得了越来越多的支持者。这一恰到好处的发展时机证明了牛奶本身拥有奇特而令人信服的能量。早在维生素被发现之前,也就是牛奶相关的营养科学成为大众关注的重点之前,它就已经成了所有人群都渴望的产品。美国和欧洲的女性改革者们通过慈善组织和社区走访为这项事业奠定了基础,十分值得称赞。她们针对"家庭科学"的探讨已经持续了近60年,远远早于这门学科在学术研究领域得到正式的认可。牛奶在整个食物链中居于一个特殊的优先位置,因为它与母亲、养育相关,是有益健康的"天然"食物。然而,数十年的时间经验告诉中产阶级女性,向贫困的妇女传授正确的家庭饮食观念几乎不会对受限的生存环境带来什么改变。信念坚定的改革者认为,为在校学生提供牛奶是改善贫困家庭健康状况最有效且直接的方法。事实证明,贫困家庭的母亲往往是这类活动最积极的参与者。[15]

为学校里有迫切需求的孩子们提供牛奶，又引起了一种特殊的问题，现在的研究者们称之为"替代效应"。如果贫困的父母知道自己的孩子可以在学校里得到食物，那么可能会出于节省的目的克扣孩子们在家中原本应得的食物。位于伦敦的汤恩比馆（Toynbee Hall）是由一群剑桥大学毕业生（男性）经营的社会服务安置所。他们在试运行免费学校牛奶计划之后，立刻打消了原有的顾虑。分配人员介绍说，在贫困弱势群体的父母眼中，这种基础饮品从来都不会被当作"食物"来看待，因此机构完全可以毫无顾虑地给孩子们分发牛奶来补充营养。与此同时，热心的伦敦教师们决心让学生们坚持饮用牛奶，他们在学校里组织起了"牛奶俱乐部"，以此来避开公众的质疑。他们向孩子们收取半便士，建立起早上休息时段主动喝牛奶的项目。[16]

收容饥困儿童的慈善机构简直就是营养学科学家们开展研究的绝佳场所。麦科勒姆在进入约翰霍普金斯大学以后，立马着手开始在巴尔的摩一家收容黑人儿童的孤儿院展开饮食研究，考察每天饮用 1 夸脱牛奶是否会对生长发育有明显的帮助。在这些孩子中，一部分表现出了佝偻病和结核病的特征；而另外还有一些，即便是在收容机构中也显现出了疏于照顾的状态。麦科勒姆将 84 名儿童分成两组，其中一组每天额外补充由奶粉还原冲调的牛奶，另外一组只食用孤儿院的常规饮食——谷类食物和汤。结果显示，食用了牛奶补充剂的儿童明显从这种新添加的液体中获益，但从方法论的角度来看，该实验似乎存在一些问题。

在回顾实验计划时，一位研究人员怀疑实验结果可能被弱化了，这可能是由我们常说的"霍索恩效应"[①]引起的。研究人员的存在使

[①] 霍索恩效应（Hawthorne effect），有时译作"霍桑效应"。指的是在行为现场实验中，由于研究对象意识到自己正在被研究，而刻意出现的异于常态的行为反应，这样会影响实验得出的真实数据。20 世纪二三十年代，研究该效应的最初实验在美国芝加哥的霍索恩工厂进行，因此得名。——译者注

机构的工作人员改善了他们对孩子们的日常喂养水平，导致两组实验结果的差异缩小了。尽管如此，麦科勒姆还是在 1923 年的世界乳制品业大会上骄傲地公布了实验的积极结果。[17]

　　同时，营养学研究也在苏格兰蓬勃发展，那里强大的医学传统和勤勉的乳制品行业传统愉快地结合到了一起。苏格兰是不列颠群岛对麦科勒姆的回答的所在地，生物化学家弗雷德里克·高兰·霍普金斯（Frederick Gowland Hopkins）是一位训练有素的医生，1912 年，他曾在麦科勒姆进行老鼠实验时指出了牛奶中可能存在的一种未知营养元素。［现在的英国历史文献依然对麦科勒姆轻描淡写、一笔带过，而更青睐这位本土英雄的丰功伟绩。1925 年，霍普金斯被封为爵士，1929 年，他与荷兰医生克里斯蒂安·艾克曼（Christiaan Eijkmar）因"发现了促进生长的维生素"而被授予诺贝尔生理学或医学奖。］霍普金斯的学生哈罗德·科里·曼（Harold Corry Mann）与一个圈养组织共同合作研究，那里的孩子个个都是英国慈善海报上的那种典型形象：这个组织被称为"男孩集落"（colory of boys），位于距离伦敦 10 英里外的艾萨克斯的伍德福德（Woodford），儿童的年龄都在 6—12 岁，由著名医生伯纳多（Bernardo）负责养护。连续三年，男孩子们食用牛奶和黄油作为营养补充，同时补充糖类、人造奶油和酪蛋白。通过对身高和体重的测量数据对比，证明牛奶和黄油对身高和体重带来了最大的改善（体重每 6 个月平均增长 11 盎司，喝牛奶的身高增长 0.38 英寸，吃黄油的增长 0.17 英寸。①）进一步研究结果表明，饼干和牛奶有助于儿童成长，甚至通常用来喂猪的"分离"牛奶（脱脂奶）也能促进儿童生长。因此，数据持续流动和积累。[18]

　　从战后公众对牛奶的态度来看，研究人员不必担心如何使用有

---

①　11 盎司约合 311 克，0.38 英寸约合 0.98 厘米，0.17 英寸约合 0.43 厘米。——译者注

关牛奶益处的数据来说服公众。奶牛的象征力量在欧洲上空盘旋,随时准备激发地面上已经存在的众多真正的信徒采取实际行动。妇女合作协会得知赔款条约将迫使德国和奥地利交出14万头奶牛时,她们迅速派代表前往巴黎,恳求国家领导人们改变主意。一位名叫"马歇尔女士"的工人阶级女性通过协会会报讲述了自己在那里的经历:"实际上我非常紧张,但我认为这是我的职责所在,而且我深信我的协会姐妹们一定会支持我所做的一切。了解德国和奥地利儿童现状的人们应该知道,此时从他们那里带走14万头奶牛是多么残忍的行为,这意味着可能要夺走近60万婴儿的生命!"她的这篇题为《屠杀无辜者》("Massacre of the Innocents")的文章带有当时有关纯牛奶辩论的光环,但也呈现了一种独特的新视角:妇女的共性使她们成为人类基本需求最合适的代言人,她们在牛奶的大旗下畅所欲言。[19]

此时也是奶牛成为国际善意和营养的名副其实载体的好时机。英国助产士伊迪斯·派伊(Edith Pye)在第一次世界大战期间受到了法国政府的嘉奖。她制订了一项计划,在1921年至1922年的大部分时间里为维也纳贫困儿童提供牛奶。在她的医生朋友希尔达·克拉克(Hilda Clark)的帮助下,派伊从英国和美国筹集资金,并对项目进行了仔细周密的策划部署。首先,她们从瑞士获得了捐赠的瑞士褐牛;对于这个国家而言,还有什么比这更好的慈善之举吗?接下来,她们用募捐而来的资金从克罗地亚购买牛饲料。最后,她们将收获的牛奶免费分发给维也纳4岁以下的幼儿。[20]

在如此之多的观点和科学之中,食品行业正在爆发一场堪称完美的风暴。战争在世界各地促成了前所未有的合并。美国的消费者见证了爱德华·F. 赫顿(Edward F. Hutton)的通用食品公司(General Foods)和J. P. 摩根(J. P. Morgan)的标准品牌(Standard Brands)的崛起,这几家大型企业控制了许多生产不同食品的主要公司。牛奶产业也不例外。据莱文斯坦(Levenstein)介绍:"像国家乳业公司和博登公司这样的大型控股公司,利用股权交换、杠杆交易、金字塔式投资和其他金融市场的新手段来主导大多数主要城市的牛奶分销。在短短一周时间内,博登集团就收购了52家相关企业。"[21] 1915年,伦敦的三家批发商合并组建了联合乳业(United Dairies);截至1920年,他们旗下的店铺数量达到了470家。战争结束后,政府出面对牛奶价格进行调解,大公司并没有赢得对消费者进行价格欺诈的权利。然而,他们确实获得了一份营养方面的社会契约:鉴于有证据表明牛奶的消费范围应该被进一步扩大,企业与营养学家、医学研究人员联手发起了一场大规模的运动来推广他们的产品。这是一种新形式的胜利:一种前所未有的规模经济。[22]

各地的消费者都目睹了铺天盖地的宣传攻势,内容记录着牛奶创造的种种奇迹。由家庭经济学家、医学专家和营养学专家共同组成的乳制品利益集团,制作了宣传海报、宣传册和食谱册子来传递信息。在他们自己资助的研究的支持下,英国国家牛奶推广委员会(NMPC)于1920年成立,将生产商、分销商、医学专业领域的代表联合到了一起。该组织制作了"教育宣传册",并邮寄到家长们手中。传单上说:"你的孩子会因为喝牛奶而成长,这里是支持这一结论的科学数据。"这种模式在欧洲和北美各地不断涌现。不出所料,广告公司最后也参与其中。[23]

美国乳制品业利用所有可能的途径进入消费者的想象空间。他们制作的小册子宣扬科学和医学是乳制品农业的侍女。当读者们了解到博登公司有"科班毕业的兽医定期给所有奶牛进行身体检查"时,他们找到了一种纯净的安全感。使用清洁农场乳品公司(Sanitary Farm Dairies)推出的"珍贵食谱"小册子的消费者可以在封底找到公司领导层的照片,上面还附有邀请用户参观他们位于休斯敦的"美丽的现代化工厂"的信息。("这里永远欢迎您的到来。")在随附的一张照片上,荷斯坦奶牛正涉水跨过一条小溪,背景中的景色显然不像得克萨斯州。

然而,据我们所知,牛奶的概念是在矛盾中发展起来的。20世纪的牛奶力求将田园风情和现代意识融合到一起。纽约州牛奶推广局的一本食谱书提醒读者,他们每天收到的牛奶来自"世界上最精细、最高效的配送系统之一,将数百万个农场生产的牛奶配送到千百万消费者的家门口"。每天早晨,无论是"风暴、洪水或是其他灾难性事件",牛奶都会"以最快的速度长途跋涉来到你面前"。(我脑海中不禁浮现出飓风中送奶工的身影。)该册子还指出:"牛奶产业的故事,堪称一部现代史诗。"[24]

所有这些卖力宣传的主要目标受众是女性,所以为什么不把克利欧佩特拉①的秘密这个古老的典故提出来呢?《现代厨师的牛奶菜肴》("Milk Dishes for Modern Cooks")中表示,牛奶中含有"保留年轻特征的重要元素"。[这家出版商还免费赠送一册叫作《牛奶之道》("The Milk Way")的"瘦身和美容书籍"。]牛奶既是珍贵的蛋白质来源,又能千变万化。虽然这本册子无耻地剽窃了麦科勒姆关于保护性食物的名言,但在册子中提到的菜谱里,各种蔬菜和肉类菜肴都添加了牛奶和(较少的)奶油。尽管广告界的各种宣传语看上去一直很乐观,但大萧条时期烹饪经济的不景气还是从大量的无肉菜肴中显露出来。[25]

一种特殊的社会契约使牛奶生产者和分销商达成联盟,其中隐藏着一个更加微妙的信息。前面我们已经提到过,供直接当饮品来消费的"液态奶"与供其他用途的牛奶存在一定的区别,后者价格更低,它们最终会被加工成人造乳制品,比如黄油和奶酪。读者们一直被鼓励着优先饮用液态奶,因为这是农民最主要的收入来源。为社

---

① 克利欧佩特拉(Cleopatra):生活在公元前69至前30年,古埃及托勒密王朝的君主,最后一位女王,即我们常说的"埃及艳后"。——译者注

会生产牛奶是一项劳动密集型的、全年无休的义务，带有一些道德服务的色彩。购买者们需要了解这一点。小册子还强调说："牛奶价格可以如此之低，真的令人惊讶。"即使站在消费者的角度来讲，他们当然也希望牛奶价格越低越好，但他们仍然应该对实际上确实如此低廉的价格感到惊讶。[26]

在这个关爱孩子的新世界里，母亲们的首要职责就是使牛奶符合孩子的口味。只要能让孩子顺利咽下这种液体，哪怕是加糖也未尝不是可行的办法。家庭经济学家们建议妈妈们往牛奶里添加巧克力，像可可和麦芽这样的添加物因其自身的健康特性而备受追捧。霍利克在这样的大环境下成功挖掘了一个完美的利基市场。它的宣传推广使用了下面这首改编的童谣，巧妙地利用了其英伦血统：

> 小姑娘马菲特（Muffet）坐在小土墩上，
> 每天晚餐只吃凝乳和糖浆。
> 于是她日渐消瘦，
> 好像一阵风就能刮走。
> 她的妈妈伤心落泪，
> 害怕女儿随时会崩溃，
> 一位身穿绸缎华服的女士走来，
> "要不要试试霍利克麦乳精，它营养丰富又美味。"
> 已经没有时间可以浪费，
> 她急忙填写申请，寄往法林登道（Faringdon Road）34号，并提前付好了邮费。
> 为了这位可怜的姑娘，
> 产品马上就来到了马菲特小姑娘的住地。
> 她对它喜爱至极，
> 无论是味道还是香气，

> 她的快乐写在脸上,心中充满欣喜;
> 从此她每天必喝这饮品,
> 她的父母都表示欣慰:——
> 现在,她的身体如此强壮无畏。
> 这个消息不胫而走,
> 人们很快发现,
> 它是病人和所有年龄人群的朋友;
> 它所带来的宽慰,
> 以及它给人的抚慰,
> 都是圣贤们惊讶的源泉。[27]

提供免费试用装的彩色传单从门缝里塞进来,或者放在购物篮里,谁能拒绝这样恳切的召唤呢?

牛奶行业与流行文化随后进入了一个微妙的求爱仪式阶段,英国的牛奶吧便是最好的证明。这种奶吧配备了当代流行的镀铬装饰和黑白调新艺术风格的外观,它能提供酒吧的所有服务,包括女招待和类似鸡尾酒的饮品。1935年7月,第一家奶吧在佛里特街①开业时引起了不小的轰动,传说中,这条街是醉醺醺的新闻工作者汇聚之地。奶吧有近50种不含酒精的饮品可供选择,"代替了'日暮小酌'和'午前茶点'"。奶吧供应"麦乳精、发酵乳、牛奶鸡尾酒、牛奶宾治酒、牛奶蛋酒、牛奶汤、热牛奶和冰牛奶"。这样的奶吧营业网络迅速扩大,显然都是由同一家公司注资。1937年,阿斯特勋爵(Lord Astor)出席国际联盟营养问题会议时夸耀道,短短两年时间,

---

① 佛里特街(Fleet Street),有时译作"弗利特街"或"舰队街",是英国几家知名报馆办事处所在地。几个世纪以来,这里除了出版报纸,还汇集了多家书籍出版商。——译者注

就已经在英国开设了 600 多家门店。[28]

英国男人光顾牛奶吧，必须冒着成为"被嘲笑的对象"的风险。正如伦敦《泰晤士报》所言，这种完全没有酒类饮品的场所对于惯常豪饮啤酒的英国人来说，显得有些"老土和缺乏男子气概"。然而，牛奶饮品利用的完全是另外一种联系，且这种联系在第一次世界大战之后变得格外强大：这就是牛奶与美式饮食习惯的关联。"美国人都是喝牛奶的好手，"伦敦《星期日邮报》（*Sunday Post*）的一位写手这样写道。"他们人均每天喝 1 夸脱牛奶。男人们会去酒吧，面无惧色地点一杯牛奶，喝完，然后昂首阔步地走出来。"如果英国读者对此表示怀疑，他们只需要关注一下现在美国人的身高和体能数据便知真假；也会理解他们为什么要拼命为牛奶打广告了。正如历史学家弗朗西斯·麦基（Francis McKee）所言，"美国人的例子和整个新大陆的活力、动力和财富"让牛奶吧在旧世界广受欢迎，这反过来又有助于赋予牛奶某种阳刚的味道。[29]

澳大利亚也有他们自成一派的牛奶吧。这证明，牛奶作为一种外来商品，具有千变万化的属性。《泰晤士报》解释说："就像英国的酒吧和美国的药店一样，牛奶吧在澳大利亚也有它自己的典型特征，它就像变色龙一样，会随着不同国家的特征和发展状况而变化，因为牛奶吧本身就是依靠国民的需求生存的。"到 20 世纪 60 年代，典型的澳大利亚牛奶吧引进了最先进的高科技机器（嗡嗡作响、不停工作的搅拌机，嘶嘶地冒蒸汽、热情洋溢的意式浓缩咖啡机），出售各种奶昔、甜品、巧克力、浓缩咖啡和软饮。不同年龄的男男女女、姑娘小伙聚集在那里；"它总是那样平易近人"。一位记者声称："在堪培拉（Canberra）的牛奶吧，外交官和部门领导可能与建筑工人、公交车司机还有商人们同时出现。"牛奶吧通常由第二代希腊人或意大利人经营，在澳大利亚社会中也担当着体现"社会平权主义"的角色。[30]

如果我们只是通过商业和广告了解牛奶在这个时代的历史命

运,显然是有失偏颇的。实际上,大萧条时期出现的农场政治政策改变了牛奶在20世纪剩余岁月里的历史轨迹。大萧条的最初几年,出现了前所未有的粮食过剩;由于缺乏销售途径,欧洲和美国都出现了大量的库存堆积。起初,农民开始减少农作物种植面积,宰杀牲畜并限制进口。但是政府很快就发现,失业、减薪和工作时长缩短导致民众购买力严重下降。有研究发现,消费者用面包和糖果等更加便宜的食物来充饥,而不是牛奶。美国的牛奶消费量显著下降,这导致1932年的奶农收入只有"1929年的一半"。[31]"农民们陷入恐慌,沮丧的农民公然与牛奶经销商和公众对峙,引发暴力事件的案例不在少数。"为了推高牛奶价格,生产者方面组织起来的抵制运动在全国范围内大爆发。1933年,联邦政府通过《农业调整法案》(Agriculture Adjustment Act)直接参与乳制品价格的制定。[32]

第二次牛奶危机与第一次的区别之处在于,全球食品历史上出现了一个全新的概念:生产过剩。在绝大部分美国人明显仍然处于贫困状态的情况下,各方面都对这种情况的出现流露出复杂的情绪。据估计,当时仍有42%的美国家庭的收入低于1 000美元(按照现在的标准来折算的话,约合13 208美元),在营养商品方面的消费远远低于他们的真实需求。生产过剩的概念很快就成了争论的焦点。美国农业部门在1940年的《农业年鉴》中断言:"目前,市场上某些保护性食品(乳制品、绿叶蔬菜和富含维生素C的食品)的过剩,是基于商业角度的判断,而从营养需求的角度来看,则并不存在过剩。"在这种有关营养的得体声明之下,隐藏着支持和反对收入再分配的争论。促进牛奶和乳制品的消费,可以扩大市场、提高低收入家庭的生活水平。而另一方面,政府又需要将利益导向农民,以确保养活贫困人口。在美国,这就等同于社会主义。支持者冷静地辩解说:"这并不意味着对富人的'压榨',我们要关注的问题是,在私有制和追逐利益的生产制度下,怎样合理地分配收入才能使我们最有效地利用我们的生产资源。"

反对者们则对牛奶价格管制的实施反应激烈,并指出,独断专行的意大利便是自由市场走上歪路的典型例子。[33] 1935 年,一个叫作"剩余商品公司"(Surplus Commodities Corporation)的组织成立,帮助美国绕开了"分配制度的彻底变革"。在困难时期,政府出面向农民采购遇到销售难题的农产品,再以低价向贫困家庭供应黄油、奶酪和炼乳等基础产品。然而,极易腐坏变质的液态奶又面临一个特殊的问题。只有直接向农民支付支持性价格,才能使生产维持在能够满足国家卫生标准的水平。随着牛奶逐渐进入市场上监管最严格、争议最大的商品行列,对它的价格支持又会引发进一步的争议。[34]

陷入困境的不仅仅是农民的收入。此时,整个西方世界的政府都已经明确,乳制品行业还涉及大量从事牛奶和乳制品加工、分销的企业。从昂贵的农业器具和巴氏杀菌设备,到定制的奶瓶和牛奶运输车辆,支持现代牛奶发展的辅助性设施一直存在。现代营养学的新知识为进一步扩张提供了强大的逻辑支持:全世界都应该有机会购买发达国家能够大量生产的牛奶。美国农业部门公布的一份报告中解释道:"从本质上讲,这种僵局是由于现代生产的速度超过了消费速度。"因此,最显而易见的补救措施就是设法让消费跟上生产的步伐。正如一位经济学家所言:"消费不足堪称 20 世纪的黑死病。"[35]

学校午餐和学校牛奶计划是完全合理的,因为农场馈赠的现成接受者随处可见,另外还能隐约体现一种额外的道德责任:大萧条尤其对贫困家庭的可用资源造成了巨大损害。牛奶和乳制品恰好为社会主义和资本主义意识形态之间的斗争提供了一块空白的舞台。在大西洋彼岸的欧洲,对收入进行再分配的决心是相当明确的。《食品、健康与收入》(Food, Health, and Income, 1936)的作者约翰·博伊·奥尔爵士(Sir John Boyd Orr)在书中写道:"任何政府在制订影响国家食品供应的计划时,首先应该考虑的目标是,确保社会各个阶层都能获得有益健康的饮食。"[36]现在,随着"营养学新知识"的普及(麦科勒姆的言论已经成为政策制定专家们的口头禅),要求政府出面干预的呼声犹如号角般嘹亮。1939 年,J. C. 德拉蒙德(J. C. Drummond)和安妮·维尔布拉罕(Anne Wilbraham)在对英国的饮食习惯进行开创性社会学研究时写道:"有一点是肯定的,我们必须找到一种方法,将这些基本食物送到社会中最贫困的人群手中。"[37]

学校膳食一直依赖于志愿者组织和国家的共同努力,所以学校里供应的牛奶首先仅出现在慈善行为的善意覆盖到的范围之内。美国州一级的相关法律最先出台,分配资金,使地方教育委员会能够为存在特殊困难的学龄儿童免费提供牛奶。例如,在加利福尼亚,"学校在上课期间为每个孩子提供牛奶,装在特殊的牛奶瓶里用吸管饮用。如果孩子的父母经济困难,无力支付,则不收取费用。"最终,普及牛奶供应的道路还是依靠国家法律来指明的。1934 年,英国的一项法律规定:每个小学生每天花费 1 便士就能得到 1/3 品脱的牛奶。随着 1944 年《教育法》的颁布,每个在校的学生,无论是公立还是私立,都能得到国家免费提供的牛奶。1946 年,美国政府通过了由杜鲁门总统签署的《全国学校午餐法案》(National School Lunch Act),但该项目的营养改善目的被服务于农业利益的更大目标所掩盖了。[38]

当然,世界上还有更广阔的牛奶市场尚待开发。所有乳制品丰富的西方国家都已经在某种程度上开始向其他国家出口自己的产品,问题只是如何把出口网络铺得再大一些。20 世纪 30 年代,国内市场的饱和使发达的工业化国家注意到了发展中国家的需求,在他们看来,这些国家的购买力仍有发展空间。在非洲和亚洲,人们对牛奶的喜爱还有待培养,这些地方将是牛奶历史上的下一个前沿阵地。

事实证明,印度神话中对牛奶海洋的想象是对 20 世纪最后 25 年的预言。在此期间,印度启动世界历史上最雄心勃勃的乳制品发展计划,使印度成为如今全世界最大的牛奶生产国。重点需要放在向进一步发展改善的转变上,因为印度本地的牛奶产量已经相当大。印度次大陆是现存最古老的牛奶文化发祥地之一,当地的许多民间传说和神话故事都在宣扬丰饶洁白的乳制品的益处。在更熟悉奶牛的西方国家,亚洲水牛的存在常常被忽略,但它仍然是具有高价值的牛奶生产者,且产出的牛奶品质优良、脂肪含量丰富。然而,长达几个世纪的殖民统治阻碍了农村地区的发展,20世纪70年代新的规划出现时,牛奶和乳制品的供应仍然受到小规模生产和传统生产方式与设备的限制。

1970年,韦尔盖塞·库林(Verghese Kurien)领导国家乳制品发展委员会发起"洪流行动"(Operation Flood),旨在为印度牛奶生产商赋能,提高整个印度的牛奶产量。这一项目见证了多项历史性的发展在印度土地上的交汇:在西方奶粉生产过剩的情况下,印度从中展开争取独立的斗争;在印度,乃至全世界范围内,乳制品合作社成为越来越受欢迎的农村生产组织形式;殖民地时期之后的国家逐渐意识到本土食品计划的重要性。然而,尽管印度在1947年独立后的几十年里,乳制品行业发展良好,但"洪流行动"推行的各个阶段也并不自然轻松。如果不是因为不切实际的理想主义和"自下而上"的力量动向这两个牛奶历史上惯常的特征,整个项目可能已经以失败告终了。[39]

第二次世界大战的那些年月为"洪流行动"奠定了基础。在战争最后的10年里,英国对印度的殖民统治对一个名叫韦尔盖塞·库林的理科学生的职业道路选择产生了影响。作为英属印度的一名外科医生的儿子,库林享有殖民地精英阶层所有优势,包括到美国接受义务制研究生教育。在违背他的个人意愿的情况下(至少根据他的自传判断),库林被送到美国密歇根州立大学,并被分配到一个乳制品工程项目组。依据他的个人选择,他在此期间还学习了核物理,因为1945年发生的重大事件告诉他,这个专业将来必成为尖端前沿领域。然而回到印度后,他被迫到还在贫困线上挣扎的古吉拉特邦(Gujarat)的安纳德(Anand)农村监督奶牛场运营,以此来偿还自己在教育上获得的资助。[40]

英国政府曾尝试改变当时印度尴尬的状态,从表面上看,这与半个世纪前欧洲城市的困境相似:孟买城市中的牛奶根本不符合饮用标准。库林讲过一个故事,大约是在1942年,"驻扎在孟买的英国人"因为饮用了劣质牛奶而染病。"于是他们把这种牛奶的样品送到伦敦的一个实验室进行相关检测,因为他们根本不信任印度的检测机构。伦敦方面对检测结果的回应只有一行字,上面简单明了地写着:'孟买的牛奶比伦敦的阴沟污水还要肮脏。'"紧接着,一系列的官僚主义措施轮番登场:政府任命了一名牛奶专员,并开始着手制订计划,为城市居民提供新鲜、安全的牛奶。[41]

这段叙述的语言暴露了旧殖民时代的偏见和傲慢。"英国人"很快就以他们自己为反面教材,引发了一场牛奶抗议。距离孟买最近的牛奶产地凯拉(Kaira)已经因其诸多乳制品而享有盛誉。19世纪60年代修建的铁路线将这片区域连接起来,成为许多黄油和酪蛋白产品工厂的聚集地,它们由一群企业家负责经营管理,其中包括不少来自英国、德国和新西兰的入侵者。英国政府精明地挑选了一家黄油工厂的印度人老板帕斯托杰·埃杜吉(Pestonjee Eduji)担任孟买牛奶产品的总代理商。他印度人的身份多少为他赢得了一些信任,但帕斯托杰和他的公司波尔森乳业(Polson Dairy)做生意的方式让古吉拉特邦的农民们意识到一个重要的真相:牛奶供应中蕴含的巨大价值已经被从农民和消费者那里转移到了别处,而这两个群体曾是当地牛奶产业最大的受益者。帕斯托杰向英国人承诺,他将收购新鲜牛奶,进行巴氏杀菌,并将其运送到220英里外的孟买。他的计划是将罐装牛奶装进用水冷却过的麻袋中。但在开始这项计划之前,帕斯托杰详细说明了他接受这项工作的具体条件:英国政府必须为波尔森公司提供所需的所有昂贵设备;对帕斯托杰的个人努力,必须支付额外的劳务费用;必须通过一项法律来对企业进行保护,强制要求安纳德周边村庄的牛奶只能卖给波尔森公司。这是典型的殖民垄断做法,在1947年独立之后的新气象之下,印度农民是断然不能接受的。[42]

在这个农业发达的地区,农民们似乎不太可能敢于切断自己与市场之间的经济联系,因为在20世纪40年代,他们完全依赖牛奶销售来获得收益。然而,反殖民主义的仇恨在10年世界大战和脱离英国、争取自治的斗争中激发出了新的联盟。古吉拉特邦的农民们认为,抵制波尔森公司的运动可以让他们把资源的控制权牢牢掌握在自己手中。正如一篇报道所说,他们认为继续把牛奶供应给波尔森,"还不如他们自己喝掉"。在特里布万达斯·帕特尔(Tribhuvandas Patel)的领导下,他们的人数和诉求的逻辑性都恰到好处。1946年,他们的抵制活动为他们赢得了在国家的支持下组建合作社销售他们自己牛奶的权利。[43]

在抵制运动期间,帕特尔结识了当时受雇于印度政府的库林,并认定他是一位有价值的盟友。帕特尔用他标志性的感染力说服了库林加入,并委任其担任安纳德地区奶农的技术顾问。事实证明,这样的安排是相当明智的,这两位组织者将他们的个人思想体系结合到了一起。帕特尔对村庄和印度的种姓政策具有相当的敏感性,而库林对多种层面的专业技术知识又存在着警觉,这使得他们能够深入当地敌对势力危机四伏的雷区。农民们有理由怀疑,他们生产的牛奶可能最终会落到某些跨国公司附属的加工企业手中。这将直接导致他们通过这种白色黄金所能获得的经济回报减少,然而现在,情况正在悄悄发生转变:怀抱着共同的中心目标,帕特尔与农民谈判,库林与提供设备和劳动力资源的相关负责人谈判:民主的乳制品合作社、印度政府领导层和劳动力将保护他们的牛奶项目不受到外部利益集团的剥削。

　　库林在他的回忆录中坦率地断言，合作社是"为乳制品行业量身定制的"。[44] 扎根于本地的组织可以使小型生产者能够集中相对少量的牛奶，并从共享的服务中获得好处。这些服务包括兽医援助、技术咨询和为大规模经营购买昂贵的固定设备。此外，这些安排与独立后的印度新政治计划是相吻合的。库林问道："如果我们在基层没有民主机构，那么德里的民主政治又能起什么作用呢？"他还与帕特尔一起将凯拉地区的奶农组织起来，成立牛奶生产商工会，并建立了独立的加工厂，与波尔森公司竞争。他们为自己的组织命名为"阿姆尔"（Amul），这个词语来源于梵语中表示"无价"之意的单词"amulya"。该组织作为在印度独立早期出现的最重要的本土产业之一，创造了许多历史。[45]

　　20世纪60年代，阿姆尔成为整个印度乳制品行业的典范，1970年，该合作社萌发了组织"洪流行动"的灵感。库林在他的回忆录《我也有一个梦想》（*I Too Had a Dream*）中讲述道，印度乳制品生产商挑战发达国家牛奶企业巨头的方式本身就令人激动万分。对于那些认为乳制品项目与争取公民基本权利的运动没有什么可比性的人来说，库林对马丁·路德·金的影射似乎显得有些傲慢。但仔细考察过印度奶农们当时所面临的重重障碍，就会发现他的这种类比并非完全用错了地方。在一个主要关注城市人口且仍然受到种姓制度制约的国家，对农村人口的偏见在全国范围内仍然十分普遍。地方区域性冲突也会对乳制品合作社至关重要的合作关系产生威胁。在超国家层面上，一个由每户只有一到两头水牛的贫困农民群体推动的行业，似乎没有什么成功的希望。活动的规划者并没有援引洪水的形象，而是设计了一座大坝，防止欧洲、澳大利亚和北美往本国运来过剩牛奶。如果外人已经看到了印度市场的潜力，"洪流行动"该如何才能确保成功呢？

到 20 世纪 60 年代，欧洲和美国的牛奶产量已经超过了任何其他市场。在 20 世纪 60 年代初期的欧洲经济共同体①，"牛奶湖泊"和"黄油高山"已不再是理想世界的愿景，而是乳制品生产严重过剩、令人担忧的标志。这种过剩的原因源自一个竞争激烈、高度资本化的行业要求：面对市场价格的不断下跌，即便根本负担不起，农民们也被迫在新方法和新技术上大量投资，尽可能生产更多的牛奶。奶牛的基因改良、提高每头奶牛的产奶量，是通过精心育种实现的。20 世纪 30 年代，人们通过鉴定高质量精子和实施人工授精，已经成功实现这一目标。新型的浓缩精饲料使农民能够进一步提高生产力。这样的投资使欧洲农民陷入更深的债务，一方面牛奶供应增加又导致市场价格下跌。但更糟糕的是，还有两个不祥的趋势导致对牛奶的需求量持续下降：人口增长率低下，这意味着新生儿数量更少，家庭的规模更小。而另一方面，消费者开始对乳制品的健康与否表现出担忧（社会中弥漫着对胆固醇的恐惧情绪），给牛奶打上了新的烙印。[46]

所以，欧洲人为什么要把牛奶过剩的压力转嫁给印度呢，这是印度贫困和饥荒人群所盼望的吗？外国人员的涌入、发号施令以及对本国产业产生影响（极有可能是负面的），几乎是不可避免的。从欧洲过剩的牛奶中获益的秘密在于精心的编排，以避免屈服于欧洲的管理和权力。库林想出了一个万全的办法。"洪流行动"的第一阶段是利用世界银行提供的资本购买欧洲过剩的乳制品，这被大批后来见证了总体规划的政策专家称为"乳制品援助"。这些产品以脱脂奶粉和酥油（在眼花缭乱的印度语缩略词中被表示为"SMP"和"BO"）的形式被重组，并以低价在印度城市中销售。这将增加这类产品的

---

① 欧洲经济共同体（European Economic Community）：第二次世界大战以后，国际关系新格局形成，被战争削弱的欧洲国家为了抗衡美国和苏联，开始走向联合的道路。欧洲经济共同体于 1957 年创立，创始国为法国、德国、意大利、荷兰、比利时和卢森堡。——译者注

消费者对牛奶和黄油的需求。[47]在"洪流行动"的后续阶段,这类产品的进口将减少,国内生产的乳制品将取而代之,与消费者的需求同步增长。为了取得成功,该计划必须对生产和消费进行整顿重组。

库林专注于传播平等主义在乳业合作社体系中的力量。在阿姆尔合作社的做法中,即便是每天送牛奶的琐事也会被定义为一种革命性的行为,至少在社会层面上这一点不可否认:根据规则,合作社的伙伴们必须排队,先到先办,将他们贡献的牛奶交给地区工厂。在这个仍然在与种姓制度斗争的国家,有序排队的行为动摇了旧观念。一些富有的农民对此表示反对,但他们别无选择。向合作社供应牛奶,以一种全新的方式将印度人聚集到一起。

在"洪流行动"的三个阶段中,紧张局势反复出现。人们最初的质疑被批判人士们联合起来利用,准备用负面新闻搞垮这个项目。印度人的担忧是情有可原的。第三世界的国家明白,跨国公司可能会像几个世纪以来的殖民大国所做的那样,阻碍本国相关行业的发展。库林在自传中指出:"没有人会在另外一个国家投资,除非他们希望赚取比自己带进来的资本更多的钱,这才是唯一符合逻辑的。"他与雀巢和葛兰素(Glaxo)的斗争表明,想要对外国资本进行"制约",真是难上加难。国际社会对"洪流行动"的资助也使人们理所当然地怀疑,西方的发展模式正在强加于印度村庄之上。这个国家缺乏基础设施建设,贫苦的村民想要一种能够长期维持生计的手段,而不是对现金经济"浅尝辄止"。[48]

"洪流行动"同时也暴露出许多问题。在村庄一级,如果主要负责养牛的人(也就是妇女)不能参与到地方组织中,那么奶牛场的民主就难以实现。然而,印度妇女的角色受到社会习俗和权威的限制。几英亩的农场可能只有一两头水牛或奶牛,由家庭妇女负责照料和挤奶。男性的劳动往往仅限于切割草料,或把牛奶运送到合作社。就像2001年一位接受采访的小伙子所说的那样:"我怎么可能干挤奶的活儿!"他又补充说:"如果我父亲发现我在挤奶,他可能马上就会把奶牛都卖掉。"对于那些需要经常与产奶动物接触的人来说,获得有关分泌乳汁、妊娠、动物疾病和清洁卫生方法的信息至关重要。依照合作社的规定,一个家庭只能有一名成员可以登记为牲畜的接收者和所有者,因此,印度成千上万的乳制品合作社登记在册的普通成员绝大部分都是男性。[49]

牛奶具有传播的力量:这便是"洪流行动"成功的希望。至少从理论上来讲,该项目促进了对乳制品行业相关的每一个人的教育,因此,村里的妇女们被邀请前往牛奶加工厂参加短期培训课程。针对怀孕水牛的动物营养学基础知识、活精子和人工授精相关科学——乳制品合作社的课程范围包罗万象。然而,很少有家庭可以接受家中妇女一整个周末都不在家;也很少有妇女愿意听一个男性经理讲解有关繁殖过程的内容。能够从容应对这些场面的,更多的是处在村庄组织者、科学指导员和工厂经理等层面的女性。这是一项艰巨的任务,但到 1980 年,印度妇女活动家开始组织促进女性发展的项目,尤其是针对按种姓划分的贫困妇女。妇女进修督导员接受了关于传播信息和鼓励参与的培训,慢慢地改变了各地乳制品组织的面貌。随着合作社中女性成员数量的增加,牛奶产量也随之增加。[50]

库林对"洪流行动"的叙述,字里行间透露出一种两性之间的宇宙战争。他与荷兰女王的会面并不仅仅是一个以低俗笑话收场的趣闻轶事。当天陪同女王的有印度著名的女权主义者、国会议员玛格丽特·阿尔瓦(Margaret Alva)。根据库林的描述,在与女王的友好探讨结束时,阿尔瓦突然说道:"陛下,不管您怎么看,我认为库林博士是个不折不扣的 MCP①!"然后,她转向她口中的 MCP 本人库林,

---

① MCP,即 Male Chauvinist Pig。直译为"男性沙文主义的猪",是对那些不尊重女性、以男性身份为傲的男人们的蔑称。类似于"大男子主义"或网络上流行的词汇"直男癌"。——译者注

解释说:"你注意过国家乳制品发展局(NDDB)的徽章吗?它的图案是一头公牛。事实上,它本应该是一头奶牛,毕竟这个组织关注的是乳制品行业的发展。所以这证明我对你的评价是公正的吧?"对此,库林的回应是"没有公牛,就没有牛奶!"这样的回答引得女王哈哈大笑,但不可否认的是,父权制的规则和社会习俗从印度乳制品业的发展图景中抹去了女性的存在,包括女人和母牛。改革的后期阶段,曾尝试解决这个问题,因为他们需要尽可能多的劳动妇女参与进来。[51]

在"洪流行动"早期,涉及印度水牛奶的解放运动就显得容易多了。不久,阿姆尔的管理人员们就意识到,奶牛产的牛奶的短缺将破坏他们在古吉拉特邦的乳制品计划。另外一种不同的液体——水牛奶——就成了他们的首选资源。由于牛奶供应的季节性特征,他们随后又开始面临重要的技术难题:水牛奶的凝结温度与普通奶牛的奶不同,所含酪蛋白和糖类的性质也不同,它能否被大量生产并转化为奶粉或罐装炼乳呢?库林拜访了雀巢位于瑞士的总部,咨询了该品牌的各类工程师。然而在发达国家,没有人认为这是可行的;或者按照库林的讲法,确切地说,没有人会承认它的可行性,因为加工过的水牛奶对发达国家而言并没有什么用处。但在联合国儿童基金会捐赠的设备和其他方面的技术投入的共同作用下,"牛奶灰姑娘"成功变身为印度的液态黄金。[52]

1996年,"洪流行动"最后阶段顺利完成,印度牛奶的产能此后仍持续提升。现在,超过7.5万个乳制品合作社向全国供应牛奶、黄油和奶油,帮助减少饥饿和贫困。库林发起的"白色革命"使印度超越了世界顶级的牛奶生产大国:1998年,印度生产了8 160万吨牛奶,而美国生产了7 830万吨。到2006年至2007年,印度的年产量已经达到了1.1亿吨。[53]如今,印度牛奶的产能仍在上升,这并不奇怪,因为国内乳制品消费仍然是政府的首要任务。2004年,水牛奶占全世界牛奶总产量的15%,而十年前这一比例为9%。印度牛奶在全世界总体牛奶供应中的占比相当大,只要"印度消费者对高脂牛奶和乳制品的热爱继续存在",这种状况就可能一直保持下去。[54]

就起始于"搅动海洋"的神话这一角度而言,也许印度牛奶产量的上升曲线正是结束牛奶历史上这段特殊时期的好地方。这个故事的情节虽不完整,但作为西方牛奶生产历史的一种参照,值得我们去深入思考。在印度历史上的某个特定阶段,让牛奶成为一种由普通生产者控制的民主商品的压力,创造了一种与众不同的商业模式。即使不对这些操作进行理想化的修饰,我们也能看到,牛奶的小规模生产和本地属性之间的联系,体现在围绕这种产品而涌现出来的经济和社会组织形态上。关于牛奶的生产和消费在全球其他地区的扩张,还有很多问题有待探讨。在这些地区,各自不同的环境正在塑造生产和使用这种产品的独特方式。印度的例子告诉我们,牛奶的历史可以像牛奶本身一样具有极高的可塑性。

第十四章
牛奶的今天

翻阅任何一本有关奶牛的古老典籍,你都会发现其中有一节会提到一种叫作"盾形纹章"或"牛奶镜"的东西。第二个术语出自19世纪20年代居住在波尔多乡村的一位特立独行的牛解剖专家。弗朗索瓦·盖农(François Guenon)是一名几乎没有接受过正规教育的园丁,他认为,奶牛乳房的后部预示着这种动物的产奶潜力。"有一天,"他回忆道,"我正在给我那可怜的老伙伴洗澡和挠痒,我发现在靠近它屁股的某块地方在自动大量脱屑,大概是朝不同方向生长的毛交汇在一起的地方;因为这块地方很像小麦或黑麦尖端长的那种像胡须的穗子,所以我后来也管它们叫'穗子'。"盖农通过研究比较他自己牧场和周围地区的奶牛的乳房,最终根据"牛奶镜"上标记的大小和位置建立了一套奶牛等级划分系统。后来经过严格的测试,波尔多农业协会宣布,盖农的方法的确"绝对可靠",并于1937年授予他一枚金奖章。该协会预测,在未来的"动物角逐"中,"只有奶牛和公牛可以排在第一顺位"。他们还发布了这种新奇的针对牛的后部展开研究的奶牛颅相学新闻。这种方法从欧洲传到美国,甚至时至今日仍然在流传,被有机农业杂志和农民的博客推荐。[1]

21世纪有关奶牛选种的科学就大不相同了。许多采用人工授精方式育种的奶农,依靠的是装满精液的彩色小吸管,这些吸管是从一份印有各种各样迷人母牛照片的精美产品目录中订购的。最优秀的荷斯坦-弗里赛(Hostein-Friesian)奶牛每天的产奶量能达到8加仑至 10 加仑。(这与 19 世纪 60 年代的优秀品种的产奶量基本相近。)更先进的技术可提前"选定精液性别",这样农民们便能自主选择"雌性"品种,避免培育出雄性的小牛犊,因为对农民而言,这些小公牛将来作为牛肉来出售实际上也赚取不到多少利益。至少从理论上来说,还是用于挤奶的母牛越多越好。[2]

然而这批小母牛,却偏偏在牛奶价格处于低谷的时候长大成熟了:2009 年 7 月,100 磅牛奶在美国的售价仅为 11.3 美元,而就在一年前,这个价格还是 19.3 美元。许多奶农不得不接受低于生产成本的牛奶价格。在过去的 20 年间,迫于与采用先进技术的大型工业奶牛场竞争压力,小农户不断退出。低廉的超市牛奶价格意味着甚至连工业化的奶牛场现在也开始受到威胁。一位加利福尼亚的农民讲述道,在总共 4 200 头的庞大牛群中,他只是为了替代那些产量较低的奶牛而新添加了一部分经过性别筛选的人工授精小母牛。在许多国家,奶牛的数量都已经下降了:在英国,数量从 1996 年到 2006 年下降了 20%。欧盟已经逐步取消对奶农的价格支持,而在目前的危机中,美国也仅仅提供了微薄的援助。牛奶的高生产成本和低市场价格之间的矛盾僵局再次出现。[3]

当代的牛奶陷入困境了吗?要回答这个问题,盖农的镜子可以借鉴来做另外的用处,以解释牛奶本身如何反映我们这个时代的文化偏见和深层焦虑。一直以来,牛奶都不仅仅是牛奶,它的发展之路一直依赖于它与儿童和健康之间千丝万缕的联系。20 世纪晚期,两起广为流传的牛奶丑闻在很大程度上影响了我们今天对牛奶的看法,即便年轻的消费者们(恰巧是产品的目标人群)也对当时的情况一无所知。20 世纪 70 和 80 年代,发展中国家爆发了一场反对婴儿食品营销的激烈运动,使牛奶和牛奶加工商成为负面的焦点。在接下来的 10 年里,重组牛生长激素(rBST)的使用将牛奶和现代食品的安全隐患推入主流媒体讨论的中心。rBST 是一种旨在提高奶牛产奶量的激素。拥有激发情感力量的牛奶，是当今社会公众关注食品问题时首要关注的对象。

历史上有关抗议婴儿配方奶粉营销的记录可以追溯到1939年，当时在新加坡工作的英国医生西塞莉·威廉姆斯（Cicely Williams）在当地的扶轮社①发表了一次颇有预见性的演讲。威廉姆斯对她每日在诊所里亲眼所见的富人和穷人母亲们的状况感到激愤，她给自己的演讲起了一个相当直白的标题："牛奶与自杀"。她缓缓地讲述道："如果你们的生活也像我一样痛苦，日复一日地眼睁睁看着不适当的喂养造成的对天真无邪的孩子们的大屠杀，那么我相信，你们也会和我一样认为，关于婴儿喂养的误导性宣传应该作为最严重的煽动叛乱罪行受到应有的惩罚，那些婴儿的死亡应该被认定为谋杀。"该社团的主席恰巧是新加坡雀巢公司的负责人，雀巢又正好是当时全球最大的婴儿配方奶粉制造商之一。可想而知，当天扶轮社的成员们在场下必定是如坐针毡吧？[4]

贫穷或无知母亲的婴儿受到母乳商业替代品的威胁，这已经不是第一次。就在50多年前，由于经过加工的牛奶制品中缺乏必要的维生素，食用罐装炼乳和复原乳奶粉的婴儿不幸患上了佝偻病和其他缺乏性疾病。到20世纪30年代，随着营养知识新时代的到来，化学成分更加复杂的婴儿配方奶粉问世，它旨在以令人信服的方式对母乳成分进行模仿。然而，正如法国化学家杜马在19世纪70年代警告世人的那样，科学家们往往会夸大自己的能力。质疑人造食品的批评家们指出，配方奶粉无法提供母乳中存在的抗体，而这种抗体

---

① 扶轮社（Rotary Club）是依循国际扶轮的规章所成立的地区性社会团体，目的为增进职业交流、提供社会服务，特点是每个扶轮社的成员需要来自不同的职业领域。世界各地均有当地的分支机构，但都需要向国际扶轮社申请通过后方可成立。全球第一个扶轮社成立于1905年美国芝加哥，定期聚会是每周轮流在各个社员的工作场所举办，因此便以英文中表示"轮流"之意的单词Rotary作为社团名称。——译者注

在婴儿出生后的前6个月至关重要,尤其是在经济贫困的国家。由于发展中国家的水源供应并没有安全保障,所以用水冲调后的婴儿配方奶粉可能会立即产生致命的危险。

比起这种风险,更加令人反感的是乳制品公司用以宣传促销的方式。到20世纪60年代,在第三世界国家的医院里,源源不断的免费样品和误导性的教学材料(时有明显的语言错误)被传递到不知实情的母亲们手中。甚至在新妈妈分娩后离开医院之前,她们的母乳量就已经因为商业替代品的过早介入而明显减少了。西塞莉·威廉姆斯的努力因第二次世界大战而被迫中断,她后来的职业生涯涉及孕产妇健康的其他方方面面。对配方奶粉导致婴儿营养不良的抗议,必须等到新的文化共识重新思考西方商业对后殖民世界的影响时,方能引起重视。

牛奶激进主义兴起于20世纪70年代,当时,反贫困计划让人们普遍意识到全球财富存在着严重的贫富差距。1974年,英国非政府组织"对抗贫困"(War on Want)发表了一篇题为《婴儿杀手》(*The Baby Killer*)的报告,将第三世界普遍存在的婴儿营养不良问题归因于配方奶粉的使用。同年,这篇文章在瑞士被翻译成《雀巢杀害婴儿》,并广泛传播。1976年4月,来自俄亥俄州代顿(Dayton)的一群天主教徒(那些了解牛奶信仰历史的人们)组建了"宝血女修会"(Sisters of the Precious Blood)。作为百时美(Bristol-Myers)公司的股东,教众们决定起诉该公司在第三世界国家的婴儿配方奶粉业务上误导投资者。一年后,另一个团体组织了一场国际性的抵制雀巢产品的活动,引发了历史上最大的针对跨国公司的国际抗议。[5]

反对雀巢的运动发展成为一个旨在提高商业透明度和问责制的国际网络。在欧洲和美国,新闻调查、立法听证会和诉讼的数量激增。联合国儿童基金会和世界卫生组织在推动婴儿食品市场销售原则的提升上发挥了主导作用。1981年,这两个组织通过了《国际母乳代用品销售守则》(International Code of Marketing Breast-milk Substitutes),禁止向医院免费提供母乳代用品,禁止派遣穿白大褂的销售代表到发展中国家进行欺诈性的宣传访问。除美国外,世界卫生组织的每一个国家都签署了该协议。渐渐地,生产企业开始同意遵守新标准,1984年,雀巢也签署了该协议,抵制活动至此结束。但是到1988年,违规行为死灰复燃,促使非政府组织恢复活动。相关的上诉行动至今仍在继续,因为婴儿食品公司一再坚持认为他们在营销活动中享有言论自由的权利。[6]

追求牛奶纯度的目标在20世纪90年代明显进入了它历史上的现代阶段,当时,美国成为一家使用促进牛奶产奶的药物的公司和其反对者之间的战场。[7]在奶牛群中使用重组牛生长激素(rBST、rBGH),意味着商业化的牛奶受到药物、抗生素和患有乳腺炎的奶牛产出的脓液的污染。冲突随之而来,乳制品科学家和消费者权益保护者开始对抗孟山都公司①,这使美国公众了解了一系列实验室科学的新能力。正如丽莎·H.维切尔(Lisa H. Weasel)对这场冲突进行引人入胜的描述时指出的,这是"第一次允许使用基因工程药物制造的食品进入食品流通系统"。虽然美国人普遍认为,他们没有受到目前困扰欧洲的转基因食品的影响,但重组牛生长激素的问题是这场辩论的一个完美例子。[8]

孟山都公司在1993年从美国食品与药品监督管理局(Food and Drug Administration,以下简称为FDA)获得对"保饲"②的批准,于是批评人士开始从联邦层面发动反对其使用的运动。重组牛生长激

---

① 孟山都公司(Monsanto),是美国的一家跨国的农业产品制造公司,总部设于美国密苏里州圣路易斯市。该公司的代表性产品是全球知名的草苷酸除草剂"Roundup"("农达")。该公司也是全球转基因种子的领先生产企业。——译者注

② 保饲(Posilac),有时译作"保食乐",是孟山都公司生产的重组牛生长激素产品。——译者注

素对奶牛的影响是相当明显的：在接受该药物的奶牛中，乳腺感染的发病率是相当高的，需要注射抗生素进行治疗。而这两种成分（生长激素和治疗用的抗生素）在接受过药物的奶牛群产出的牛奶中均可被检测出。而消费者受到的影响则没有那么显而易见：研究显示，人体内的胰岛素样生长因子（IGF-I）水平明显升高，而这种物质与生长障碍和癌症密切相关。尽管如此，孟山都公司仍然继续推广和销售重组牛生长激素，同时暗中压制缅因州（Maine）和佛蒙特州在标明产品标签方面的努力。欧洲奶农深知会遭到消费者的反对，所以不敢使用这种激素。1999年10月，欧盟全面禁止该激素的使用，同年，加拿大也开始效仿。然而，美国农民和立法机构坚持一切照旧的政策，势单力薄的质疑者们尝试通过公布令人不安的数据信息，对重组牛生长激素的安全性发起挑战。[9]

生长激素的反对者找到了其他的途径来增加对这种牛奶销售的压力。孟山都公司继续在州级法庭上反对给使用过激素的牛奶贴标签，草根阶层开始努力将他们的信息传递目标对准普通民众。在里克·诺斯（Rick North，曾担任美国癌症协会俄勒冈分会主任）和马丁·多诺霍（Martin Donohoe，医师社会责任协会成员）的领导下，越来越多关心牛奶的消费者向牛奶加工企业表达了自己的偏好。诺斯和多诺霍想出了一个主意，那就是向公众分发预先写好收件地址的明信片，于是，6 000多封明信片同时涌向了蒂拉穆克（Tillamook），它是一家位于俄勒冈州的乳制品合作社公司，同时也是美国第二大块装奶酪制造商。该公司逐渐改变了使用这种药物的想法，到2005年，蒂拉穆克公司已经实现"无rBST化"，之后不久，星巴克和当时还隶属于麦当劳集团的小辣椒餐厅①也签署了协议。到2008年8月，

---

① 小辣椒餐厅（Chipotle），美国知名的墨西哥风快餐连锁店，以健康、平价的墨西哥风味快餐食品深受民众喜爱。1998年接受麦当劳注资。截至2021年，门店数量已经接近3 000家。——译者注

孟山都发布了一份新闻稿,宣布打算剥离 rBST 相关业务和产品,这场斗争似乎可以宣告结束了。[10]

从 20 世纪 90 年代末期开始,牛奶纯度已经成为牛奶行业的代名词。消费者对牛奶中的成分表现出真正的担忧,有机牛奶成为市场上增速最快的食品之一就是最好的证明。即便是那些把奶牛都关在严密的笼子里,禁止它们到牧场上去随意吃草的工业化奶牛场(这并不完全是你所认为的健康做法),也开始转向生产有机牛奶产品。牛奶被划分成了两大阵营,通常分布在商店中相对的两侧:低价、大包装的"超市"牛奶和价格较高的有机精品牛奶。

20 世纪 70 年代以来,大多数发达国家的牛奶饮用量(和牛奶使用量)一直呈下降趋势。根据 2003 年的数据,芬兰是世界上人均液态奶消费量最高的国家,数字达到了惊人的峰值——48 加仑,冰岛、爱尔兰和瑞典紧随其后(值得注意的是,这些液态牛奶很多都是与谷物一起食用的)。相比之下,2008 年美国的人均牛奶消费量仅为 21 加仑,与法国和伊朗的水平大致相当。[11] 全世界一半以上的牛奶供应仍然是以液态奶的销售为主。学校仍然是牛奶消费的重要渠道:2008 年,美国"特殊牛奶计划"向儿童分发了 8 500 万份半品脱装的牛奶。[12] 最新一波宣传营销活动的目标是青少年,他们是新奇饮料的主要买家,广告希望他们将牛奶作为健康和减肥瘦身的营养源泉来消费。而且,牛奶饮品也不一定必须叫"牛奶"。在日本,比起可乐,年轻人更爱饮用瓶装咖啡,牛奶饮品在自动售货机和咖啡馆随处可见。[13] 乳制品联盟正努力预测最新的潮流趋势("乳业进化"是未来 10 年内一种可能的发展方向),在中国和拉丁美洲地区的扩张表明,牛奶的广泛传播远未结束。[14]

那么,历史是如何影响我们今天对牛奶的看法的呢?它是否帮助我们了解了更多有关牛奶的过去?在讲授有关食品历史的课程时,我常常十分享受每学期末的时刻,因为到那时,学生们开始意识到自己的分析与我们上课探讨过的那些材料之间的差距。这就好比他们使用"谷歌地球"（Google Earth）工具来探查研究对象，时而拉近、时而拉远。放大拉近时产生共鸣、还原缩小时又可以进行更客观的逻辑思考。透过近距离的镜头，我们可能会对女神伊希斯的信徒存在亲切感，或享受聆听围绕着马奶饮用者们的乐器铿锵声。我们可以理解所有这一切的意义，甚至在他们的仪式与我们的仪式之间找到相似之处。而站在更远的地方观察，我们可以欣赏到科技的威力，它为欧洲贫穷的消费者带来了廉价的进口食品，给饮食和期望带来了不可逆转的改变。然而在我们这个时代，有关食品的真相很少能产生如此冷静的观察和分析。例如，牛奶低廉的价格可能是以牺牲当地小农户的利益为代价实现的，并且它的成分可能也并不符合买家对这种特殊产品抱有的期望。从理解牛奶的特殊性开始，历史可以引导我们穿越今天媒体中与食品相关的信息旋涡。

从中间距离（不远也不近）观察，我们可能会发现，当代的牛奶产品被困在了矛盾力量的网络中。与过去一样，现在的大型企业、农业利益集团和一些营养学专家们以丝毫不觉尴尬的热情从自身利益出发推广超市牛奶。牛奶的历史已经表明，在这种困境中，产品本身便可充当自己的代理人。为了对抗企业巨头，未经高温灭菌的新鲜生牛奶（终极的反工业化饮料）已经成为促进天然食品运动新阶段的金标准。出于这样或那样的原因，生牛奶几乎每月都会登上新闻头条。到 2008 年，美国有超过 50 万消费者在购买这种液体。随着更多的州（目前已有 28 个州）屈服于放松法律限制的压力，以及许多家庭农场开始转向生产生牛奶以作为一种保持偿付能力的方式，这个数字很可能还会不断增加。（这种新鲜农产品的价格在每加仑 8 美元到 12 美元，是美国杂货店目前平均牛奶价格的两倍多。）2008 年，针对加拿大牛奶法案的抗议运动在首都爆发，多伦多附近的农民迈克尔·施密特（Michael Schmidt）以绝食抗议来表达对政府不公待遇的不满。那里的消费者也已经学会了购买"牛群股份",以此来规避法律对农民销售生牛奶数量的限制。[15]

强大、珍贵、不可侵犯——这些主题在多年的牛奶历史上反复上演,所以,我们可以在那些对牛奶的力量抱有希望和激情的牛奶信徒(或者非信徒)的时间线上找准自己的定位。在波士顿慢食协会(Slow Food Boston)最近一次的会议上,小组成员讨论了两种类型的食物敏感性,都能从牛奶中找到共同的原因:一种是将牛奶视为"奇迹实物"的消费者,另一种是更大一部分担心"谁在掌控我们的食物"的人群。这两个方面都十分值得探讨。

科比·库默尔(Corby Kummer)最近在《大西洋月刊》发表了一篇思路清晰的报告——《不具代表性的巴氏杀菌法》(Pasteurization Without Representation),证明在有关生牛奶的信息中存在着诸多完全自相矛盾的说法。读者们了解到,生牛奶倡导者们认为,生牛奶具有"预防过敏、促进免疫系统健康"的功能,而经过巴氏杀菌的产品使消费者错过了牛奶中许多真正对健康有益的成分(比如维生素和酶)。但是,在线读者也可以点击相关链接,跳转到疾病控制与预防中心的"常见问题解答"页面,该页面对上述观点大都持反对意见。还有另外一个可供参考的链接是指向 FDA 官网上针对该主题的"问答"页面。在这个页面中,读者会了解到,生牛奶是至少 10 种致命病原体的"固有危险"宿主,"任何人、在任何情况下都不应出于任何目的饮用生牛奶"。对生牛奶的看法证明了两点:我们要么是工业化食品的人质,接受这种食品不再能提供应有的营养;要么支持我们的历史观念,敦促政府确保大量现代人口的安全食品供应,提供全面或部分减少的营养。[16]

希望有一种奇迹般的食物、某种单一的商品或元素,可以作为灵丹妙药,产生长生不老的奇效,抑或是仅仅帮助解决目前受到困扰的疾病:这样的渴望其实并不令人惊讶,也并非现代人所独有的情绪。

牛奶与神的力量和母乳长久以来的相互关联使它成了回应这种情绪的有力候选人。牛奶含有广泛的营养成分(无论你是否相信,牛奶确实营养丰富),这意味着牛奶的倡导者可以宣称它能在儿童的茁壮成长和成年人的"减肥瘦身"饮食中起到核心作用。(在大脑中将牛奶和肉做个简单快速的比较,就会发现牛奶更适合作为一种理想的食物,因为肉类对完整性和纯净度并没有什么要求。)然而,牛奶可能会把我们引向迈克尔·波伦(Michael Pollan)所说的"营养时代",可悲地痴迷于从化学成分、矿物质和维生素的角度来看待食物。他说:"20世纪80年代,食品开始从美国的超市中消失,逐渐被'营养物质'取代,而这两者根本不是一回事。"20世纪的最后几十年,见证了现代西方国家,尤其是美国,在食品的购买方式上的变化。随着人们变得越来越富裕,越来越注重健康、在意体重,消费者开始把医学和科学依据作为饮食活动的首要指南。而自相矛盾的是,对健康饮食的倡导也演变成了对营养物质的微观管理,这种策略使我们偏离了对饮食的感官享受。[17]

常识性的牛奶倡导者只是简单地将牛奶视为食品系统中的一项已被证实有价值的产品,其合理性已通过几个世纪甚至几千年的消费活动得到了验证。在这方面,人们的信念根深蒂固:在北欧、瑞典和美国等历史上乳制品从业人口众多的国家和地区,类似这样的争论比比皆是。美国知名乳制品科学专家斯图尔特·巴顿(Stuart Patton)认为,美国的消费者认为他们富足的生活、他们的欲望和"包括牛奶在内的大量优质食物",都是理所当然的。巴顿让读者反思每个纯素食主义者都知道的事实:牛奶在西方食品系统中几乎无处不在,就更不用说在塑料、油漆和其他化合物中了。〔后一个事实显然鲜为人知。例如,在2010年佛蒙特州伯拉特波罗(Brattleboro)举行的"小母牛漫步"活动中,许多观众对"牛奶漆"花车都感到相当惊讶。〕巴顿说:"对许多人而言,牛奶就像水、电、煤气等事物一样,已经成为一种公共设施,所以我们需要对牛奶有足够的了解。"[18]

作为乳制品科学家,巴顿不带偏见地选择在自己的研究报告中加入有关母乳和母乳喂养的章节,并主张所有类型的奶在细胞代谢、骨骼生长和保持健康方面都存在生物学效用。但作为"大自然的完美食物"的倡导者,他的论点很难做到客观。不同的文化对人类生物学和饮食习惯的看法显然不同。并非所有的食物系统都包含完整的从母乳到动物奶,再进一步发展到经过复杂技术生产的乳制品的无缝衔接连续统一体。关于非西方食品体系在生物学和健康等方面的效果,我们现在已经有了足够的了解,可以证明,现代西方国家规定的"推荐每日摄入量"(RDA)并非绝对正确。正如人类学家安德里亚·威利(Andrea Wiley)指出的那样:"世界上许多国家人口的钙摄入量远低于美国主张的 RDA 标准,然而这并没有带来明显的损害。"所以,牛奶也并非人人都必须强制食用的食物。[19]

你不必因为对全世界其他许多地区饮食传统中乳制品和牛奶的缺失感到好奇而刻意站到牛奶的对立面。正如前文所述的生产活动的历史模式所显示的那样,具有特殊乳制品传统的北欧人将这样的饮食方式带到了其他地方。随着牛奶生产和运输手段的发展带来的牛奶产品大量过剩,企业开始在全世界尚未开发的地区寻求新的市场。西方大型食品企业如今正在支持亚洲的牛奶销售和制造产业,而在亚洲,成年人喝牛奶曾经是相当罕见的,甚至可以说是一种与乳糖不耐受(更准确地说,是乳糖酶缺乏)的体质相违背的行为。[20]

母乳是一种具有普遍性的食物,因为所有的婴儿都天然拥有消化母乳的能力。母乳所含的糖是一种特殊的乳糖,而消化这种乳糖的乳糖酶,自婴儿出生时就已经存在于他们的小肠中。但大多数婴儿体内的乳糖酶产出量从断奶时开始下降,只有某些特定的种族群体到成年后依然能保持大量的乳糖酶活性(我们称之为乳糖酶持久性)。除北欧以外,全球其他显示出乳糖耐受性的地区还包括中东、阿拉伯半岛、撒哈拉以南的非洲部分地区，以及南亚。对于这些地区以外的人口来说，即便喝牛奶可能已经成为一种生活方式，乳糖不耐受也仍然十分常见。幸运的是，一部分患有乳糖不耐受的人群在喝完牛奶以后表现出的症状相当轻微，甚至无症状。酸奶的耐受性通常更好，因为里面天然存在可帮助消化的菌类，而有些奶酪当中的乳糖含量极少。但许多成年人在饮用液态奶后会出现恶心、胃痉挛、胀气和腹泻，这当中包括许多生活在被乳制品渗透的社会中的欧洲人和北美人。对这部分人而言，现代西方国家典型的营养指南和保持身体舒适之间的矛盾必定使他们相当痛苦。[21]

历史学家的观点为弄清这些发展所产生的影响提供了不少有价值的启示。牛奶悠久的文化意义对人们如何理解它的价值施加了强大的力量。正如前面的章节中所示，牛奶让人联想到超自然的力量和母性的力量。而现在，它的特性已经来源于科学和医学的声望。牛奶历史的每一个阶段都揭示了一幅不断变化的潜力景象。正如安德里亚·威利在她针对中国牛奶的研究中所指出的那样，这种液体"可能会发生根本性的转变，从一种边缘或不受欢迎的食物变成一种与现代、财富、健康和力量积极相关的食物"。而这些标签本身就对那些渴望获得和消费食物的人们具有吸引力。[22]

她说的显然是中国的情况。针对液态牛奶销售的研究显示，"过去十年来，液态奶的销量增长创造了纪录"，尤其是在城市人口和经常光顾现代日用品商店的富裕消费者中。根据威利的说法，在过去40年间，"牛奶的消费量增长了15倍"，这是目前世界上所有新兴市场中增速最快的。除了家庭必备的液态牛奶以外，最受欢迎的产品似乎是酸奶。这并不让人意外，毕竟调味牛奶饮料盒包装更加精巧的酸奶在欧洲和北美也创造了不错的新销量。2008年，单是瑞士伯尔尼的一家艾美（Emmi）工厂，就生产了大约8 200万杯酸奶。单个现代乳制品工厂所能生产的产品类型也十分多样，令人惊讶。以艾美伯尔尼工厂为例,该工厂将其组织机构和生产技术移植到包括北美在内的世界各地,它所能生产的以牛奶为基础原料的产品数量约有450种。这个巨大的数量表明,在生产加工的中间环节,隐藏着相当大的灵活性和市场潜力。[23]

在中国以及其他全球乳制品行业的前沿区域推销乳制品,依赖于强调牛奶与健康成长之间的联系,以及它对体育方面成就的帮助。事实上,威利指出,牛奶所谓的促进生长的能力持续激励着非西方国家人群对其展开饮食研究。(之所以称之为"所谓的能力",是因为研究结果具有不确定性,至今为止的研究主要集中在牛奶对营养不良人群的神奇功效上。)因此,我们可以像历史学家一样,从约翰·博伊德·奥尔和麦科勒姆对牛奶的研究,一路追溯到中国、马来西亚和肯尼亚等地针对学校牛奶计划的研究上。[24]

尽管牛奶已经渗透到全球的许多新区域,但它在北美的正能量光环已经开始略显微弱。如果以最新版本的流行营养学教科书内容作为衡量标准,牛奶最主要的益处在于它与母乳接近;除此之外,文本中再没有其他宣扬或强调牛奶益处的内容。[25]现在,常规的营养学和医疗实践活动已经认识到,患者之间存在生物体质差异,老年人群的乳糖耐受能力普遍下降。其至"乳糖缺乏症"一词,现在也因其蕴含认为"不缺乏乳糖酶"才是正常现象的观念,开始被批评。因此,根据纽约大学医学院的米切尔·查拉普(Mitchell Charap)博士的观点,初出茅庐的医生不再被教导要敦促每个人都喝牛奶。钙和维生素D对所有饮食仍然十分重要,但患者有权利选择如何摄入。当我们的女儿们被诊断患有乳糖不耐受症后,我们自己的儿科医生建议:"看看能不能想办法让她们喜欢上白菜。"[26]

关于牛奶如何在过去30年里改变了人们的思维方式,我最钟爱的例子是针对胃溃疡患者的饮食建议。直到20世纪80年代,牛奶仍然是胃炎和胃溃疡患者接受的"温和清淡饮食疗法"的重要组成部分。尽管牛奶的微酸性会增加胃部原本已经存在的胃酸含量,然而就像19世纪40年代的托马斯·卡莱尔一样,仍然有人会选择用牛奶包裹住胃部,认为这样可以带来舒适和保护。牛奶的其他品质,比如舒缓和纯净的性质、与孕妇保健的联系,都隐含在这个家常的、古老的疗法之中。接受过牛奶历史相关教育的医生,可能会假设这种疗法具有某种安慰剂效应。1982年之后,一切都发生了变化。澳大利亚研究人员J. 罗宾·沃伦(J. Robin Warren)博士和巴利·J. 马歇尔(Barry J. Marshall)博士发现了幽门螺杆菌,并证明这种细菌会引起胃溃疡,且是导致胃癌的元凶之一。然而医生和研究人员顽固地拒绝相信澳大利亚学者的说法,但最终抗生素在消除溃疡方面的巨大成功为这一研究成果提供了充分的临床证据。于是,医学范式发生了转变,在治疗常见胃病时,处方药物已经取代了牛奶。[27]

这样的讨论已经把我们从弗朗索瓦·盖农出没的牧场带到了更遥远的地方。然而,牛奶和奶牛场的某些方面并没有发生太大的变化。除了美国西南部和西部的大型工业化农场以外,大多数奶牛场的规模仍然相对较小,主要由家庭经营。诚然,如果看到牛奶从农场的储存容器转移到现代冷藏牛奶运输车的不锈钢车厢,盖农必会大吃一惊。但司机接下来的演示可能就是盖农很熟悉的东西:搬运工会被要求闻一闻牛奶样品,确认没有腐坏或其他异常气味。在美国某些地区,奶牛场为了满足消费者对接近"妈妈们过去常买的"产品的需求,开始主要用草料来饲养奶牛,并将牛奶的配送范围限制在自己的挤奶间附近。配送上门的服务在美国和欧洲都呈现上升趋势。对往日牛奶的怀旧情绪在一定程度上塑造了牛奶当今的吸引力。[28]

或许,乳制品业最令人惊讶的一面是,它充当了一种正在消失的古老农耕景象的占位符。当我们想象乡村生活,脑海中浮现的便是牛群在广袤的绿色牧场上肆意吃草的景象。瑞士牛奶生产商伯尔尼办公室的公关总监克里斯托夫·格罗让·萨默告诉我,奶农和他们的奶牛让乡村风景看起来像它应该有的样子。即使在经历了 20 世纪所有的硬核科学洗礼之后,牛奶仍然保有其全部营养成分之外的魔力。[29]

注　释

引言

1　Catherine Bertenshaw and Peter Rowlinson, "Exploring Stock Managers' Perceptions of the Human-Animal Relationship on Dairy Farms and an Association with Milk Production," *Anthrozoös* 22 (2009): 59–69. 产奶量监测持续了 10 个月。感谢《不可思议研究年鉴》(*Annals of Improbable Research*)的编辑和联合创始人马克·亚伯拉罕斯(Marc Abrahams)为我寄来这篇文章。

2　Peter J. Kuznick, "Losing the World of Tomorrow: The Battle over the Presentation of Science at the 1939 New York World's Fair," *American Quarterly* 46 (1994): 360.

3　Frederick J. Simoons, "The Determinants of Dairying and Milk Use in the Old World: Ecological, Physiological, and Cultural," in *Food, Ecology, and Culture: Readings in the Anthropology of Dietary Practices*, ed. J. R. K. Robson (New York, 1980), 83–91; "白色血液"(white blood)出自菲利普·弗兰兹·冯·西博尔德(Philip Franz von Siebold)在 18 世纪初所写的关于日本的文章。感谢梅里·怀特(Merry White)提供的信息参考。

4　E. Parmalee Prentice, *American Dairy Cattle, Their Past and Future* (New York, 1942), 95, 100, 114–115; *The Catholic Encyclopedia*, ed. Charles George Herbermann et al. (New York, 1913), 9: 153.

5　Peter J. Richerson, Robert Boyd, Joseph Henrich, "Gene-Culture Co-Evolution in the Age of Genomics," *Proceedings of the National Academy of Science* 107, supplement 2 (May 11, 2010): 8985.

6　Harriet Friedmann, "What on Earth Is the Modern World System? Food-getting and Territory in the Modern Era and Beyond," *Journal of*

World-Systems Research 6, no. 2 (Summer – Fall 2000): 480 – 515; Philip McMichael, "A Food Regime Genealogy," *Journal of Peasant Studies* 36, no. 1 (January 2009): 139 – 169.

7　Alfred W. Crosby, *Ecological Imperialism: The Biological Expansion of Europe, 900 – 1900* (Cambridge, 2004), 48.

8　G. F. Fussell, *The English Dairy Farmer, 1500 – 1900* (London, 1966); E. Melanie DuPuis, *Nature's Perfect Food: How Milk Became America's Drink* (New York, 2002); Peter J. Atkins, *Liquid Materialities: A History of Milk, Science, and the Law* (Ashgate, 2010); Stuart Patton, *Milk: Its Remarkable Contribution to Human Health and Well-Being* (New Brunswick, 2004); Anne Mendelson, *Milk: The Surprising Story of Milk Through the Ages* (Knopf, 2008).

第一章　伟大的母神、丰饶之牛

1　R. E. Witt, *Isis in the Ancient World* (Baltimore, 1971), 288n.23.

2　Joanna Williams, "The Churning of the Ocean of Milk: Myth, Image, and Ecology," in *Indigenous Vision: Peoples of India Attitudes to the Environment*, ed. Geeta Sen (New Delhi, 1992), 145 – 155; Chitrita Banerji, "How the Bengalis Discovered Chhana and Its Delightful Offspring," in *Milk: Beyond the Dairy*, ed. Harlan Walker (Totnes, 2000), 48 – 59.

3　Quote from *Sibylline Oracles*, 3: 744 – 749, cited in Richard A. Freund, "What Happened to the Milk and Honey? The Changing Symbols of Abundance of the Land of Israel in Late Antiquity," in *"A Land Flowing With Milk and Honey": Visions of Israel from Biblical to Modern Times*, ed. Leonard J. Greenspoon and Ronald A. Simkins (Omaha, 2001), 35.

4　Gail Corrington, "The Milk of Salvation: Redemption by the Mother in Late Antiquity and Early Christianity," *Harvard Theological Review* 82 (1989): 393 – 420; Hildreth York and Betty Schlossman, "'She Shall Be Called Woman': Ancient Near Eastern Sources of Imagery," *Women's Art Journal* 2 (1981 – 1982): 37 – 41.

5　Witt, *Isis*, 164 – 184.

6 Ibid., pl. 13, p.80.

7 Rebecca Zorach, *Blood, Milk, Ink, and Gold: Abundance and Excess in the French Renaissance* (Chicago, 2005).第三章中有很多关于 16 世纪法国的例子。

8 F. Sokolowski, "A New Testimony on the Cult of Artemis of Ephesus," *Harvard Theological Review* 58 (1965): 427-431.

9 York and Schlossman, "'She Shall Be Called Woman,'" 40; Corrington, "Milk of Salvation," 412.

10 York and Schlossman, "'She Shall Be Called Woman,'" 39; Witt, *Isis*, 148; Pamela C. Berger, *The Goddess Obscured: Transformation of the Grain Protectress from Goddess to Saint* (Boston, 1985), 45-46.

11 Corrington, "Milk of Salvation," 397, 412.

12 Witt, *Isis*, 210,就这一点来说引自 *Pyramid Texts*。

13 Phyllis Pray Bober, *Art, Culture, and Cuisine: Ancient and Medieval Gastronomy* (Chicago, 1999), 39-41, 87, 91, 340n.20.

14 Sandra Ott, "Aristotle Among the Basques: The 'Cheese Analogy' of Conception," *Man*, n.s., 14 (1979): 699-711.

15 Michael Abdalla, "Milk and Its Uses in Assyrian Folklore," in *Milk: Beyond the Dairy*, ed. Walker, 9-18; Helen King, *Hippocrates' Woman: Reading the Female Body in Ancient Greece* (London, 1998), 155. 煮沸的驴子的奶是最受欢迎的,据说对癫痫、瘫痪、排便不规律和"干性霍乱"等疾病均有疗效。*Hippocrates on Diet and Hygiene*, trans. John Renote (London, [1952]), 135, 138, 157-158.

16 Londa Schiebinger, "Why Mammals Are Called Mammals: Gender Politics in Eighteenth-Century Natural History," *American Historical Review* 98 (1993): 394-395.

17 King, *Hippocrates' Woman*, 25-29.

18 Ibid., 49, 71, 143, 154-155. 在病情极为严重的情况下,可能会有一些最后的尝试措施被提出来并被公开实施。在这个案例中,采用的方式是从活体标本中提取海龟肝脏,再与人类母乳一起研磨捣碎。

19 Geoffrey Stephen Kirk, *Myth: Its Meaning and Functions in Ancient and Other Cultures* (Cambridge, 1970), 135-138.

20　*The Odyssey*, trans. Robert Fagles (New York, 1996), book 9, 276-281.

21　更精彩的分析,参见 Brent D. Shaw, "'Eaters of Flesh, Drinkers of Milk': The Ancient Mediterranean Ideology of the Pastoral Nomad," *Ancient Society* 13-14 (1982-1983): 5-31。

22　*The History of Herodotus*, 4 vols., ed. George Rawlinson (London, 1862), 3: 1-2.

23　Piero Camporesi, *The Anatomy of the Senses: Natural Symbols in Medieval and Early Modern Italy*, trans. Allan Cameron (Cambridge, 1997), 47.

24　详细内容参见 Tell El-Obaid relief, 2900-2650 B.C.E.; Marten Stol, "Milk, Butter, and Cheese," *Bulletin on Sumerian Agriculture* 7 (1993): 100; Oliver E. Craig, "Dairying, Dairy Products, and Milk Residues: Potential Studies in European Prehistory," in *Food, Culture, and Identity in the Neolithic and Early Bronze Age*, ed. Mike Parker Pearson (Oxford, 2003), 89。

25　Keith Ray and Julian Thomas, "In the Kinship of Cows: The Social Centrality of Cattle in the Earlier Neolithic of Southern Britain," in *Food, Culture, and Identity*, ed. Parker Pearson, 40.

26　Heather Pringle, "Neolithic Agriculture: The Slow Birth of Agriculture," *Science* 282 (1998): 1446-1489; Parker Pearson, ed., *Food, Culture, and Identity*, 11; Andrew Sherratt, "Cash Crops Before Cash: Organic Consumables and Trade," *The Prehistory of Food: Appetites for Change*, ed. Chris Gosden and Jon Hather (London, 1999), 15-34.

27　Ray and Thomas, "In the Kinship of Cows," 38;另一个麻烦的事实是"牛奶和蜂蜜之地"指的是埃及,而非以色列。Freund, "What Happened to the Milk and Honey?"

28　Stol, "Milk, Butter, and Cheese," 104.

29　Ibid., 105, 107.

30　Fiona Marshall, "Origin of Specialized Pastoral Production in East Africa," *American Anthropologist* 92 (1990): 873-894; Andrew Sherratt, "The Secondary Exploitation of Animals in the Old World," *World*

Archaelogy 15 (1983): 95.

31 Sally Grainger, "Cato's Roman Cheesecakes: The Baking Techniques," in *Milk: Beyond the Dairy*, ed. Walker, 168–177.

第二章 非同凡响的中世纪白色液体

1 有关爱丽丝女士在节日庆典和每日待客时的餐会细节,来源于 *The Household Book of Dame Alice de Bryene, of Acton Hall, Suffolk, September 1412 to September 1413*, trans. M. K. Dale, ed. Vincent B. Redstone (Ipswich, 1984)。本书中关于新年的记录,参考 Fiona Swabey, "The Household of Alice de Bryene, 1412–1413," in *Food and Eating in Medieval Europe*, ed. Martha Carlin and Joel T. Rosenthal (London, 1998), 134–144; Christopher Dyer, *Standards of Living in the Later Middle Ages: Social Change in England c. 1200–1520* (Cambridge, 1989)。

2 Kathleen Biddick, *The Other Economy: Pastoral Husbandry on a Medieval Estate* (Berkeley, 1989), 42–43; Maryanne Kowaleski, *Local Markets and Regional Trade in Medieval Exeter* (Cambridge, 1995), 286–287.

3 *Household Book*, 28; B. H. Slicher van Bath, *The Agrarian History of Western Europe, A.D. 500–1850*, trans. Olive Ordish (London, 1963), 182, 335.

4 Christopher Dawson, ed., *Mission to Asia* (Toronto, 1980), vii.

5 *The Mission of Friar William of Rubruck*, ed. Peter Jackson, trans. David Morgan (London, 1990), 59.

6 Ibid., 75–77.

7 John of Plano Carpini, "History of the Mongols," in *Mission to Asia*, ed. Dawson, 8, 11. Carpini's text, according to Dawson, "was by far the most widely known of all the early accounts of the Mongols" (p.2).

8 *Mission of Friar William of Rubruck*, 79, 98.

9 Ibid., 81–82, 99.

10 Ibid., 209, 222, 237, 240, 253.

11 Henry Serruys, *Kumiss Ceremonies and Horse Races* (Wiesbaden, 1974), 1.

12 Quoted in ibid., 2.

13 *Mission of Friar William of Rubruck*, 104, 254.

14 James France, *Medieval Images of Saint Bernard of Clairvaux* (Kalamazoo, 2007), 207, 209.

15 Brian Patrick McGuire, *The Difficult Saint: Bernard of Clairvaux and His Tradition* (Kalamazoo, 1991), 198.

16 Marina Warner, *Alone of All Her Sex: The Myth and Cult of the Virgin Mary* (London, 1976), 200.

17 Caroline Walker Bynum, *Jesus as Mother: Studies in the Spirituality of the High Middle Ages* (Berkeley, 1982), 167.

18 St. Bernard, *Commentary on "The Song of Songs,"* Sermon 9.

19 St. Bernard of Clairvaux, *The Glories of the Virgin Mother* (1867), 107.

20 Phyllis Pray Bober, "The Hierarchy of Milk in the Renaissance, and Marsilio Ficino on the Rewards of Old Age," in *Milk: Beyond the Dairy*, ed. Harlan Walker (Totnes, 2000), 96.

21 中世纪的医学权威们建议母亲亲自用母乳喂养自己的孩子,不仅仅是出于这些原因,更是为了确保良好的食物和少量醉人的饮料有助于产出"高质量"的母乳。但从贵族母亲给孩子喂奶时展现出的果断来看,我们可以推测应该有其他的某些压力(很可能是来自她们的丈夫)迫使她们雇用乳母。Mary Martin McLaughlin, "Survivors and Surrogates: Children and Parents from the Ninth to the Thirteenth Centuries," in *The History of Childhood*, ed. Lloyd de Mause (New York, 1974), 116.

22 Richard S. Storrs, *Bernard of Clairvaux: The Times, The Man, and His Work* (New York, 1901), 149.

23 Bynum, *Jesus as Mother*, 122.

24 Clarissa W. Atkinson, *The Oldest Vocation: Christian Motherhood in the Middle Ages* (Ithaca, 1991).

25 Caroline Walker Bynum, *Holy Feast and Holy Fast: The Religious Significance of Food to Medieval Women* (Berkeley, 1987), 122.

26 Ibid., 131, 125–126.

27 Agnes B. C. Dunbar, *A Dictionary of Saintly Women*, 2 vols.

(London，1904)，1：132‐135.

28　France，*Medieval Images*，212‐213.

29　关于圣母玛利亚在中世纪欧洲文化中地位的更深入探讨,包括奉献精神的"玛利亚化",可参考 Miri Rubin，*Mother of God: A History of the Virgin Mary*（New Haven，2009）；Warner，Alone，200。

30　Susan Signe Morrison，*Women Pilgrims in Late Medieval England*（London，2000），27‐35.

31　Phyllis Pray Bober，*Art，Culture，and Cuisine: Ancient and Medieval Gastronomy*（Chicago，1999），215.

32　伯纳德领导的新兴的西多会严令禁止特殊场合以外的所有奶酪、鸡蛋、牛奶,甚至鱼类的食用,试图遏制修道院的贪吃。这位巧舌如簧的修道士认为,他本人对美妙绝伦的牛奶的着迷与他将这种产品从他的教团饮食中驱逐出去的做法之间并不存在矛盾。Antoni Riera-Melis，"Society, Food, and Feudalism," in *Food: A Culinary History from Antiquity to the Present*, ed. Jean-Louis Flandrin, Massimo Montanari, and Albert Sonnenfeld, trans. Clarissa Botsford, Arthur Goldhammer, et al.（New York，2000），260‐263；Bober，*Art*，217.

33　Kees de Roest，*The Production of Parmigiano-Reggiano Cheese: The Force of an Artisanal System in an Industrialised World*（Assen，2000），21.

34　例如,可参见 Maguelonne Toussaint-Samat，*A History of Food*, trans. Anthea Bell（Oxford，1992），116‐117 中的讨论。

35　Riera-Melis，"Society, Food, and Feudalism," 265，300；Slicher van Bath，*Agrarian History*，283.

36　Roest，*Production*，21.

37　Giovanni Boccaccio，*The Decameron*, trans. Guido Waldman（New York，1993），Eighth Day，story three.但尼尔是一种法国的小面值货币。

38　Roest，*Production*，19.

39　Ibid.，20，31n.1.

40　鸡蛋和奶酪通常都被当作例外；根据《创世记》3∶17‐18,给亚当的禁令是禁止食用四只脚踩在受诅咒的土地上的生物。修道院似乎认为,奶酪是斋戒日可以被接受的食物。

41　Mikhail Bakhtin, *Rabelais and His World*, trans. Hélène Iswolsky (Cambridge, Mass., 1968), 298.

42　引自 Carlo Ginzburg, *The Cheese and the Worms: The Cosmos of a Sixteenth-Century Miller*, trans. John and Anne Tedeschi（Baltimore, 1980）, 83。

第三章　牛奶的文艺复兴

1　*Platina, On Right Pleasure and Good Health*, intro., ed., and trans. Mary Ella Milham（Tempe, 1998）, 15.在玛丽·米尔汉姆的这本书中的序言部分，有对这封信的部分转载。

2　Platina, *On Right Pleasure*, book 1, dedication.

3　Ken Albala, *Eating Right in the Renaissance*（Berkeley, 2002）, 15.

4　*Milk: Beyond the Dairy*, ed. Harlan Walker（Totnes, 2000）, 19 - 30.

5　Platina, *On Right Pleasure*, book 2, p.16. 普拉蒂纳根据它们提供乳汁的丰富程度，甚至推荐直接从乳房食用，这样可以保证吸收到足够的营养。（p.259）

6　Ibid., 365, 367.

7　Milham,"Introduction,"12, 51.

8　Albala, *Eating Right*, 55.

9　Platina, *On Right Pleasure*, 371, 393, 395.

10　Ibid., 335, 339, 365; Roy Strong, *Feast: A History of Grand Eating*（Orlando, 2002）, 84.

11　Platina, *On Right Pleasure*, 123, 161, 297, 365, 393 - 397.

12　Ibid., 159, 381, 383.

13　Ibid., 363, 103.

14　普拉蒂纳在50多岁时，参与了一次针对朋友家的团伙袭击，因为他怀疑那家的一个仆人对他的情人图谋不轨。玛丽·艾拉·米尔汉姆也曾提到他生性风流、热衷冒险，并认为这可以解释为什么"《花天酒地促进身体健康》(*De honesta Voluptate*)中有大量关于各种食物对人产生好的或坏的影响的记录"（ibid., p.18）。

15　Albala, *Eating Right*, 125 - 126; Irma Naso, *Formaggii Del*

Medioevo: La "Summa lacticiniorum" di Pantaleone da Confienza (Torino, 1990).

16　Samuel Kline Cohn, Jr., *The Black Death Transformed: Disease and Culture in Early Renaissance Europe* (London, 2002), 242–243.

17　Marsilio Ficino, *Three Books on Life*, trans. and annotated by Carol V. Kaske and John R. Clark (Binghamton, 1989), 107, 131, 239. (此后简称 *On Life*。)

18　Kaske and Clark, "Introduction," *On Life*, 43.

19　Ficino, *On Life*, book 1, chap. 4.

20　Ibid., 121. The latter description is taken from the *Aeneid*, 4: 700–701.

21　Ficino, *On Life*, book 1, chap. 5, 119, chap. 6, 121.

22　Ibid., book 1, chaps. 5–6.

23　Ibid., book 1, 159.

24　Ibid., book 2, chap. 11.

25　Platina, *On Right Pleasure*, 189; Layinka M. Swinburne, "Milky Medicine and Magic," in *Milk: Beyond the Dairy*, ed. Walker, 339.

26　Ficino, *On Life*, book 1, chap. 10, 135.

27　赛瑞塔(Cereta)的书信已经被转录、翻译和编辑成册, Diana Robin, *Collected Letters of a Renaissance Feminist* (Chicago, 1997), 此处引用自 To Veronica di Leno, September 5, 1485, *Letters*, 35。

28　Albert Rabil, Jr., *Laura Cereta, Quattrocento Humanist* (Binghamton, 1981).

29　Cereta, *Letters*, 27, 82.

30　Ibid., 199.

31　Milham, "Introduction," 18–19.

32　Ficino, *On Life*, 213.

33　Cereta, *Letters*, 115–116.

34　"On Entering into the Bonds of Matrimony," February 3, 1486, Cereta, *Letters*, 70.

35　"A Topography and a Defense of Epicurus," December 12, 1487, ibid., 115–122.

36 Cereta, *Letters*, 117-119.

37 Ibid., 119.

38 Ibid.

39 Pierre Joubert, *Erreurs Populaires*（1587），引自 Ken Albala, *Eating Right*, 39。

40 Thomas Cogan, *The Haven of Health*（1584），iii.

41 Ibid., 154-155.

42 塞缪尔·佩皮斯(Samuel Pepys)在他写于1667年11月22日的日记中记录了约翰·凯斯(John Caius)的故事。有关使用母乳(直接从乳房获得)进行紧急治疗的案例很多，详细请参见玛丽琳·萨蒙(Marylynn Salmon)的文章《现代社会早期英美母乳喂养和婴儿护理的文化意义》。"The Cultural Significance of Breastfeeding and Infant Care in Early Modern England and America," *Journal of Social History* 28 (1994): 247-269; Albala, *Eating Right*, 75.

43 Jean-Louis Flandrin, "Distinction Through Taste," in *A History of Private Life*, ed. Philippe Ariès and Georges Duby (Cambridge, Mass., 1989), 3: 289; Stephen Mennell, *All Manners of Food: Eating and Taste in England and France from the Middle Ages to the Present*, 2nd ed. (Chicago, 1996), 73-74.

44 Albala, "Milk: Nutritious and Dangerous," 28.

45 Mennell, *All Manners of Food*, 84.

46 Thomas Moffett, *Healths Improvement: or, Rules Comprizing and Discovering the Nature, Method, and Manner of Preparing All Sorts of Food Used in This Nation* (London, 1655), 128; J. C. Drummond and Anne Wilbraham, *The Englishman's Food* (London, 1958), 154.

47 Moffett, *Healths Improvement*, 125. 墨菲特于1604年去世。

第四章 现金牛与勤勉的荷兰人

1 William Aglionby, *The Present State of the United Provinces of the Low-Countries* (London, 1669), 222, 224-225.

2 "荷兰奇迹"(Dutch miracle)一词是用来描述16世纪末和17世纪初荷兰经济显著转变的术语。详见 Jonathan Israel, *The Dutch Republic*

(Oxford, 1995), 307。

联合省共和国(the Republic of United Provinces)由荷兰北部的7个省组成,其中包括在1568年至1609年间从西班牙统治下获得独立的荷兰省。这个共和国是一个强大的新教国家,由强大的商人阶级领导。而荷兰南部的省份,当时被看作是"低地国家"的一部分,直至1713年,一直处于西班牙的殖民统治之下;它们当中包括佛兰德斯省(Flanders)和布拉班特(Brabant)公国(本章稍后会提到),在18世纪的宗教斗争中,该地区一直信奉天主教。"荷兰"(Holland)指的是新教地区,而"尼德兰"(the Netherlands)则是对整个这片区域的包含性、模糊总括性的统称,经常被用作荷兰各省的总称。

3　Steven C. A. Pincus, "From Butterboxes to Wooden Shoes: The Shift in English Popular Sentiment from Anti-Dutch to Anti-French in the 1670s," *The Historical Journal* 38 (1995): 338.

4　引自 Simon Schama, *Embarrassment of Riches: An Interpretation of Dutch Culture in the Golden Age* (New York, 1987), 265; John Dryden, *Amboyna*, II, i, 38, 引自 Robert Markley, *The Far East and the English Imagination*, 1600–1730 (Cambridge, 2006), 165。

5　Aglionby, *Present State of the United Provinces*, 213–214, 328–329.

6　Ibid., 232–233.

7　Ibid., 224, 233.

8　Jan de Vries, *The Dutch Rural Economy in the Golden Age*, 1500–1700 (New Haven, 1974), 96, 107; Jan de Vries and Ad van der Woude, *The First Modern Economy* (Cambridge, 1997), 59.

9　Schama, *Embarrassment*, 169.

10　John Ray, *Observations Topographical, Moral, & Physiological Made in a Journey to Part of the Low-Countries* (London, 1673), 51.

11　Ibid., 85.

12　M. Schoockius, *Exercitatio academica de aversatione casei* (Groningen, 1658), 引自 Josua Bruyn, "Dutch Cheese: A Problem of Interpretation," *Simiolus: Netherlands Quarterly for the History of Art* 24 (1996): 204–205。

13　Ray, *Observations*, 51.

14　Ibid., 50.

15　B. H. Slicher van Bath, *The Agrarian History of Western Europe*, A.D. 500 – 1850 (London, 1963), 183.

16　Ibid., 84.

17　De Vries, *Dutch Rural Economy*, 156, 161.

18　Ibid., 123, 133.

19　Ibid., 151; Slicher van Bath, *Agrarian History*, 257, 260.

20　De Vries, *Dutch Rural Economy*, 150 – 152.

21　Ibid., 141 – 142.

22　Slicher van Bath, *Agrarian History*, 284, 335; De Vries, *Dutch Rural Economy*, 144.

23　De Vries and van der Woude, *First Modern Economy*, 124, 144, 186, 210; De Vries, *Dutch Rural Economy*, 285.

24　Schama, *Embarrassment*, 151.

25　Ibid., 159 – 160.

26　Ibid., 152, 174 – 175.

27　De Vries, *Dutch Rural Economy*, 221, 123, 219.

28　N. R. A. Vroom, *A Modest Message as Intimated by the Painters of the "Monochrome Banketje"* (Schiedam, 1980), 14 – 19.

29　Svetlana Alpers, *The Art of Describing: Dutch Art in the Seventeenth Century* (Chicago, 1983).

30　E. de Jongh, *Still-Life in the Age of Rembrandt* (Auckland, 1982), 65 – 69.

31　Schama, *Embarrassment*, 188.

32　De Vries and van der Woude, *First Modern Economy*, 204.

33　Everett E. Edwards, "Europe's Contribution to the American Dairy Industry," *Journal of Economic History* 9 (1949): 73.

34　De Vries and van der Woude, *First Modern Economy*, 200, 211.

35　*A Discours of Husbandrie Used in Brabant and Flanders* (London, 1650), v, 10 – 11.

36　Ibid., 3, 13.

37　A. R. Michell, "Sir Richard Weston and the Spread of Clover

Cultivation," *Agricultural History Review* 22 (1974): 161.

38　Ibid., 160.

第五章　对牛奶的喜爱及其成因

1　September 4, 1666, *The Diary of Samuel Pepys*, ed. Robert Latham and William Matthews, 11 vols. (Berkeley, 1972), 7: 274.

2　Ibid., January 30, 1662/3, May 18, 1664, April 25, 1669, 9: 533 – 534.

3　Anne Mendelson, *Milk: The Surprising Story of Milk Through the Ages* (New York, 2008), 21.

4　Nils-Arvid Bringéus, "A Swedish Beer Milk Shake," in *Milk and Milk Products*, ed. Patricia Lysaght (Edinburgh, 1994), 140 – 150.

5　Mary Agnes Hickson, *Ireland in the Seventeenth Century* (1884), 75.

6　Daniel Defoe, *A Tour Through the Whole Island of Great Britain*, 7th ed., 4 vols. (1769), 4: 204, 337.

7　John Burnett, *Liquid Pleasures: A Social History of Drinks in Britain* (London, 1999), 29.

8　G. S. Rousseau, "Mysticism and Millenarianism: 'Immortal Dr. Cheyne,'" in *Millenarianism and Messianism in English Literature and Thought, 1650 – 1800*, ed. Richard H. Popkin (Leiden, 1988), 87; D. P. Walker, *The Decline of Hell* (Chicago, 1964), 157; John Sekora, *Luxury: The Concept in Western Thought, Eden to Smollett* (Baltimore, 1977), 78 – 79.

9　Sekora, *Luxury*, 78 – 79; Walker, *The Decline of Hell*, 255 – 256.

10　John Pordage, *Theologia mystica* (1683); Jane Lead, *A Fountain of Gardens* (London, 1797), 2: 201 – 202; Madam [Jeanne] Guyon, *The Worship of God in Spirit and Truth* (Bristol, 1775), 57.

11　Benjamin Franklin, *The Autobiography of Benjamin Franklin*, ed. Leonard W. Labaree (New Haven, 1964), 63, 87; Thomas Tryon, *The Merchant, Citizen, and Country-man's Instructor; or, A Necessary Companion for all People* (London, 1701), 91; George Cheyne, *Observations Concerning the Nature and Due Method of Treating the Gout* (London, 1720), 97; Roy Porter and G. S. Rousseau, *Gout: The Patrician Malady* (New Haven, 1998).

12 Anita Guerrini, "Cheyne, George (1671/2 - 1743)," in *Oxford Dictionary of National Biography* (Oxford, 2004), www.oxforddnb.com/view/article/5258 (accessed November 15, 2007); 参见 *The English Malady* 一书的附录,"The Author's Case" 326。

13 Rousseau, "Mysticism and Millenarianism," 105 - 106.

14 Jeremy Schmidt, *Melancholy and the Care of the Soul: Religion, Moral Philosophy, and Madness* (Burlington, 2007), 117.

15 Cheyne, *The English Malady*, 49 - 50;也可参见 i - ii。

16 Ibid., 50.

17 Rousseau, "Mysticism and Millenarianism," 105 - 106; Roy Porter, "Introduction," George Cheyne: *The English Malady* (1733) (London, 1991), xxvi - xxxii.

18 Cheyne, "The Case of the Author," in *The English Malady* (1733), 328 - 330.

19 Rousseau, "Mysticism and Millenarianism," 117.

20 Antonia [sic] Bourignon, *An Admirable Treatise of Solid Vertue, Unknown to the Men of this Generation* (London, 1699), 34 - 35; *The Light of the World* (London, 1696), xix.

21 Rousseau, "Mysticism and Millenarianism," 124.

22 Cheyne, "The Case of the Author," 335 - 345.有关泰伦对于牛奶的建议,参见 *The Good House-wife Made a Doctor* (London, 1692)和 *The Merchant, Citizen, and Country-Man's Instructor* (London, 1701)。

23 *The Letters of Dr. George Cheyne to the Countess of Huntingdon*, ed. Charles F. Mullett (San Marino, 1940), 2, 5, 11, 16, 21.

24 Letter from Selina, Countess of Huntingdon, to Theophilus, Earl of Huntingdon (March 30, 1732), in *In the Midst of Early Methodism: Lady Huntingdon and Her Correspondence*, ed. John R. Tyson with Boyd S. Schlenther (Lanham, 2006), 27.

25 *Letters of Dr. George Cheyne*, 26 - 27, 39.

26 Ibid., 43, 54.

27 Ibid., 37, 58.

28 John Wesley, *Primitive Physick* (London, 1747), 42.

29 Rebecca Spang, *The Invention of the Restaurant: Paris and Modern Gastronomic Culture* (Cambridge, Mass., 2000), 53, 269.

30 Arthur M. Wilson, *Diderot: The Testing Years, 1713–1759* (New York, 1957), 232; Anne C. Vila, *Enlightenment and Pathology: Sensibility in the Literature and Medicine of Eighteenth-Century France* (Baltimore, 1998), 102ff.

31 Alison McNeil Kettering, *The Dutch Arcadia: Pastoral Art and Its Audience in the Golden Age* (Montclair, 1983), 5.

32 Michael Preston Worley, *Pierre Julien: Sculptor to Queen Marie-Antoinette* (New York, 2003), 77–79.

33 Carolin C. Young, "Marie Antoinette's Dairy at Rambouillet," *Antiques*, October 1, 2000.

第六章 当牛奶成熟为奶酪

1 "牛奶的飞跃"(Milk's leap)一词起源于 Clifton Fadiman, *Any Number Can Play* (New York, 1957), 105; "萨福克重锤"(Suffolk bang)一词参见 William and Hugh Raynbird, *On the Agriculture of Suffolk* (London, 1849), 288.

2 Deborah Valenze, "The Art of Women and the Business of Men: Women's Work and the Dairy Industry, c. 1740–1840," *Past and Present*, no. 130 (1991): 142–169; G. E. Fussell, "Eighteenth-Century Traffic in Milk Products," *Economic History* 3 (1937); William Ellis, *Agriculture Improv'd*, 4 vols. (London, 1745), 2: 95–98.

3 George Eliot, *Adam Bede* (Harmondsworth, 1980), 189; Rosemary Ashton, "Evans, Marian [George Eliot] (1819–1880)," in *Oxford Dictionary of National Biography* (Oxford, 2004); online ed., May 2008, www.oxforddnb.com/view/article/6794 (参考日期为 13 June 2010).

4 John Billingsley, *General View of the Agriculture of Somerset* (Bath, 1797), 44.

5 Adrian Henstock, "Cheese Manufacture and Marketing in Derbyshire and North Staffordshire, 1670–1870," *Derbyshire Archeological Journal* 89 (1969): 36; William Ellis, *Modern Husbandman*, 4 vols. (London, 1744),

3:62.

6　Ivy Pinchbeck, *Women Workers and the Industrial Revolution, 1750–1850* (1930; reprinted, Totowa, N.J., 1968), 14–15.

7　William Marshall, *The Rural Economy of Gloucestershire*, 2 vols. (Gloucester, 1789), 1:263, 2:104–105.

8　*A Letter from Sir Digby Legard, Bart., To the President and Vice Presidents of the Society of Agriculture for the East Riding of Yorkshire* [Beverly, 1770], 4, 6.

9　*Letters and Papers on Agriculture, Planting, &c.*, Bath and West of England Society (Bath, 1792).该信可以追溯至 1778 年 2 月。

10　Marshall, *Rural Economy of Gloucestershire*, 2:186.

11　马歇尔并不赞同杨的研究方法：杨的研究针对的是郡县，而马歇尔更倾向于对整个区域展开整体研究。但是最终，显然杨的社交和文学才华帮助他赢得了梦寐以求的农业委员会主席的任命，创建这个机构原本是马歇尔的构想。

12　Marshall, *Rural Economy of Gloucestershire*, 2:186.

13　Ibid., 184–185.

14　G. E. Fussell, *The English Dairy Farmer, 1500–1900* (London, 1966), 211.

15　Marshall, *Rural Economy of Gloucestershire*, 1:297–299.

16　据说，他们还会在称重之前将尚未付款的奶酪储存起来，然后按照重量向农民支付费用。（随着时间的推移，奶酪的重量会因为水分蒸发而减少。）*Petition from Cheshire*, 1737.

17　Henstock, "Cheese Manufacture," 39–42; G. E. Fussell, "The London Cheesemongers of the Eighteenth Century," *Economic Journal* (Supplement), Economic History Series, no. 3 (London, 1928): 394–398.

18　Loyal Durand, Jr., "The Migration of Cheese Manufacture in the United States," *Annals of the Association of American Geographers* 42 (1952): 265.

19　Josiah Twamley, *Dairying Exemplified, or the Business of Cheese-making* (Warwick, 1784), 10–11.

20　Valenze, "Art of Women, Business of Men," 154–155.

21 Twamley, *Dairying Exemplified*, 70.

22 Ibid., 74-75.

23 Ibid., 75.

24 Jeremy Barlow, *The Enraged Musician: Hogarth's Musical Imagery* (Burlington, 2005), 206; P. J. Atkins, "The Retail Milk Trade in London, c. 1790-1914," *Economic History Review*, n.s., 33 (1980): 523; Sean Shesgreen, *Images of the Outcast: The Urban Poor in the Cries of London* (Manchester, 2002), 109-110, 174.

25 Charles Phythian-Adams, "Milk and Soot: The Changing Vocabulary of a Popular Ritual in Stuart and Hanoverian London," in *The Pursuit of Urban History*, ed. Derek Fraser and Anthony Sutcliffe (London, 1983), 96.

26 Ibid., 99-104.

27 Tobias Smollett, *Humphry Clinker* (London, 1985), 153-154.

28 July 15, 1666, *The Diary of Samuel Pepys*, ed. Robert Latham and William Matthews, 11 vols. (Berkeley, 1983), 7: 207.

第七章 家畜历史上的小插曲

1 "Letter of John Pory, 1619, to Sir Dudley Carleton," in *Narratives of Early Virginia, 1606-1625*, ed. Lyon Gardiner Tyler (New York, 1909), 283-284.

2 "An Account of the Colony of the Lord Baron of Baltamore, 1633," in *Narratives of Early Maryland, 1633-1684*, ed. Clayton Colman Hall (New York, 1910), 9.

3 John Hammond, *Leah and Rachel, or, the Two Fruitfull Sisters Virginia and Mary-land* [1656], in *Narratives of Early Maryland, 1633-1684*, ed. Hall, 291-292.

4 G. A. Bowling, "The Introduction of Cattle into Colonial North America," *Journal of Dairy Science* 25 (1942): 140. 关于早期美国人的动物的精彩叙述, 参见 Virginia DeJohn Anderson, *Creatures of Empire: How Domestic Animals Transformed Early America* (Oxford, 2004)。

5 "An Account of the Colony of the Lord Baron of Baltamore, 1633," 9. 约翰·布里克内尔(John Bricknell)在他的作品《北卡罗来纳自然

史》(*Natural History of North-Carolina*, Dublin, 1737)中记载了该地区河流中"巨大而令人愉悦的岛屿",那里居住着"大量的牛和鹿,但几乎没有任何野生动物,肉食动物也相当稀少"(p.42)。这里所说的野生动物可能是美洲野牛,是这块大陆蕴含的丰富潜力的活生生的象征。

6　Edmund S. Morgan, American Slavery, American Freedom: *The Ordeal of Colonial Virginia* (New York, 1975), 109, 136 – 137.

7　*Travels and Works of Captain John Smith*, ed. Edward Arber, 2 parts (Edinburgh, 1910), 2: 595.

8　Ibid., 886; James E. McWilliams, *A Revolution in Eating: How the Quest for Food Shaped America* (New York, 2005), 124.

9　Bowling, "The Introduction of Cattle," 140; Wesley N. Laing, "Cattle in Seventeenth-Century Virginia," *Virginia Magazine of History and Biography* 67 (1959): 143 – 164.

10　William Cronon, *Changes in the Land: Indians, Colonists, and the Ecology of New England* (New York, 1983), 132 – 135.关于切皮萨克地区的财产法和牲畜的情况是一样的;*The Journal of John Winthrop*, ed. Richard S. Dunn and Laetitia Yeandle (Cambridge, Mass., 1996), 72, 81.

11　Edmund Berkeley and Dorothy S. Berkeley, "Another 'Account of Virginia' By the Reverend John Clayton," *Virginia Magazine of History and Biography* 76 (October 1968): 419.这封信是写给著名的科学家罗伯特·波义尔(Robert Boyle)的。

12　"Milk Sickness (Tremetol Poisoning)," *Cambridge World History of Human Disease*, ed. Kenneth R. Kiple (Cambridge, 1993), 880 – 883; Walter J. Daly, "The 'Slows': The Torment of Milk Sickness on the Midwest Frontier," *Indiana Magazine of History* 102 (2006): 29 – 40.

13　Bowling, "The Introduction of Cattle," 136 – 139.斯堪的纳维亚人曾在特拉华州殖民了很短的一段时间,但在那段时间里,他们为这种后来的北美乳制品杂烩炖菜贡献了高品质的奶牛。

14　Cronon, *Changes in the Land*, 52, 130.

15　Sarah Kemble Knight, *The Journal of Madame Knight: A Woman's Treacherous Journey by Horseback from Boston to New York in the Year 1704* (1825; repr., Bedford, Mass., 1992), 58.

16　*The Diary of Elizabeth Drinker*, ed. Elaine Forman Crane（Boston, 1991）, 244.

17　Diary of Ann Hume Shippen Livingston, January 2, 1784, in *Nancy Shippen Her Journal Book*, ed. Ethel Armes（Philadelphia, 1935）, 169, 200; Sarah F. McMahon, "A Comfortable Subsistence: The Changing Composition of Diet in Rural New England, 1620－1840," *The William and Mary Quarterly*, 3rd ser., 42（1985）: 38.

18　McWilliams, *Revolution in Eating*, 84.

19　Susannah Carter, *The Frugal Housewife*（New York, 1803）, 205.

20　Amelia Simmons, *American Cookery*（Hartford, 1796）, 32. 该食谱在许多方面都与17世纪汉娜·伍利（Hannah Wooley）的烹饪书存在相似之处。

21　McWilliams, *Revolution in Eating*, 173.

22　Letter from Abigail Smith Adams to John Adams, September 24, 1777, in *Familiar Letters of John Adams and Abigail Adams During the Revolution*, ed. Charles Francis Adams（New York, 1876）, 313.

23　Charles Hitchcock Sherill, *French Memories of Eighteenth-Century America*（1915）, 198.

24　[May 31, 1636], *The Journal of John Winthrop*, 95; Cronon, *Changes in the Land*, 72, 95, 141.

25　Cronon, *Changes in the Land*, 141.

26　Loyal Durand, Jr., "The Migration of Cheese Manufacture in the United States," *Annals of the Association of American Geographers* 42（1952）: 263－282.

27　Richard H. Steckel, "Nutritional Status in the Colonial American Economy," *The William and Mary Quarterly*, 3rd ser., 56, no. 1（January 1999）: 38, 44, 46.

28　J. Hector St. John de Crèvecoeur, *Letters from an American Farmer*（London, 1971）, letter 3, "What Is an American?"（1782）, 64.

第八章　牛奶之于育儿，化学之于厨房

1　Marilyn Yalom, *A History of the Breast*（New York, 1997）, 150;

关于婴儿喂养历史,最好的大众作品依然是 Valerie Fildes, *Breasts, Bottles, and Babies: A History of Infant Feeding* (Edinburgh, 1986);关于美国的情况,请参考 Jacqueline H. Wolf, *Don't Kill Your Baby: Public Health and the Decline of Breastfeeding in the Nineteenth and Twentieth Centuries* (Columbus, 2001); Rima Apple, *Mothers and Medicine: A Social History of Infant Feeding*, 1890 – 1950 (Madison, 1989)。

2　Fildes, *Breasts, Bottles, and Babies*, 228.

3　Ibid., 264 – 265, 288 – 292.

4　*Jennie June's American Cookery Book* (New York, 1870), 302 – 303.

5　Fildes, *Breasts*, 290; "pan and spoon" from Thomas Trotter, "A View of the Nervous Temperament" (1807), in *Radical Food: The Culture and Politics of Eating and Drinking*, 1780 – 1830, 3 vols., ed. Timothy Morton (London, 2000), 3: 643. 特罗特(Trotter)是母乳喂养的倡导者,但他也承认,如果使用"最完美的牛奶",那么人工喂养也是可行的。

6　Fildes, *Breasts*, 290.

7　Brouzet cited in ibid., 265.

8　Jean-Jacques Rousseau, *Émile*, trans. Barbara Foxley (1762; repr., London, 1974), 13.

9　Nancy Senior, "Aspects of Infant Feeding in Eighteenth-Century France," *Eighteenth-Century Studies* 16 (1983): 380; Ann Taylor Allen, *Feminism and Motherhood in Germany*, 1800 – 1914, n.p., cited in E. Melanie DuPuis, *Nature's Perfect Food: How Milk Became America's Drink* (New York, 2002), 51 – 52.

10　Senior, "Aspects," 384.

11　Fildes, *Breasts*,

12　Ibid., 268 – 271, 274.

13　Ann F. La Berge, "Medicalization and Moralization: The Crèches of Nineteenth-Century Paris," *Journal of Social History* 25 (1991): 74.

14　Robert M. Hartley, *An Historical, Scientific, and Practical Essay on Milk as an Article of Human Sustenance* (1842), cited also in DuPuis, *Nature's Perfect Food*, 49.

15　DuPuis, *Nature's Perfect Food*, 54 – 55.

16　Wolf, *Don't Kill Your Baby*, 9-41.

17　William H. Brock, *The Norton History of Chemistry* (New York, 1992), 65.

18　Louis Rosenfeld, "William Prout: Early 19th-Century Physician-Chemist," *Clinical Chemistry* 49, no. 4 (2003): 699-705; W. H. Brock, "Prout, William (1785-1850)," in *Oxford Dictionary of National Biography*, ed. W. G. H. Matthews and Brian Harrison (Oxford, 2004), www.oxforddnb.com/view/article/22845(参考日期为 November 3, 2009).

19　*On the Ultimate Composition of Simple Alimentary Substances; With Some Preliminary Remarks on the Analysis of Organized Bodies in General* (London, 1827), 5.

20　*Chemistry, Meteorology, and the Function of Digestion Considered with Reference to Natural Theology* (London, 1834), 481-482.

21　Ibid., 478-479.

22　T. B. Mepham, "'Humanising Milk': The Formulation of Artificial Feeds for Infants, 1850-1910," *Medical History* (1993): 227-228; William H. Brock, *Justus von Liebig: The Chemical Gatekeeper* (Cambridge, 1997), 230-232.

23　Robert M. Hartley, *An Historical, Scientific, and Practical Essay on Milk* (New York, 1842; repr., New York, 1977), 74-75.

24　Ibid., 232n; Peter J. Atkins, "London's Intra-Urban Milk Supply, circa 1790-1914," *Transactions of the Institute of British Geographers*, n.s., 2 (1977): 384-385, 387, 395.

25　Hartley, *Essay on Milk*, 110, 139, 233-234, 242-243.

26　Ibid., 123-126.

27　Ibid., 105-106, 引于 Prout's *Chemistry, Meteorology, and the Function of Digestion Considered with Reference to Natural Theology* [479-480]。

28　John Burnett, *Plenty and Want: A Social History of Food in England, 1815 to the Present Day*, 3rd ed. (Abingdon, 1989), 89-91.

29　Brian Gee, "Accum, Friedrich Christian (1769-1838)," in *Oxford Dictionary of National Biography* (Oxford, 2004), www.oxforddnb.

com/view/article/56 (accessed 15 December 2009).

30　Accum, *Culinary Chemistry* (London, 1821), iv, 3.

31　William H. Brock, *Justus von Liebig: The Chemical Gatekeeper* (Cambridge, 1997), chaps. 8–10. See also Brock, *History of Chemistry*, 194–207.

32　Brock, *Justus von Liebig*, 220.关于家庭内部的管理,参见 Laura Schapiro, *Perfection Salad: Women and Cooking at the Turn of the Century* (Berkeley, 1986)。

33　Mark Finlay, "Quackery and Cookery: Justus Von Liebig's Extract of Meat and the Theory of Nutrition in the Victorian Age," *Bulletin of the History of Medicine* 66 (1992): 404–418; and "Early Marketing of the Theory of Nutrition: The Science and Culture of Liebig's Extract of Meat," in *The Science and Culture of Nutrition, 1840–1940* (Amsterdam, 1995), 48–74.

34　Brock, *Justus von Liebig*, 238–243; Finlay, "Quackery," 409; Finlay, "Early Marketing," 58–60.

35　Brock, *Justus von Liebig*, 243–245.

36　Colin A. Russell, *Edward Frankland: Chemistry, Controversy, and Conspiracy in Victorian England* (Cambridge, 1996), 180–182; Colin A. Russell, "Frankland, Sir Edward (1825–1899)," in *Oxford Dictionary of National Biography* (Oxford, September 2004);网上版本,October 2006 www.oxforddnb.com/view/article/10083 (accessed January 13, 2008)。

37　Russell, *Edward Frankland*, 182.

38　Brock, *Justus von Liebig*, 246.

39　Rima Apple, *Mothers and Medicine: A Social History of Infant Feeding, 1850–1950* (Madison, 1987).

40　Brock, *Justus von Liebig*, 246–247.

41　Rima D. Apple, "'Advertised by Our Loving Friends': The Infant Formula Industry and the Creation of New Pharmaceutical Markets, 1870–1910," *Journal of the History of Medicine and Allied Sciences* 41 (1986): 7.

42　H. Lebert, *A Treatise on Milk and Henri Nestlé's Milk Food, for the*

Earliest Period of Infancy and in Later Years（Vevey，1881），13 - 14，21.

43　Ibid.，14 - 15.

44　Apple，"The Infant Formula Industry," 10.

45　J. A. B. Dumas，"The Constitution of Blood and Milk," *Philosophical Magazine and Journal of Science*，4th series，42（1871）：129 - 138. 美国营养学家 E. V. 麦科勒姆（E. V. McCollum）是第一个指出杜马观察结果的意义的人。"Who Discovered Vitamins?" *Science* 118（November 1953）：632.

第九章　有利可图的牛和牛奶生意

1　Letter from Eliza Newton Woolsey Howland to Joseph Howland，May 7，1862，in *Letters of a Family During the War for the Union*，1861 - 1865，ed. Georgeanna M. W. Bacon（1899），1：338.

2　James I. Robertson，Jr.，*Soldiers Blue and Gray*（Charleston，1988），68 - 69. 一直到1948年，还有康涅狄格州的居民说，他有一罐老古董的博登饼干，仍然"没有变色和变味"。Joe B. Frantz，"Gail Borden as a Businessman," *Bulletin of the Business Historical Society* 22（1948）：126n.

3　Frantz，"Gail Borden," 126.

4　Roberta C. Hendrix，"Some Gail Borden Letters," *Southwestern Historical Quarterly* 51（1947）：133；Frantz，"Gail Borden," 124.

5　Hendrix，"Some Gail Borden Letters," 133 - 136.

6　Ibid.，134 - 136；Mark Finlay，"Early Marketing of the Theory of Nutrition：The Science and Culture of Liebig's Extract of Meat," in *The Science and Culture of Nutrition*，1840 - 1940（Amsterdam，1995），54.

7　Clarence B. Wharton，*Gail Borden*，*Pioneer*（San Antonio，1941），182. 沃顿（Wharton）的书采用的是学院派的字体格式，是最接近真实的博登传记的地方，但它的语言和风格中有太多的阿谀奉承，导致其内容并不完全可信。

8　Alan Davidson，*The Oxford Companion to Food*（Oxford，1999），130 - 131；Accum，*Culinary Chemistry*，213 - 214.

9　Wharton，*Gail Borden*，180 - 193；也可参见 Otto F. Hunziker，*Condensed Milk and Milk Powder*，4th ed.（La Grange，Ill.，1926），4 - 5。

10　Hendrix，"Some Gail Borden Letters," 136.

11 Frantz, "Gail Borden as a Businessman," 128; Wharton, *Gail Borden*, 197-198; Hunziker, *Condensed Milk*, 4.

12 Robertson, *Soldiers Blue and Gray*, 65-66; John D. Billings, *Hardtack and Coffee: Or, the Unwritten Story of Army Life*（Boston, 1887）, 124-125; William H. Brock, *Justus von Liebig: The Chemical Gatekeeper*（Cambridge, 1997）, 242.

13 Billings, *Hardtack and Coffee*, 125.

14 Frantz, "Gail Borden as a Businessman," 128-130.

15 J. C. Drummond and Anne Wilbraham, *The Englishman's Food*（London, 1958）, 302.

16 R. E. Hodgson, "The Dairy Industry in the United States," in *Dairying Throughout the World*, International Dairy Federation Monograph（Munich, 1966）, 17; F. W. Baumgartner, *The Condensed Milk and Milk Powder Industries*（Kingston, Ont., 1920）, 8-9. 到1900年，美国的奶牛数量达到1 629.2万头，而当时的人口约为7 600万。

17 Baumgartner, *Condensed Milk*, 3n.

18 "Originator of Phrase, 'From Contented Cows,' Tells History of World-Famous Slogan," *The Carnation* 12（May-June 1932）: 24. 感谢让·汤姆森·布莱克（Jean Thomson Black）为我提供了这篇文章的复印件，并与我分享了关于她祖母的故事。

19 Jean Heer, *Nestlé: 125 Years, 1866-1991*（Vevey, 1991）, 50, 52.

20 Ibid., 53, 58.

21 Heer, *Nestlé*, 68; Baumgartner, *Condensed Milk*, 3-4.

22 Thomas Fenner, "Die Berneralpen Milchgesellschaft: Ein internationales Unternehmen im Herzen des Emmentals," in *Das Emmental-Ansichten einer Region*, ed. Fritz Von Gunten（Münsingen, Switzerland, 2006）, 8-10. 感谢托马斯·芬纳（Thomas Fenner）给我寄来这篇文章，以及他对瑞士牛奶历史方面的慷慨建议。

23 Baumgartner, Condensed Milk, 10-11.

24 Baumgartner, *Condensed Milk*, 7; Christopher T. C. Faung, "The Dairy Industry in Taiwan," *Dairying Throughout the World*, 64.

25 Fussell, *English Dairy Farmer*, 290-298; *Journal of the Royal*

Agricultural Society, 2nd ser., 8 (1872): 103-157.

26 Hunziker, *Condensed Milk*, 548; T. A. B. Corley, "Horlick, Sir James (1844-1921)," in *Oxford Dictionary of National Biography*, ed. H. C. G. Matthews and Brian Harrison (Oxford, 2004), www.oxforddnb.com/view/article/39011(参考日期为 November 1, 2009); www.horlicks.com/ind/baehistory.html(参考日期为 March 3, 2004).

27 Hunziker, *Condensed Milk*, 548.

28 Eric J. Hobsbawm, *The Age of Capital, 1848-1875* (London, 1975), 208-209; Sidney W. Mintz, *Sweetness and Power: The Place of Sugar in Modern History* (New York, 1985), 208.

29 Francesco Chiapparino, "Milk and Fondant Chocolate and the Emergence of the Swiss Chocolate Industry at the Turn of the Twentieth Century," in *Food and Material Culture: Proceedings of the Fourth Symposium of the International Commission for Research into European Food History*, ed. Martin R. Schärer and Alexander Fenton (Edinburgh, 1998), 330-344; Alan Davidson, *The Oxford Companion to Food* (Oxford, 1999), 179.

30 Chiapparino, "Milk and Fondant Chocolate," 338.

31 Davidson, *Oxford Companion to Food*, 392-393; Margaret Visser, *Much Depends on Dinner* (New York, 1986), 306; Paul G. Heineman, Milk (Philadelphia, 1921), 631. 关于本·杰瑞,参见 www.xsbusiness.com/Business/Ben-And-Jerry.html。

32 Heineman, *Milk*, 631-632.

33 Visser, *Much Depends on Dinner*, chap. 9.

34 Eric J. Hobsbawm, *The Age of Capital, 1848-1875* (London, 1975), 17 and chap. 10, and also Hobsbawm, *The Age of Empire, 1875-1914* (London, 1987). 到1900年,美国终于与西欧看齐,城市和城镇人口比例提高;1920年,只有30%的人口依靠农业为生。R. Douglas Hurt, *Problems of Plenty: The American Farmer in the Twentieth Century* (Chicago, 2002), 9; Maryanna S. Smith, comp., *Chronological Landmarks in American Agriculture*, U. S. Department of Agriculture, Agriculture Information Bulletin no. 425 (Washington, D.C., 1980), 46.

35　"The Dairy Industry in Denmark," in *Dairying Throughout the World*, 166; T. R. Pirtle, *History of the Dairy Industry*（Chicago, 1926; repr., 1973), 272, 276.

第十章　消化不良时代的牛奶

1　Thomas Carlyle to Jane Welsh Carlyle, Scotsbrig, August 7, 1843; Thomas Carlyle to Jane Welsh Carlyle, Scotsbrig, [September 11, 1847]; Jane Welsh Carlyle to Mary Austin, Chelsea, January 2, 1857; Thomas Carlyle to John A. Carlyle, Chelsea, May 1, 1857. 这对夫妻对城市中的牛奶供应商表示不信任，卡莱尔在一封从切尔西写给母亲的书信中抱怨道："用真金白银来买我想象中的牛奶，这我可不会答应。"Thomas Carlyle to Margaret A. Carlyle, Chelsea, July 6, 1834. 所有书信均来源于 *The Carlyle Letters Online*（CLO), 2007, http://carlyleletters.org。感谢梅里·怀特提醒我将卡莱尔作为牛奶研究的对象。

2　Last three quotations from www.malcolmingram.com/CARLYLEA.HTM.

3　*The Herald of Health*（1875), vol. 25 - 26, p.85.

4　Sabine Merta, "Karlsbad and Marienbad: The Spas and Their Cures," in *The Diffusion of Food Culture in Europe from the Late Eighteenth Century to the Present Day*, ed. Derek J. Oddy and Lydia Petranova（Prague, 2005), 152 - 163; Derek J. Oddy, *From Plain Fare to Fusion Food*（Woodbridge, 2003), 33. 感谢奥迪（Oddy）教授关于消化不良和牛奶历史方面的相关建议。

5　关于"Another Remarkable Cure of Dyspepsia,"参见 Provincial Freeman, April 4, 1857; John H. Winslow, *Darwin's Victorian Malady*（Philadelphia, 1971), esp. 58 - 74.

6　Andrew Combe, *The Physiology of Digestion*, 10th ed., ed. James Coxe（Edinburgh, 1860), 14; Thomas K. Chambers, *Digestion and Its Derangements*（London, 1856), 193.

7　Andrew Combe, *The Physiology of Digestion*, 9th ed., ed. James Coxe（Edinburgh, 1849), 112; *The Lancet*, 1862; Mary Tyler Peabody Mann, *Christianity in the Kitchen*（1857), 引自 Sidonia C. Taupin,

"'Christianity in the Kitchen' or A Moral Guide for Gourmets," *American Quarterly* 15 (1963): 86。

8　Taupin, "'Christianity in the Kitchen,'" 86-88.

9　Combe, *Physiology of Digestion*, 9th ed., 101.

10　Ibid., 76, 111-112, 115.

11　S. O. Habershon, *Pathological and Practical Observations on Diseases of the Abdomen*, 2nd ed. (London, 1862), 214-217.

12　Philip Karell, M.D., "On the Milk Cure," *Edinburgh Medical Journal* 12 (1866): 98-102.

13　Ibid., 103-104.

14　Ibid., 104-105.

15　Ibid., 111. 有时，结核病会自动痊愈；在这种情况下，改善营养可能增强了自身免疫系统的工作能力。F. B. Smith, *The Retreat of Tuberculosis* (London, 1988).

16　Chambers, *Digestion and Its Derangements*, 363.

17　Ibid., 1, 193.

18　Karell, "Milk Cure," 103; Merta, "Karlsbad and Marienbad," 153.

第十一章　劣质牛奶

1　John Spargo, *The Common Sense of the Milk Question* (New York, 1908), 88; Henry E. Alvord, "Dairy Products at the Paris Exposition of 1900," *United States Department of Agriculture, Seventeenth Annual Report of the Bureau of Animal Industry* (Washington, 1901), 201-202, 219.

2　皮特·阿特金斯列出了一份相当完整的由牛奶传播的疾病清单，其中包括：传染性肝炎、炭疽、肉毒杆菌中毒、霍乱、李斯特菌感染、沙门氏菌感染、志贺氏菌感染、葡萄球菌引起的肠胃炎和其他几种疾病。P. J. Atkins, "White Poison? The Social Consequences of Milk Consumption, 1850-1930," *Social History of Medicine* 5 (1992): 216.

3　波士顿医生弥尔顿·罗森诺在《牛奶问题》（波士顿，1912）中对20世纪早期巴氏灭菌法进行了完整的讨论。*The Milk Question* (Boston, 1912), 185-230. See also Stuart Patton, *Milk* (New Brunswick, 2004),

192.

4　Richard A. Meckel, *Save the Babies: American Public Health Reform and the Prevention of Infant Mortality*, 1850–1929 (Ann Arbor, 1998), 81; Michael French and Jim Phillips, *Cheated not Poisoned? Food Regulation in the United Kingdom*, 1875–1938 (Manchester, 2000), 175–184.

5　Bruno Latour, *The Pasteurization of France* (Cambridge, 1988), 21, 25, 36.

6　Rachel G. Fuchs, *Poor and Pregnant in Paris: Strategies for Survival in the Nineteenth Century* (New Brunswick, 1992), 61; Deborah Dwork, *War Is Good for Babies and Other Young Children: A History of the Infant and Child Welfare Movement in England*, 1898–1918 (London, 1987), 4.

7　Dwork, *War Is Good for Babies*, 6; Spargo, *Common Sense*, 5.

8　Deborah Dwork, "The Milk Option: An Aspect of the History of the Infant Welfare Movement in England, 1898–1908," *Medical History* 31 (1987): 52.

9　Meckel, *Save the Babies*, 18–19. 人们普遍认为,差异是根据社会阶层而定的。在伦敦,根据一位调查人员的说法:"在城市中最好地段出生的孩子中,有1/5还不到5岁就夭折了;而在出生条件最差的儿童中,没有成功存活到5岁的孩子约占一半。"(p.19)

10　Dwork, "The Milk Option," 52; Spargo, *Common Sense*, 157; Meckel, *Save the Babies*, 38.

11　Spargo, *Common Sense*, 39.

12　G. F. McCleary, *Infantile Mortality and Infants Milk Depots* (London, 1905), 38–39.

13　Dwork, *War Is Good for Babies*, 57–58, 95–97; Spargo, *Common Sense*, 40.

14　Spargo, *Common Sense*, 39; Dwork, *War Is Good for Babies*, 54.

15　*British Medical Journal*, April 25, 1903, 974–975; Dwork, *War Is Good for Babies*, 64.

16　*British Medical Journal*, April 25, 1903, 976; Dwork, *War Is

Good for Babies, 101–104.

17 Nathan Straus, "How the New York Death Rate Was Reduced," *The Forum* (November 1894), reprinted in Lina Straus, *Disease in Milk, The Remedy Pasteurization: The Life and Work of Nathan Straus*, 2nd ed. (New York, 1917), 180–183; Meckel, *Save the Babies*, 78.

18 Meckel, *Save the Babies*, 41; Rosenau, *Milk Question*, 187.

19 Straus, *Disease in Milk*, 180–183.

20 *British Medical Journal*, April 25, 1903, 973; Dwork, *War Is Good for Babies*, 105.

21 Mabel Potter Daggett, "Women: The Larger Housekeeping," *World's Work* (May–October 1912), repr. in *Public Women, Public Words: A Documentary History of American Feminism*, ed. Dawn Keetley and John Charles Pettigrew, 3 vols. (Madison, 1997–2002), 2: 126–128; Dorothy Worrell, *The Women's Municipal League of Boston: A History of Thirty-Five Years of Civic Endeavor* [Boston, 1943], 18–20.

22 Nancy Woloch, *Women and the American Experience*, 3rd ed. (Boston, 2000), 297–306; Seth Koven and Sonya Michel, "Womanly Duties: Maternalist Politics and the Origins of Welfare States in France, Germany, Great Britain, and the United States, 1880–1920," *American Historical Review* 95 (1990): 1107.

23 Worrell, *Women's Municipal League of Boston*, xiii, 12–15.

24 Daggett, "Women: The Larger Housekeeping," 129.

25 J. H. M. Knox, "The Claims of the Baby in the Discussion of the Milk Question," *Charities and the Commons* 16 (1906): 492.

26 Meckel, *Save the Babies*, 85.

27 Sonya Michel and Robyn Rosen, "The Paradox of Maternalism: Elizabeth Lowell Putnam and the American Welfare State," *Gender and History* 4 (1992): 369.

28 Ibid., 364–386. 尽管伊丽莎白·洛厄尔·帕特南从来没有像她的兄弟那样直言不讳地表达偏见(他在哈佛期间迫害同性恋者,发起运动阻止路易斯·布兰代斯进入美国最高法院任职,这些行为最终使洛厄尔家族蒙上了恶名),但在她生命的最后几十年里,她也表达了鲜明的保守观点。她强烈反对为全国母亲提供健康和福利支持的《谢泼德-汤纳法案》(Sheppard-Towner Act)的修订。

29　Elizabeth Lowell Putnam, "Report of the Committee on Milk to the Women's Municipal League of Boston" (1909), 1 - 2 (section titled "Lucubrations on Milk"); Schlesinger Library, Elizabeth Lowell Putnam Papers [hereafter SL ELPP], MC 360, box 3, folder 44.

30　Spargo, *Common Sense*, 94 - 104.

31　Putnam, "Report," 2.

32　Michel and Rosen, "Paradox of Maternalism," 369; Rosenau, Milk Question, 191. 也可参见 Daniel Block, "Saving Milk Through Masculinity: Public Health Officers and Pure Milk, 1880 - 1930," *Food and Foodways* 13 (2005): 115 - 134。

33　Massachusetts State Department of Health, *Report of the Special Milk Board* (Boston, 1916), 199.

34　Ibid., 225.

35　Rosenau, *Milk Question*, 186, 189.

36　Letter of March 9, 1911, SL ELPP, MC 360, box 4, folder 49.

37　Massachusetts State Department of Health, *Report of the Special Milk Board*, 225.

38　*Is Loose Milk a Health Hazard?* Report of the Milk Commission, Department of Health, New York City (New York, 1931), 39.

39　"Pay Rate or Get No Milk," *Boston Daily Globe*, April 28, 1910.

40　Rosenau, *Milk Question*, 192; "Milk Order in Force June 15," *Boston Daily Globe*, April 27, 1910; "Milk Men Get Ready," *Boston Daily Globe*, April 29, 1910; Adel P. den Hartog, "Serving the Urban Consumer: The Development of Modern Food Packaging with Special Reference to the Milk Bottle," *Food and Material Culture*, ed. Martin R. Schärer and Alexander Fenton (Vevey, 1998), 248 - 267.

41　"Farmers Say Milk Should Be Higher," *Hartford Courant*, May 11, 1910.

42　"Advantage to Boston," *Boston Daily Globe*, May 14, 1910.

43　"Milk War Over," *Boston Daily Globe*, June 8, 1910.

44　帕特南在《埃利斯法案》(Ellis Bill)下提出的那些受人青睐的规定从未获得通过。她和妇女联盟的倾向是将牛奶的管理交给国家卫生委员会,而不是由农业部门来负责。Worrell, *Women's Municipal League*, 15.

45　Alan Czaplicki, "'Pure Milk Is Better than Purified Milk': Pasteurization and Milk Purity in Chicago, 1908 – 1916," *Social Science History* 31 (2007): 411; F. B. Smith, *The Retreat of Tuberculosis* (London, 1988), 183; French and Phillips, *Cheated not Poisoned*, 158 – 184; Summerskill quoted on 161.

46　E. Melanie DuPuis, *Nature's Perfect Food* (New York, 2002), 88; Czaplicki, "'Pure Milk,'" 420. 根据恰普利茨基(Czaplicki)的说法,这个问题至少完美地证明了芝加哥"组织决策的垃圾桶模式"。芝加哥是美国第一个合法执行牛奶巴氏灭菌的城市。在那里,人们做出了正确的抉择,因为他们近水楼台,对这项权宜之计可以得出协商一致的意见。

47　Jacqueline H. Wolf, *Don't Kill Your Baby: Public Health and the Decline of Breastfeeding in the Nineteenth and Twentieth Centuries* (Columbus, 2001); Harvey Levenstein, "'Best for Babies' or 'Preventable Infanticide'? The Controversy over Artificial Feeding of Infants in America," *Journal of American History* 70 (1983): 75 – 94.

48　Spargo, *Common Sense*, 45; McCleary, *Infantile Mortality*, 38. 麦克利里(McCleary)后来成了英国国家健康保险委员会的首席医疗官员。

第十二章　关于牛奶的基础知识

1　Massachusetts State Department of Health, *Report of the Special Milk Board* (Boston, 1916), 188. 在20世纪初,即使在一些农村地区,新鲜液态奶也十分稀缺。在英格兰,由于中部地区农民与伦敦签订了供销合同,"农场的餐桌上经常能看到罐装的瑞士炼乳"。G. F. Fussell, *The English Dairy Farmer, 1500 – 1900* (London, 1966), 315.

2　Richard Perren, *Agriculture in Depression* (Cambridge, 1995), 9 – 10.

3　R. Douglas Hurt, *Problems of Plenty: The American Farmer in the Twentieth Century* (Chicago, 2002), 10, 49.

4　W. H. Glover, *Farm and College: The College of Agriculture of the University of Wisconsin, A History* (Madison, Wis., 1952), 26, 87.

5 Ibid., 91, 93. 1875 年,美国历史上第一个专业开展农业相关研究的"实验站"在卫斯理大学(Wesleyan University)建立。1887 年,随着《哈奇法案》(Hatch Act)的通过,联邦政府开始向这些研究项目提供援助。

6 Glover, *Farm and College*, 97; Lincoln Steffens, "Sending a State to College: What the University of Wisconsin Is Doing for Its People," *American Magazine* 67 (1909): 349, 353.

7 Glover, *Farm and College*, 126 - 127, 188 - 189. 检测和根除所有携带结核病的奶牛的斗争一直持续到 19 世纪 90 年代,直至战后才结束。

8 E. Parmalee Prentice, *American Dairy Cattle: Their Past and Future* (New York, 1942), 155.

9 Elmer V. McCollum, *The Newer Knowledge of Nutrition: The Use of Food for the Preservation of Vitality and Health* (New York, 1918), [vii].

10 Ibid., 67.

11 Edwards A. Park, "Foreword," in Elmer V. McCollum, *From Kansas Farm Boy to Scientist: The Autobiography of Elmer V. McCollum* (Lawrence, Kan., 1964), xii.

12 McCollum, *From Kansas*, 13 - 15.

13 Ibid., 11, 20, 26.

14 Ibid., 80 - 111, 115; Harry G. Day, "Elmer Verner McCollum, 1879 - 1967," *National Academy of Sciences Biographical Memoir Series* (Washington, D.C., 1974).

15 Glover, *Farm and College*, 114. 显然,齐腾登允许硼砂的商业化制造商依据他的研究提出索赔。

16 Ibid., 112 - 113; McCollum, *From Kansas*, 116.

17 McCollum, *From Kansas*, 116 - 117; Glover, *Farm and College*, 133 - 148, 300 - 301. 从 1891 年到 1907 年,亨利是农学院深受爱戴的院长,以几乎"无所不能"而闻名。

18 McCollum, *From Kansas*, 115.

19 Glover, *Farm and College*, 180.

20 Ibid., 92 - 95.

21 McCollum, *From Kansas*, 119.

22 Fussell, *English Dairy Farmer*, 314.

23　Glover, *Farm and College*, 121-124.

24　McCollum, *From Kansas*, 114.

25　Ibid., 118-121.

26　Ibid., 124-125. 这并不是麦科勒姆最后一次为没有报酬的女助理争取权益。在约翰霍普金斯大学工作期间,他发觉出生于俄罗斯的女助理艾尔莎·奥伦特(Elsa Orent)因为是犹太人而拿不到钱。Margaret W. Rossiter, *Women Scientists in America: Struggles and Strategies to 1940* (Baltimore, 1982), 373n.

27　Day, "McCollum," 273-277; McCollum, *From Kansas*, 133-134.

28　Day, "McCollum," 278. 科妮莉娅·肯尼迪(Cornelia Kennedy)的硕士论文是《第一个使用 A 和 B 来指代新的饮食必要元素的人》,但麦科勒姆最终引用了他自己后来的一篇论文,作为维生素字母命名法的起源。肯尼迪后来在约翰霍普金斯大学获得博士学位,再次与麦科勒姆合作,并在 33 年时间里发表了 32 篇文章。帕特里夏·斯旺也对自己职业生涯中女性在科学领域遭遇的特殊艰辛进行了痛苦的描述。Patricia B. Swan, "Cornelia Kennedy (1881-1969)," *Journal of Nutrition* 124 (1994): 455-460.

29　Glover, *Farm and College*, 303. 1922 年,麦科勒姆和约翰霍普金斯大学的一群研究员伙伴们宣布,他们"掌握"了第四种维生素,并命名为"维生素 D"(*New York Times*, June 19, 1922)。

30　Glover, *Farm and College*, 299.

31　Russell H. Chittenden, "Lafayette Benedict Mendel, 1872-1935," *National Academy of Sciences Biographical Memoir Series* (Washington, D.C., 1936), 132.

32　McCollum, *From Kansas*, 155-156.

33　Ibid., 165-169.

34　Ibid., 127, 135. 他懊恼地承认,他忽视了小母牛实验中发生的这种情况。他坦言:"作为一个堪萨斯农民,我本应该发现这个重要事实。"当奶牛在吃新鲜收割的玉米秆时,常常会连同粘在叶子上的玉米粒一起吃下去,这两种东西合起来吃的分量,比它们单独的分量要多得多。(p.127)

35　H. H. Dale, "Hopkins, Sir Frederick Gowland (1861-1947)," in *Oxford Dictionary of National Biography*, ed. H. C. G. Matthew and Brian Harrison (Oxford, 2004), www. oxforddnb. com/view/article/33977 （accessed November 2, 2009）; McCollum, *Newer Knowledge*, 18.

36　Ibid., 71.

37　McCollum, *From Kansas*, 159-162.

38　Ibid., 165-170; Day, "McCollum," 278, 284, 286.

39　McCollum, *Newer Knowledge*, 150-151.

40　Ibid., 152.

41　McCollum, *From Kansas*, 163-164; Day, "McCollum," 286.

第十三章　人人获益的 20 世纪

1　Wyn Grant, The Dairy Industry: An International Comparison (Aldershot, 1991), 20.

2　关于牛奶和消费政治方面的讨论，要感谢弗兰克·特伦特曼（Frank Trentmann），我的大部分灵感都来源于他的一篇精彩的文章《面包、牛奶和民主：20 世纪英国的消费和公民身份》（"Bread, Milk, and Democracy: Consumption and Citizenship in Twentieth-Century Britain"），收录于 *The Politics of Consumption: Material Culture and Citizenship in Europe and America*, ed. Martin Daunton and Matthew Hilton (Oxford, 2001), 129-164.

3　Ibid., 140-141 and 140n. 法国只是略微比英国更胜一筹，1902 年的人均牛奶消费量为 16 加仑。John Burnett, *Plenty and Want*, 158, 引于 Trentmann, "Bread, Milk, and Democracy," 140n.34。

4　William Clinton Mullendore, *History of the United States Food Administration, 1917-1919* (Stanford, 1941), 236.

5　Trentmann, "Bread, Milk, and Democracy," 139, 145. 正如特伦特曼所说，这种新的消费者政治"现在已经直接与要求永久控制权和要求消费者在经济问题上享有决策权等诉求联系到了一起，目的是确保定价机制和利润的更大透明度"（145-146）。

6　Ibid., 142.

7　Ibid., 139.

8　*Cooperative News*, December 27, 1919, 1; "The Poor and Milk," *Cooperative News*, November 22, 1919.

9　Mullendore, *History of the United States Food Administration*, 237-239; Harvey A. Levenstein, *Revolution at the Table: The Transformation of the American Diet* (New York, 1988), 109–110; Trentmann, "Bread, Milk, and Democracy," 146.

10　Mullendore, *History of the United States Food Administration*, 237–239; Dorothy Reed Mendenhall, *Milk: The Indispensable Food for Children*, U.S. Department of Labor, Children's Bureau Care of Children Series (Washington, D.C., 1918), 8–9.

11　Mullendore, *History of the United States Food Administration*, 237–238; Trentmann, "Bread, Milk, and Democracy," 143; Edith Whetham, "The London Milk Trade, 1900–1930," in *The Making of the Modern British Diet*, ed. Derek J. Oddy and Derek S. Miller (London, 1976), 73.

12　Levenstein, *Revolution*, 113–117.

13　Mendenhall, *Milk*, 6.

14　Ibid., 7–8.

15　Ellen Ross, *Love and Toil: Motherhood in Outcast London, 1870–1918* (Oxford, 1993). 该作品中有对 19 世纪牛奶和母亲身份相关问题的生动探讨。

16　Peter Atkins, "School Milk in Britain, 1900–1934," *Journal of Policy History* 19 (2007): 400–401.

17　Atkins, "School Milk," 404; Jon Pollock, "Two Controlled Trials of Supplementary Feeding of School Children in the 1920s," *Journal of the Royal Society of Medicine* 99 (2006): 323–327.

18　Pollock, "Two Controlled Trials," 324; Francis McKee, "Popularisation of Milk as a Beverage in the 1930s," in *Nutrition in Britain: Science, Scientists, and Politics in the Twentieth Century*, ed. David F. Smith (London, 1997), 125–127.

19　*Cooperative News*, November 8, 1919, 12.

20　Sybil Oldfield, "Pye, Edith Mary (1876–1965)," in *Oxford Dictionary of National Biography* (Oxford, 2004), www.oxforddnb.com/view/article/37871 (accessed August 30, 2009).

21　Levenstein, *Revolution*, 154.

22　Trentmann, "Bread, Milk, and Democracy," 147; Whetham,

"London Milk Trade," 70.

23　Atkins, "School Milk," 407; Levenstein, *Revolution*, 151‐155; "The National Milk Publicity Council: What It Is and What It Aims to Do," *Milk Trade Gazette* (October 1930): 14.

24　"Borden's Evaporated Milk Book of Recipes," n.d.; "Treasured Recipes: Sanitary Farm Dairies," 1938; "Milk Dishes for Modern Cooks," 1939. 感谢梅里·怀特为我提供这本册子。

25　"Milk Dishes for Modern Cooks," 3.

26　Ibid., 4.

27　广告宣传册见于 Wellcome Library Collection [n.d.]。

28　*Times* (London), September 4, 1936, February 25, 1937; McKee, "Popularisation," 136‐137.

29　McKee, "Popularisation," 137.

30　"Milk Bar as Social Leveller," *Times* (London), December 15, 1964.

31　R. W. Bartlett, *The Price of Milk* (Danville, Ill., 1941), 44‐45.

32　Kenneth W. Bailey, *Marketing and Pricing of Milk and Dairy Products in the United States* (Ames, Iowa, 1997), 4.

33　J. P. Cavin, Hazel K. Stiebeling, and Marius Farioletti, "Agricultural Surpluses and Nutritional Deficits," in *Farmers in a Changing World: The Yearbook of Agriculture, 1940*, United States Department of Agriculture (Washington, D.C., 1940), 337.

34　Ibid., 339‐340; Charles Smith, *Britain's Food Supplies* (London, 1940), 272‐274; Grant, *The Dairy Industry*, 20‐21. 起初，联邦政府为农民和零售商销售的牛奶设定了最低价格。7 个月后，对消费者价格的管制"因无力执行而被迫放弃"。但是,对奶农的最低价格限制仍然持续进行,并在各个州以立法的形式得到加强。Bartlett, *Price of Milk*, 44.

35　Gove Hambridge, "Farmers in a Changing World — A Summary," in *Farmers in a Changing World*, 56. 这些言论出自美国市场盈余营销管理局的米罗·珀金斯 (Milo Perkins)。

36　Sir John Boyd Orr, "Agriculture and National Health," in *Agriculture in the Twentieth Century* (Oxford, 1939), 426.

37　Cavin, Stiebeling, and Farioletti, "Agricultural Surpluses," 333.

38　Peter Atkins, "School Milk in Britain, 1900–1934," *Journal of Policy History* 19 (2007): 395–427; in Britain, the "years 1929–1934 were the crucial hinge point."也可参见 Peter J. Atkins, "Fattening Farmers or Fattening Children? School Milk in Britain, 1921–1941," *Economic History Review* 58 (2005): 75–76; Susan Levine, *School Lunch Politics* (Princeton, 2009), 34, 42.

39　Martin Doornbos and K. N. Nair, "The State of Indian Dairying: An Overview," in *Resources, Institutions, and Strategies: Operation Flood and Indian Dairying*, ed. M. Doornbos and K. N. Nair (New Delhi, 1990), 11. 除了埃及,东欧和意大利也在一定程度上依赖相当数量的水牛奶。1974年,联合国粮食与农业组织(Food and Agriculture Organization of the United Nations)宣布,在发展中国家,亚洲水牛(Asian water buffalo)是"最被低估的动物"。

40　Verghese Kurien, *I Too Had a Dream* (New Delhi, 2005), 3–19.

41　Ibid., 11–12.

42　Ibid., 13.

43　Pratyusha Basu, *Villages, Women, and the Success of Dairy Cooperatives in India* (Amherst, N.Y., 2009), 58–61.

44　库林(Kurien)指出:"当时,在资本主义的中心美国,85%的乳制品业都是合作制的,这也并不足为奇。在新西兰、丹麦和荷兰,100%的乳业都是合作制,而在曾经的联邦德国,也有 95%的乳业是合作制的。"(*I Too Had a Dream*, 56)

45　Ibid., 55, 82. 首先,政府于 1965 年通过立法的方式成立了国家乳制品业发展委员会(National Dairy Development Board),使"安南德模式"(Anand model)的延伸普及成为可能。

46　这种情况在接下来的 20 年间不断恶化,以至于到 1983 年,欧洲的消费量只有其黄油总产量的 54%和脱脂奶粉总产量的 10%。Martin Doornbos, Frank van Dorsten, Manoshi Mitra, Plet Terhal, *Dairy Aid and Development: India's Operation Flood* (New Delhi, 1990), 53, 54–55.

47　Ibid., 53–54.

48　Kurien, *I Too Had a Dream*, 61. 1956 年,甚至在"洪流行动"开始

之前，库林就拒绝了雀巢的建议，因为瑞士的管理层表示："炼乳是一种极其精细的工艺，他们不可能把它交给当地人来制作。"20世纪60年代早期，阿姆尔公司研发出了自己的婴儿配方奶粉，以此击败了葛兰素史克(59,69-72)。

49　Basu，*Villages，Women*，197.

50　Marty Chen，Manoshi Mitra，Geeta Athreya，Anila Dholakia，Preeta Law，Aruna Rao，*Indian Women: A Study of their Role in the Dairy Movement*（New Delhi，1986）；Basu，*Villages，Women*，78-80.

51　Kurien，*I Too Had a Dream*，148-149；Basu，*Villages，Women*，passim.

52　Kurien，*I Too Had a Dream*，42-61.

53　1998年的数据来源于"India：World's Largest Milk Producer," *The Indian Dairy Industry*，www.indiadairy.com/indeworldenumbereoneemilkeproducer.html. For Indian milk production in 2006-2007，"The World Dairy Situation，2009," *Bulletin of the International Dairy Federation*，no. 438（2009）：76。

54　*Bulletin of the International Dairy Federation*，no. 391（2004）：4；"The World Dairy Situation，2009,"76.

第十四章　牛奶的今天

1　M. Francis［sic］Guenon，*A Treatise on Milch Cows*，trans. N. P. Trist（New York，1854），43-48；例如可参见Robert Jennings，Cattle and Their Diseases（Philadelphia，1864），62-76. 关于牛奶镜的最新的严肃讨论见于December 2007 issue of *Acres*，USA，这是针对有机农民的杂志。也可参见http://cedarcovefarm.blogspot.com/2007/12/milk-mirror.html。

2　关于荷斯坦奶牛的产量见于David Pazmiño，"A Transition to Success," Edible Boston，no. 14（Fall 2009），42。关于19世纪60年代荷斯坦-弗里赛的情况，参见Belmont，Massachusetts，in E. Parmalee Prentice，*American Dairy Cattle*（New York，1942），137-138中对牧群的描述。"From Science，Plenty of Cows but Little Profit," *New York Times*，September 29，2009.

3　"From Science，Plenty of Cows"；英国牛奶数量见于"Dairy Statistics：An Insider's Guide，2007," Milk Development Council，6。感谢

尼尔和简·戴森提供的资料，也感谢他们的热情好客，2008年2月7日在白金汉郡（Buckinghamshire）布莱德隆（Bledlow）绿冬青（Holly Green）农场的启发之旅令人难忘。

4　Anwar Fazal and Radha Holla, *The Boycott Book*, available at www.theboycottbook.com, 19. 关于西塞莉·威廉姆斯的演讲的文字稿参见 the Wellcome Library in London。

5　Fazal and Holla, The Boycott Book, 19.

6　Ibid., 19, 41–46.

7　马克·阿克巴尔（Mark Achbar）于1994年拍摄了一部获奖纪录片《公司》（*The Corporation*），公开了奶牛中使用重组牛生长激素的情况，以及美国有线电视新闻网（CNN）参与揭露孟山都公司的新闻记者之间的法律斗争。（www.thecorporation.com/index.cfm）

8　Lisa H. Weasel, *Food Fray: Inside the Controversy over Genetically Modified Food*（New York, 2009）, 161.

9　Ibid., 158–159, 165.

10　Ibid., 166–173, 178.

11　"Liquid Milk Consumption," *Bulletin of the International Dairy Federation*, no. 391（2004）: 69; "Liquid Milk Consumption," *Bulletin of the International Dairy Federation*, no. 438（2009）: 97.

12　关于2009年"特殊牛奶计划"简报见于 www.fns.usda.gov/cnd/Milk/AboutMilk/SMPFactSheet.pdf。

13　Slow Food Boston meeting, March 8, 2009; Interview, Isador Lauber, Emmi plant manager, Bern, Switzerland, February 18, 2008; Merry White, *Café Society*（Berkeley, Calif., publication expected in 2011）. 感谢金·海斯（Kim Hays）帮助协调我与伊萨多·劳博尔（Isador Lauber）的会面。

14　精品牛奶产品，如用牛奶和枫糖浆调制而成的伏特加，或用牛初乳制成的化妆品，吸引了一小群稳定的追随者。"Bottoms Up: Three New Vodkas From the Land of Milk and Sap," *New York Times*, October 12, 2005.

15　Pazmiño, "A Transition to Success," 40–43; "A Raw Deal," *The Activist Magazine*, October 21, 2008, www.activistmagazine.com/

index.php?option = com_content&task = view&id = 946&Itemid = 143. 感谢波士顿慢食协会的筛查,"Michael Schmidt: Organic Hero or Bioterrorist?" by Norman Lofts, March 8, 2009, 以及小组讨论的参与者,尤其是 Terri Lawton, owner of Oake Knoll Ayrshires farm in Foxborough, Massachusetts。

16 Corby Kummer, "Pasteurization Without Representation," *The Atlantic*, May 13, 2010, www.theatlantic.com/food/archive/2010/05/pasteurization-without-representation/56533/.也可参见疾病控制和预防中心关于该主题的页面,www.cdc.gov/nczved/divisions/dfbmd/diseases/raw_milk/♯legal.关于美国食品管理局有关生牛奶的内容,参见 www.fda.gov/Food/FoodSafety/Product-SpecificInformation/MilkSafety/ucm122062.htm.

17 Michael Pollan, "Unhappy Meals," *New York Times Magazine*, January 28, 2007, 41.也可参见他的 *In Defense of Food: An Eater's Manifesto*(New York, 2008).

18 Stuart Patton, *Milk: Its Remarkable Contribution to Human Health and Well-Being*(New Brunswick, 2004), 1, 11.

19 Andrea S. Wiley, "'Drink Milk for Fitness': The Cultural Politics of Human Biological Variation and Milk Consumption in the United States," *American Anthropologist* 106 (2004): 514.

20 Andrea Wiley's, "The Globalization of Cow's Milk Production and Consumption: Biocultural Perspectives," in *Ecology of Food and Nutrition* 46 (2007): 281–312.

21 Ibid., 299–300.

22 Ibid., 282.

23 Junfei Bai, Thomas I. Wahl, and Jill McCluskey, "Fluid Milk Consumption in Urban Qingdao China," *Australian Journal of Agricultural and Resource Economics* 52 (2008): 133–147; Wiley, "Globalization of Cow's Milk," 290; Lauber interview.

24 Wiley, "Globalization of Cow's Milk," 285, 290, 296, 298, 301, 305.

25 Gordon M. Wardlaw and Jeffrey S. Hampl, *Perspectives in Nutrition*, 7th ed. (Boston, 2007).

26　Dr. Mitchell Charap,个人讨论,June 26,2010。

27　马歇尔博士和沃伦博士于1995年被授予诺贝尔生理学或医学奖。关于他们的工作以及针对他们的发现的抵制活动的相关描述,请参考Terence Monmaney,"Marshall's Hunch," *New Yorker*,September 20,1993,64-72.

28　John Burnett,"Got（Good）Milk? Ask the Dairy Evangelist," *Morning Edition*,WBUR,December 10,2009.

29　Interview,Christoph Grosjean-Sommer,Bern,Switzerland,February 16,2008.

参 考 文 献

Primary Sources

"An Account of the Colony of the Lord Baron of Baltamore, 1633." In *Narratives of Early Maryland, 1633-1684*, ed. Clayton Colman Hall (New York, 1910).

Accum, Friedrich. *Culinary Chemistry* (London, 1821).

Aglionby, William. *The Present State of the United Provinces of the Low-Countries* (London, 1669).

Alvord, Henry E. "Dairy Products at the Paris Exposition of 1900." In United States Department of Agriculture Seventeenth Annual Report of the Bureau of Animal Industry (Washington, 1901).

Bernard of Clairvaux, Saint. *The Glories of the Virgin Mother* (1867).

———. *Selected Works*, trans. G. R. Evans (New York, 1987).

Billingsley, John. *General View of the Agriculture of Somerset* (Bath, 1797).

Boccaccio, Giovanni. *The Decameron*, trans. Guido Waldman (New York, 1993).

Bricknell, John. *Natural History of North-Carolina* (Dublin, 1737).

The Carlyle Letters Online [CLO], 2007, http://carlyleletters.org.

Carter, Susannah. *The Frugal Housewife* (New York, 1803).

Cereta, Laura. *Collected Letters of a Renaissance Feminist*, trans. Diana Robin (Chicago, 1997).

Chambers, Thomas K. *Digestion and Its Derangements* (London, 1856).

Cheyne, George. *The English Malady* [1733], ed. Roy Porter (London, 1991).

———. *Observations Concerning the Nature and Due Method of Treating the*

Gout (London, 1720).

Cogan, Thomas. *The Haven of Health* (1584).

Combe, Andrew. *The Physiology of Digestion*, 10th ed., ed. James Coxe (Edinburgh, 1860).

Defoe, Daniel. *A Tour Through the Whole Island of Great Britain* (1769).

Diary of Elizabeth Drinker, ed. Elaine Forman Crane (Boston, 1991).

The Diary of Samuel Pepys, ed. Robert Latham and William Matthews (Berkeley, 1972).

Dumas, J. A. B. "The Constitution of Blood and Milk," *Philosophical Magazine and Journal of Science*, 4th series, 42 (1871): 129-38.

Ellis, William. *Agriculture Improv'd*, 4 vols. (London, 1745).

——. *The Modern Husbandman*, 4 vols. (London, 1744).

Ficino, Marsilio. *Three Books on Life*, trans. and annotated by Carol V. Kaske and John R. Clark (Binghamton, 1989).

Franklin, Benjamin. *The Autobiography of Benjamin Franklin*, ed. Leonard W. Labaree (New Haven, 1964).

Guenon, M. Francis. *A Treatise on Milch Cows*, trans. N. P. Trist, with introductory remarks by John S. Skinner (New York, 1854).

Habershon, S. O. *Pathological and Practical Observations on Diseases of the Abdomen*, 2nd ed. (London, 1862).

Hammond, John. *Leah and Rachel, or, the Two Fruitfull Sisters Virginia and Maryland* [1656]. In *Narratives of Early Maryland, 1633-1684*, ed. Clayton Colman Hall (New York, 1910).

Hartley, Robert M. *An Historical, Scientific, and Practical Essay on Milk as an Article of Human Sustenance* (1842).

Hippocrates on Diet and Hygiene, trans. John Renote (London, 1952).

The Household Book of Dame Alice de Bryene, of Acton Hall, Suffolk, September 1412 to September 1413, trans. M. K. Dale (Ipswich, 1984).

Jennie June's American Cookery Book (New York, 1870).

Jennings, Robert. *Cattle and Their Diseases* (Philadelphia, 1864).

The Journal of John Winthrop, ed. Richard S. Dunn and Laetitia Yeandle (Cambridge, Mass., 1996).

Karell, Philip, M.D. "On the Milk Cure." *Edinburgh Medical Journal* 12 (1866): 98-102.

Knight, Sarah Kemble. *The Journal of Madame Knight: A Woman's Treacherous Journey by Horseback from Boston to New York in the Year 1704* (1825; repr., Bedford, Mass., 1992).

Lead, Jane. *A Fountain of Gardens* (London, 1797).

Lebert, H. *A Treatise on Milk and Henri Nestlé's Milk Food, for the Earliest Period of Infancy and in Later Years* (Vevey, 1881).

Letters and Papers on Agriculture, Planting, &c., Bath and West of England Society (Bath, 1792).

Letter from Selina, Countess of Huntingdon, to Theophilus, Earl of Huntingdon, March 30, 1732. In *In the Midst of Early Methodism: Lady Huntingdon and Her Correspondence*, ed. John R. Tyson with Boyd S. Schlenther (Lanham, Md., 2006).

A Letter from Sir Digby Legard, Bart., To the President and Vice Presidents of the Society of Agriculture for the East Riding of Yorkshire (Beverly, 1770).

Letters of a Family During the War for the Union, 1861-1865, ed. Georgeanna M. W. Bacon (1899).

"Letter of John Pory, 1619, to Sir Dudley Carleton." In *Narratives of Early Virginia, 1606-1625*, ed. Lyon Gardiner Tyler (New York, 1909).

The Letters of Dr. George Cheyne to the Countess of Huntingdon, ed. Charles F. Mullett (San Marino, 1940).

Marshall, William. *The Rural Economy of Gloucestershire*, 2 vols. (Gloucester, 1789).

Massachusetts State Department of Health. *Report of the Special Milk Board* (Boston, 1916).

McCleary, G. F. *Infantile Mortality and Infants Milk Depots* (London, 1905).

Mendenhall, Dorothy Reed. *Milk: The Indispensable Food for Children*, U.S. Department of Labor, Children's Bureau, Care of Children Series (Washington, D.C., 1918).

Milk Commission, Department of Health, New York City. *Is Loose Milk a Health Hazard?* (New York, 1931).

Moffett, Thomas. *Healths Improvement: or, Rules Comprizing and Discovering the Nature, Method, and Manner of Preparing All Sorts of Food Used in This Nation* (London, 1655).

"The National Milk Publicity Council: What It Is and What It Aims to Do." *Milk Trade Gazette* (October 1930).

"Originator of Phrase, 'From Contented Cows,' Tells History of World-Famous Slogan." *The Carnation* 12 (May–June 1932): 24.

Orr, Sir John Boyd. "Agriculture and National Health." In *Agriculture in the Twentieth Century* (Oxford, 1939).

Pantaleone da Confienza. *La summa laciciniorum*, ed. Irma Naso (Torino, 1990).

Platina. *On Right Pleasure and Good Health*, ed. and trans. Mary Ella Milham (Tempe, 1998).

Pordage, John. *Theologia mystica* (1683).

Prout, William. *Chemistry, Meteorology, and the Function of Digestion Considered with Reference to Natural Theology* (London, 1834).

———. *On the Ultimate Composition of Simple Alimentary Substances; with Some Preliminary Remarks on the Analysis of Organized Bodies in General* (London, 1827).

[Putnam, Elizabeth Lowell.] Elizabeth Lowell Putnam Papers, Schlesinger Library, Radcliffe College.

Raynbird, William and Hugh. *On the Agriculture of Suffolk* (London, 1849).

Rosenau, Milton J. *The Milk Question* (Boston, 1912).

Rousseau, Jean-Jacques. *Émile*, trans. Barbara Foxley (1762; repr., London, 1974).

Shippen, Nancy. *Nancy Shippen Her Journal Book*, ed. Ethel Armes (Philadelphia, 1935).

Simmons, Amelia. *American Cookery* (Hartford, 1796).

Smollett, Tobias. *Humphry Clinker* (London, 1985).

Smith, John. *Travels and Works of Captain John Smith*, ed. Edward Arber, 2 parts (Edinburgh, 1910).

Spargo, John. *The Common Sense of the Milk Question* (New York, 1908).

Steffens, Lincoln. "Sending a State to College: What the University of Wisconsin Is Doing for Its People." *American Magazine* 67 (1909): 349, 353.

Tryon, Thomas. *The Good House-wife Made a Doctor* (London, 1692).

——. *The Merchant, Citizen, and Country-man's Instructor; or, A Necessary Companion for all People* (London, 1701).

Twamley, Josiah. *Dairying Exemplified, or the Business of Cheese-making* (Warwick, 1784).

Wesley, John. *Primitive Physick* (London, 1747).

Weston, Richard. *A Discours of Husbandrie Used in Brabant and Flanders* (London, 1650).

William of Rubruck. *The Mission of Friar William of Rubruck*, trans. David Morgan, ed. Peter Jackson (London, 1990).

Secondary Sources

Abdalla, Michael. "Milk and Its Uses in Assyrian Folklore." In *Milk: Beyond the Dairy*, ed. Harlan Walker (Totnes, 2000).

Albala, Ken. *Eating Right in the Renaissance* (Berkeley, 2002).

——. "Milk: Nutritious and Dangerous." In *Milk: Beyond the Dairy*, ed. Harlan Walker (Totnes, 2000).

Alpers, Svetlana. *The Art of Describing: Dutch Art in the Seventeenth Century* (Chicago, 1983).

Anderson, Virginia DeJohn. *Creatures of Empire: How Domestic Animals Transformed Early America* (Oxford, 2004).

Apple, Rima D. "'Advertised by Our Loving Friends': The Infant Formula Industry and the Creation of New Pharmaceutical Markets, 1870–1910." *Journal of the History of Medicine and Allied Sciences* 41 (1986): 7.

——. *Mothers and Medicine: A Social History of Infant Feeding, 1890–*

1950 (Madison, 1989).

Atkins, Peter J. "Fattening Farmers or Fattening Children? School Milk in Britain, 1921–1941." *Economic History Review* 58 (2005): 75–76.

———. "London's Intra-Urban Milk Supply, Circa 1790–1914." *Transactions of the Institute of British Geographers*, n.s., 2 (1977): 384–85, 387, 395.

———. "The Retail Milk Trade in London, c. 1790–1914." *Economic History Review*, n.s., 33 (1980): 523.

———. "School Milk in Britain, 1900–1934." *Journal of Policy History* 19 (2007): 400–401.

Atkins, Peter J., and Derek J. Oddy, eds. *Food and the City Since 1800* (Aldershot, 2007).

Atkinson, Clarissa W. *The Oldest Vocation: Christian Motherhood in the Middle Ages* (Ithaca, 1991).

Bailey, Kenneth W. *Marketing and Pricing of Milk and Dairy Products in the United States* (Ames, Iowa, 1997).

Bakhtin, Mikhail. *Rabelais and His World*, trans. Hélène Iswolsky (Cambridge, Mass., 1968).

Banerji, Chitrita. "How the Bengalis Discovered *Chhana* and its Delightful Offspring." In *Milk: Beyond the Dairy*, ed. Harlan Walker (Totnes, 2000).

Barlow, Jeremy. *The Enraged Musician: Hogarth's Musical Imagery* (Burlington, 2005).

Bartlett, R. W. *The Price of Milk* (Danville, Ill., 1941).

Basu, Pratyusha. *Villages, Women, and the Success of Dairy Cooperatives in India* (Amherst, N.Y., 2009).

Baumgartner, F. W. *The Condensed Milk and Milk Powder Industries* (Kingston, Ont., 1920).

Berger, Pamela C. *The Goddess Obscured: Transformation of the Grain Protectress from Goddess to Saint* (Boston, 1985).

Biddick, Kathleen. *The Other Economy: Pastoral Husbandry on a Medieval Estate* (Berkeley, 1989).

Billings, John D. *Hardtack and Coffee: Or, the Unwritten Story of Army*

Life (Boston, 1887).
Block, Daniel. "Protecting and Connecting: Separation, Connection, and the U.S. Dairy Economy, 1840 – 2002." *Journal for the Study of Food and Society* 6 (2002): 22 – 30.
——. "Public Health, Cooperatives, Local Regulation, and the Development of Modern Milk Policy: The Chicago Milkshed, 1900 – 1940." *Journal of Historical Geography* 35 (2009): 128 – 53.
——. "Saving Milk Through Masculinity, Public Health Officers and Pure Milk, 1880 – 1930." *Food and Foodways* 13 (2005): 115 – 34.
Bober, Phyllis Pray. *Art, Culture, and Cuisine: Ancient and Medieval Gastronomy* (Chicago, 1999).
——. "The Hierarchy of Milk in the Renaissance, and Marsilio Ficino on the Rewards of Old Age." In *Milk: Beyond the Dairy*, ed. Harlan Walker (Totnes, 2000).
Bowling, G. A. "The Introduction of Cattle into Colonial North America." *Journal of Dairy Science* 25 (1942): 140.
Brock, William H. *Justus von Liebig: The Chemical Gatekeeper* (Cambridge, 1997).
——. *The Norton History of Chemistry* (New York, 1992).
Burnett, John. *Liquid Pleasures: A Social History of Drinks in Britain* (London, 1999).
——. *Plenty and Want: A Social History of Food in England, 1815 to the Present Day*, 3rd ed. (Abingdon, 1989).
Bynum, Caroline Walker. *Holy Feast and Holy Fast: The Religious Significance of Food to Medieval Women* (Berkeley, 1987).
——. *Jesus as Mother: Studies in the Spirituality of the High Middle Ages* (Berkeley, 1982).
Camporesi, Piero. *The Anatomy of the Senses: Natural Symbols in Medieval and Early Modern Italy*, trans. Allan Cameron (Cambridge, 1997).
Cavin, J. P., Hazel K. Stiebeling, and Marius Farioletti. "Agricultural Surpluses and Nutritional Deficits." In *Farmers in a Changing World: The Yearbook of Agriculture, 1940*, United States Department of

Agriculture (Washington, D.C., 1940).

Chen, Marty, et al. *Indian Women: A Study of their Role in the Dairy Movement* (New Delhi, 1986).

Chiapparino, Francesco. "Milk and Fondant Chocolate and the Emergence of the Swiss Chocolate Industry at the Turn of the Twentieth Century." In *Food and Material Culture: Proceedings of the Fourth Symposium of the International Commission for Research into European Food History*, ed. Martin R. Schärer and Alexander Fenton (East Linton, Scotland, 1998).

Cohn, Samuel Kline, Jr. *The Black Death Transformed: Disease and Culture in Early Renaissance Europe* (London, 2002).

Corrington, Gail. "The Milk of Salvation: Redemption by the Mother in Late Antiquity and Early Christianity." *Harvard Theological Review* 82 (1989): 393–420.

Craig, Oliver E. "Dairying, Dairy Products, and Milk Residues: Potential Studies in European Prehistory." In *Food, Culture, and Identity in the Neolithic and Early Bronze Age*, ed. Mike Parker Pearson (Oxford, 2003).

Cronon, William. *Changes in the Land: Indians, Colonists, and the Ecology of New England* (New York, 1983).

Czaplicki, Alan. "'Pure Milk Is Better Than Purified Milk': Pasteurization and Milk Purity in Chicago, 1908–1916." *Social Science History* 31 (2007): 411.

Dairying Throughout the World. International Dairy Federation Monograph (Munich, 1966).

Davidson, Alan. *The Oxford Companion to Food* (Oxford, 1999).

Dawson, Christopher, ed. *Mission to Asia* (Toronto, 1980).

Day, Harry G. "Elmer Verner McCollum, 1879–1967." National Academy of Sciences Biographical Memoir Series (Washington, D.C., 1974).

den Hartog, Adel P., ed. *Food Technology, Science, and Marketing: European Diet in the Twentieth Century* (East Lothian, 1995).

——. "Serving the Urban Consumer: The Development of Modern Food

Packaging with Special Reference to the Milk Bottle." In *Food and Material Culture*, ed. Martin R. Schärer and Alexander Fenton (East Linton, Scotland, 1998).

de Jongh, E. *Still-Life in the Age of Rembrandt* (Auckland, 1982).

de Roest, Kees. *The Production of Parmigiano-Reggiano Cheese: The Force of an Artisanal System in an Industrialised World* (Assen, 2000).

de Vries, Jan. *The Dutch Rural Economy in the Golden Age, 1500 – 1700* (New Haven: Yale University Press, 1974).

de Vries, Jan, and Ad van der Woude. *The First Modern Economy* (Cambridge, 1997).

Doornbos, Martin, et al. *Dairy Aid and Development: India's Operation Flood* (New Delhi, 1990).

Doornbos, Martin, and Nair, K. N. "The State of Indian Dairying: An Overview." In *Resources, Institutions, and Strategies: Operation Flood and Indian Dairying*, ed. M. Doornbos and K. N. Nair (New Delhi, 1990).

Drummond, J. C., and Wilbraham, Anne. *The Englishman's Food* (London, 1958).

DuPuis, E. Melanie. *Nature's Perfect Food: How Milk Became America's Drink* (New York, 2002).

Durand, Loyal, Jr. "The Migration of Cheese Manufacture in the United States." *Annals of the Association of American Geographers* 42 (1952): 263 – 82.

Dwork, Deborah. "The Milk Option: An Aspect of the History of the Infant Welfare Movement in England, 1898 – 1908." *Medical History* 31 (1987): 52.

——. *War Is Good for Babies and Other Young Children: A History of the Infant and Child Welfare Movement in England, 1898 – 1918* (London, 1987).

Dyer, Christopher. *Standards of Living in the Later Middle Ages: Social Change in England c. 1200 – 1520* (Cambridge, 1989).

Edwards, Everett E. "Europe's Contribution to the American Dairy

Industry." *Journal of Economic History* 9 (1949): 73.
Eliot, George. *Adam Bede* (1859; repr., Harmondsworth, 1980).
Faung, Christopher T. C. "The Dairy Industry in Taiwan." *Dairying Throughout the World*. International Dairy Federation Monograph (Munich, 1966).
Fenner, Thomas. "Die Berneralpen Milchgesellschaft: Ein internationales Unternehmen im Herzen des Emmentals." In *Das Emmental-Ansichten einer Region*, ed. Fritz Von Gunten (Münsingen, Switzerland, 2006).
Fildes, Valerie. *Breasts, Bottles, and Babies: A History of Infant Feeding* (Edinburgh, 1986).
Finlay, Mark. "Early Marketing of the Theory of Nutrition: The Science and Culture of Liebig's Extract of Meat." In *The Science and Culture of Nutrition, 1840-1940* (Amsterdam, 1995).
———. "Quackery and Cookery: Justus Von Liebig's Extract of Meat and the Theory of Nutrition in the Victorian Age." *Bulletin of the History of Medicine* 66 (1992): 404-18.
Flandrin, Jean-Louis. "Distinction Through Taste." In *A History of Private Life*, ed. Philippe Ariès and Georges Duby, vol. 3 (Cambridge, Mass., 1989).
France, James. *Medieval Images of Saint Bernard of Clairvaux* (Kalamazoo, 2007).
Frantz, Joe B. "Gail Borden as a Businessman." *Bulletin of the Business Historical Society* 22 (1948): 126.
French, Michael, and Jim Phillips. *Cheated not Poisoned? Food Regulation in the United Kingdom, 1875-1938* (Manchester, 2000).
Freund, Richard A. "What Happened to the Milk and Honey? The Changing Symbols of Abundance of the Land of Israel in Late Antiquity." In *"A Land Flowing With Milk and Honey": Visions of Israel from Bibilical to Modern Times*, ed. Leonard J. Greenspoon and Ronald A. Simkins (Omaha, 2001).
Fussell, G. E. "Eighteenth-Century Traffic in Milk Products." In *Economic History* 3 (1937).

——. *The English Dairy Farmer*, *1500 – 1900* (London, 1966).

——. "The London Cheesemongers of the Eighteenth Century." *Economic Journal* (Supplement), Economic History Series, 3 (London, 1928): 394 – 98.

Ginzburg, Carlo. *The Cheese and the Worms: The Cosmos of a Sixteenth-Century Miller*, trans. John and Anne Tedeschi (Baltimore, 1980).

Glover, W. H. *Farm and College: The College of Agriculture of the University of Wisconsin, A History* (Madison, Wis., 1952).

Grainger, Sally. "Cato's Roman Cheesecakes: The Baking Techniques." In *Milk: Beyond the Dairy*, ed. Harlan Walker (Totnes, 2000).

Grant, Wyn. *The Dairy Industry: An International Comparison* (Aldershot, 1991).

Guerrini, Anita. *Obesity and Depression in the Enlightenment: The Life and Times of George Cheyne* (Norman, 2000).

Hambridge, Gove. "Farmers in a Changing World — A Summary." In *Farmers in a Changing World*, United States Department of Agriculture (Washington, D.C., 1940).

Heer, Jean. *Nestlé: 125 Years, 1866 – 1991* (Vevey, 1991).

Hendrix, Roberta C. "Some Gail Borden Letters." *Southwestern Historical Quarterly* 51 (1947): 133.

Henstock, Adrian. "Cheese Manufacture and Marketing in Derbyshire and North Staffordshire, 1670 – 1870." *Derbyshire Archeological Journal* 89 (1969): 32 – 46.

Hobsbawm, Eric J. *The Age of Capital, 1848 – 1875* (London, 1975).

——. *The Age of Empire, 1875 – 1914* (London, 1987).

Hunziker, Otto F. *Condensed Milk and Milk Powder*, 4th ed. (La Grange, Ill., 1926).

Hurt, R. Douglas. *Problems of Plenty: The American Farmer in the Twentieth Century* (Chicago, 2002).

Israel, Jonathan. *The Dutch Republic* (Oxford, 1995).

Kamminga, Harmke, and Andrew Cunningham, eds. *The Science and Culture of Nutrition, 1840 – 1940* (Amsterdam, 1995).

Kettering, Alison McNeil. *The Dutch Arcadia: Pastoral Art and Its Audience in the Golden Age* (Montclair, 1983).
King, Helen. *Hippocrates' Woman: Reading the Female Body in Ancient Greece* (London, 1998).
Kirk, Geoffrey Stephen. *Myth: Its Meaning and Functions in Ancient and Other Cultures* (Cambridge, 1970).
Koven, Seth, and Sonya Michel. "Womanly Duties: Maternalist Politics and the Origins of Welfare States in France, Germany, Great Britain, and the United States, 1880 – 1920." *American Historical Review* 95 (1990): 1107.
Kowaleski, Maryanne. *Local Markets and Regional Trade in Medieval Exeter* (Cambridge, 1995).
Kurien, Verghese. *I Too Had a Dream* (New Delhi, 2005).
La Berge, Ann F. "Medicalization and Moralization: The Crèches of Nineteenth-Century Paris." *Journal of Social History* 25 (1991): 74.
Laing, Wesley N. "Cattle in Seventeenth-Century Virginia." *Virginia Magazine of History and Biography* 67 (1959): 143 – 64.
Latour, Bruno. *The Pasteurization of France* (Cambridge, 1988).
Levenstein, Harvey A. "'Best for Babies' or 'Preventable Infanticide'? The Controversy over Artificial Feeding of Infants in America." *Journal of American History* 70 (1983): 75 – 94.
——. *Revolution at the Table: The Transformation of the American Diet* (New York, 1988).
Levine, Susan. *School Lunch Politics* (Princeton, 2009).
McCollum, Elmer V. *From Kansas Farm Boy to Scientist: The Autobiography of Elmer V. McCollum* (Lawrence, Kan., 1964).
——. *The Newer Knowledge of Nutrition: The Use of Food for the Preservation of Vitality and Health* (New York, 1918).
——. "Who Discovered Vitamins?" *Science* 118 (November 1953): 632.
McGuire, Brian Patrick. *The Difficult Saint: Bernard of Clairvaux and His Tradition* (Kalamazoo, 1991).
McKee, Francis. "Popularisation of Milk as a Beverage in the 1930s." In

Nutrition in Britain: Science, Scientists, and Politics in the Twentieth Century, ed. David F. Smith (London, 1997).

McLaughlin, Mary Martin. "Survivors and Surrogates: Children and Parents from the Ninth to the Thirteenth Centuries." In *The History of Childhood*, ed. Lloyd deMause (New York, 1974).

McMahon, Sarah F. "A Comfortable Subsistence: The Changing Composition of Diet in Rural New England, 1620–1840." *The William and Mary Quarterly*, 3rd series, 42 (1985): 38.

McWilliams, James E. *A Revolution in Eating: How the Quest for Food Shaped America* (New York, 2005).

Markley, Robert. *The Far East and the English Imagination, 1600–1730* (Cambridge, 2006).

Marshall, Fiona. "Origin of Specialized Pastoral Production in East Africa." *American Anthropologist* 92 (1990): 873–94.

Meckel, Richard A. *Save the Babies: American Public Health Reform and the Prevention of Infant Mortality, 1850–1929* (Ann Arbor, 1998).

Mendelson, Anne. *Milk: The Surprising Story of Milk Through the Ages* (Knopf, 2008).

Mennell, Stephen. *All Manners of Food: Eating and Taste in England and France from the Middle Ages to the Present*, 2nd ed. (Chicago, 1996).

Mepham, T. B. "'Humanising Milk': The Formulation of Artificial Feeds for Infants (1850–1910)." *Medical History* (1993): 227–28.

Merta, Sabine. "Karlsbad and Marienbad: The Spas and Their Cures." In *The Diffusion of Food Culture in Europe from the Late Eighteenth Century to the Present Day*, ed. Derek J. Oddy and Lydia Petranova (Prague, 2005).

Michel, Sonya, and Robyn Rosen. "The Paradox of Maternalism: Elizabeth Lowell Putnam and the American Welfare State." *Gender and History* 4 (1992): 369.

Michell, A. R. "Sir Richard Weston and the Spread of Clover Cultivation." *Agricultural History Review* 22 (1974): 161.

"Milk Sickness (Tremetol Poisoning)." In *Cambridge World History of*

Human Disease, ed. Kenneth R. Kiple (Cambridge, 1993).

Mintz, Sidney W. *Sweetness and Power: The Place of Sugar in Modern History* (New York, 1985).

Morgan, Edmund S. *American Slavery, American Freedom: The Ordeal of Colonial Virginia* (New York, 1975).

Morrison, Susan Signe. *Women Pilgrims in Late Medieval England* (London, 2000).

Mullendore, William Clinton. *History of the United States Food Administration, 1917–1919* (Stanford, 1941).

Murcott, Anne. "Scarcity in Abundance: Food and Non-Food." *Social Research* 66 (Spring 1999): 305–39.

Oddy, Derek J. "Food, Drink, and Nutrition." In *Cambridge Social History of Britain*, vol. 2, ed. F. M. L. Thompson (Cambridge, 2008).

——. *From Plain Fare to Fusion Food* (Woodbridge, 2003).

Oddy, Derek J., and Derek S. Miller, eds. *The Making of the Modern British Diet* (London, 1976).

Ott, Sandra. "Aristotle Among the Basques: The 'Cheese Analogy' of Conception." *Man* 14 (1979): 699–711.

Oxford Dictionary of National Biography, ed. H. C. G. Matthew and Brian Harrison (Oxford, 2004).

Patton, Stuart. *Milk: Its Remarkable Contribution to Human Health and Well-Being* (New Brunswick, 2004).

Pazmiño, David. "A Transition to Success." *Edible Boston* 14 (Fall 2009): 42.

Perren, Richard. *Agriculture in Depression* (Cambridge, 1995).

Phythian-Adams, Charles. "Milk and Soot: The Changing Vocabulary of a Popular Ritual in Stuart and Hanoverian London." In *The Pursuit of Urban History*, ed. Derek Fraser and Anthony Sutcliffe (London, 1983).

Pinchbeck, Ivy. *Women Workers and the Industrial Revolution, 1750–1850* (1930; repr., Totowa, N.J., 1968).

Pincus, Steven C. A. "From Butterboxes to Wooden Shoes: The Shift in

English Popular Sentiment from Anti-Dutch to Anti-French in the 1670s." *Historical Journal* 38 (1995): 338.

Pirtle, T. R. *History of the Dairy Industry* (Chicago, 1926; repr., 1973).

Pollan, Michael. *In Defense of Food: An Eater's Manifesto* (New York, 2008).

Pollock, Jon. "Two Controlled Trials of Supplementary Feeding of School Children in the 1920s." *Journal of the Royal Society of Medicine* 99 (2006): 323–27.

Porter, Roy, and G. S. Rousseau. *Gout: The Patrician Malady* (New Haven, 1998).

Prentice, E. Parmalee. *American Dairy Cattle: Their Past and Future* (New York, 1942).

Pringle, Heather. "Neolithic Agriculture: The Slow Birth of Agriculture." *Science* 282 (1998): 1446–89.

Rabil, Albert, Jr. *Laura Cereta, Quattrocento Humanist* (Binghamton, 1981).

Ray, John. *Observations Topographical, Moral, & Physiological Made in a Journey to Part of the Low-Countries* (London, 1673)

Ray, Keith, and Julian Thomas. "In the Kinship of Cows: The Social Centrality of Cattle in the Earlier Neolithic of Southern Britain." In *Food, Culture, and Identity*, ed. Mike Parker Pearson (Oxford, 2003).

Riera-Melis, Natoni. "Society, Food, and Feudalism." In *Food: A Culinary History*, ed. Jean-Louis Flandrin, Massimo Montanari, and Albert Sonnenfeld, trans. Clarissa Botsford et al. (New York, 2000).

Robertson, James I., Jr. *Soldiers Blue and Gray* (Charleston, 1988).

Rosenfeld, Louis. "William Prout: Early 19th-Century Physician-Chemist." *Clinical Chemistry* 49 (2003): 699–705.

Rossiter, Margaret W. *Women Scientists in America: Struggles and Strategies to 1940* (Baltimore, 1982).

Rousseau, G. S. "Mysticism and Millenarianism: 'Immortal Dr. Cheyne.'" In *Millenarianism and Messianism in English Literature and Thought*,

1650 – 1800, ed. Richard H. Popkin (Leiden, 1988).

Rubin, Miri. *Mother of God: A History of the Virgin Mary* (New Haven, 2009).

Russell, Colin A. *Edward Frankland: Chemistry, Controversy, and Conspiracy in Victorian England* (Cambridge, 1996).

Salmon, Marylynn. "The Cultural Significance of Breastfeeding and Infant Care in Early Modern England and America." *Journal of Social History* 28 (1994): 247 – 69.

Schama, Simon. *Embarrassment of Riches: An Interpretation of Dutch Culture in the Golden Age* (New York, 1987).

Schapiro, Laura. *Perfection Salad: Women and Cooking at the Turn of the Century* (Berkeley, 1986).

Schiebinger, Londa. "Why Mammals Are Called Mammals: Gender Politics in Eighteenth-Century Natural History." *American Historical Review* 98 (1993): 394.

Schlossman, Betty L., and Hildreth York. "'She Shall Be Called Woman': Ancient Near Eastern Sources of Imagery." *Women's Art Journal* 2 (Autumn 1981 – Winter 1982): 37 – 41.

Schmidt, Jeremy. *Melancholy and the Care of the Soul: Religion, Moral Philosophy, and Madness* (Burlington, 2007).

Sekora, John. *Luxury: The Concept in Western Thought, Eden to Smollett* (Baltimore, 1977).

Senior, Nancy. "Aspects of Infant Feeding in Eighteenth-Century France." *Eighteenth-Century Studies* 16 (1983): 380.

Serruys, Henry. *Kumiss Ceremonies and Horse Races* (Wiesbaden, 1974).

Shaw, Brent D. "'Eaters of Flesh, Drinkers of Milk': The Ancient Mediterranean Ideology of the Pastoral Nomad." *Ancient Society* 13 – 14 (1982 – 83): 5 – 31.

Sherill, Charles Hitchcock. *French Memories of Eighteenth-Century America* (1915).

Sherratt, Andrew. "Cash Crops Before Cash: Organic Consumables and Trade." In *The Prehistory of Food: Appetites for Change*, ed. Chris

Gosden and Jon Hather (London, 1999).

——. "The Secondary Exploitation of Animals in the Old World." *World Archaelogy* 15 (1983): 95.

Shesgreen, Sean. *Images of the Outcast: The Urban Poor in the Cries of London* (Manchester, 2002).

Slicher van Bath, B. H. *The Agrarian History of Western Europe*, A.D. 500 - 1850, trans. Olive Ordish (London, 1963).

Smith, Charles. *Britain's Food Supplies* (London, 1940).

Smith, F. B. *The Retreat of Tuberculosis* (London, 1988).

Smith, Maryanna S., comp. *Chronological Landmarks in American Agriculture*. U.S. Department of Agriculture, Agriculture Information Bulletin No. 425 (Washington, D.C., 1980).

Spang, Rebecca. *The Invention of the Restaurant: Paris and Modern Gastronomic Culture* (Cambridge, Mass., 2000).

Steckel, Richard H. "Nutritional Status in the Colonial American Economy." *The William and Mary Quarterly*, 3rd Ser., 56, no. 1 (January 1999): 38, 44, 46.

Stol, Marten. "Milk, Butter, and Cheese." *Bulletin on Sumerian Agriculture* 7 (1993): 100.

Strong, Roy. *Feast: A History of Grand Eating* (Orlando, 2002).

Storrs, Richard S. *Bernard of Clairvaux: The Times, the Man, and His Work* (New York, 1901).

Swabey, Ffiona. "The Household of Alice de Bryene, 1412 - 13." In *Food and Eating in Medieval Europe*, ed. Martha Carlin and Joel T. Rosenthal (London, 1998).

Swinburne, Layinka M. "Milky Medicine and Magic." In *Milk: Beyond the Dairy*, ed. Harlan Walker (Totnes, 2000).

Taupin, Sidonia C. "'Christianity in the Kitchen,' or A Moral Guide for Gourmets." *American Quarterly* 15 (1963): 86.

Teuteberg, Hans J. "The Beginnings of the Modern Milk Age in Germany." In *Food in Perspective: Proceedings of the Third International Conference on Ethnological Food Research*, ed. Alexander Fenton and

Trefor M. Owen (Edinburgh, 1981), 283 - 311.

Toussaint-Samat, Maguelonne. *A History of Food*, trans. Anthea Bell (Oxford, 1992).

Trentmann, Frank. "Bread, Milk, and Democracy: Consumption and Citizenship in Twentieth-Century Britain." In *The Politics of Consumption: Material Culture and Citizenship in Europe and America*, ed. Martin Daunton and Matthew Hilton (Oxford, 2001).

Trentmann, Frank, and Flemming Just, eds. *Food and Conflict in Europe in the Age of the Two World Wars* (Basingstoke, 2006).

Valenze, Deborah. "The Art of Women and the Business of Men: Women's Work and the Dairy Industry, c. 1740 - 1840." *Past and Present* 130 (1991): 142 - 69.

Vernon, James. *Hunger: A Modern History* (Cambridge, Mass., 2007).

Vila, Anne C. *Enlightenment and Pathology: Sensibility in the Literature and Medicine of Eighteenth-Century France* (Baltimore, 1998).

Visser, Margaret. *Much Depends on Dinner* (New York, 1986).

Warner, Marina. *Alone of All Her Sex: The Myth and Cult of the Virgin Mary* (London, 1976).

Weasel, Lisa H. *Food Fray: Inside the Controversy over Genetically Modified Food* (New York, 2009).

Wharton, Clarence B. *Gail Borden, Pioneer* (San Antonio, 1941).

Whetham, Edith. "The London Milk Trade, 1900 - 1930." In *The Making of the Modern British Diet*, ed. Derek J. Oddy and Derek S. Miller (London, 1976).

Wiley, Andrea S. "'Drink Milk for Fitness': The Cultural Politics of Human Biological Variation and Milk Consumption in the United States." *American Anthropologist* 106 (2004): 506 - 17.

——. "The Globalization of Cow's Milk Production and Consumption: Biocultural Perspectives." *Ecology of Food and Nutrition* 46 (2007): 281 - 312.

Williams, Joanna. "The Churning of the Ocean of Milk — Myth, Image, and Ecology." In *Indigenous Vision: Peoples of India Attitudes to the*

Environment, ed. Geeta Sen (New Delhi, 1992).

Witt, R. E. *Isis in the Ancient World* (Baltimore, 1971).

Wolf, Jacqueline H. *Don't Kill Your Baby: Public Health and the Decline of Breastfeeding in the Nineteenth and Twentieth Centuries* (Columbus, 2001).

Worley, Michael Preston. *Pierre Julien: Sculptor to Queen Marie-Antoinette* (New York, 2003).

Worrell, Dorothy. *The Women's Municipal League of Boston: A History of Thirty-Five Years of Civic Endeavor* (Boston, 1943).

Zorach, Rebecca. *Blood, Milk, Ink, and Gold: Abundance and Excess in the French Renaissance* (Chicago, 2005).

图书在版编目(CIP)数据

牛奶：从地方史走向全球史 /（美）黛博拉·瓦伦兹著；陈静译. -- 上海：上海社会科学院出版社，2025.
ISBN 978-7-5520-4509-3

Ⅰ．TS252.2

中国国家版本馆 CIP 数据核字第 2024LQ6670 号

Copyright © 2012 by Deborah Valenze
This edition arranged with C. Fletcher & Company, LLC through Andrew Nurnberg Associates International Limited

本文中文简体翻译版权授权由上海社会科学院出版社独家出版，并限于中国大陆地区销售，未经出版者书面许可，不得以任何方式复制或发行本书的任何部分。
上海市版权局著作权登记号：09-2022-0766

牛奶：从地方史走向全球史

[美] 黛博拉·瓦伦兹　著　陈　静　译
责任编辑：章斯睿
封面设计：黄婧昉
出版发行：上海社会科学院出版社
　　　　　上海顺昌路 622 号　邮编 200025
　　　　　电话总机 021-63315947　销售热线 021-53063735
　　　　　https://cbs.sass.org.cn　E-mail: sassp@sassp.cn
照　排：南京展望文化发展有限公司
印　刷：上海盛通时代印刷有限公司
开　本：890 毫米×1240 毫米　1/32
印　张：12.125
字　数：320 千
版　次：2025 年 4 月第 1 版　2025 年 4 月第 1 次印刷

ISBN 978-7-5520-4509-3/TS·022　　　定价：78.00 元

版权所有　翻印必究